Cuadernos de lógica, epistemología y lenguaje

Volumen 12

Una introducción a la teoría lógica de la Edad Media

Volumen 1
Gottlob Frege. Una introducción
Markus Stepanians. Traducción de Juan Redmond

Volumen 2
Razonamiento abductivo en lógica clásica
Fernando Soler Toscano

Volumen 3
Física: Estudios Filosóficos e Históricos
Roberto A. Martins, Guillermo Boido y Víctor Rodríguez, editores

Volumen 4
Ciencias de la Vida: Estudios Filosóficos e Históricos
Pablo Lorenzano, Lilian A.-C. Pereira Martíns, Anna Carolina K. P. Regner, editores

Volumen 5
Lógica dinámica epistémica para la evidencialidad negativa. Las partículas negativas lā/ʾal en ugarítico
Cristina Barés Gómez

Volumen 6
La Lógica como Herramienta de la Razón. Razonamiento Ampliativo en la Creatividad, la Cognición y la Inferencia
Atocha Aliseda

Volumen 7
Paradojas, Paradojas y más Paradojas
Eduardo Barrio, editor

Volumen 8
David Hilbert y los fundamentos de la geometría (1891-1905)
Eduardo N. Giovannini

Volumen 9
Henri Poincaré. Del Convencionalismo a la Gravitación
María de Paz

Volumen 10
Innovación en el Saber Teórico y Práctico
Anna Estany y Rosa M. Herrera

Volumen 11
El fundamento y sus límites. Algunos problemas de fundamentación en ciencia y filosofía.
Jorge Alfredo Roetti y Rodrigo Moro, editores

Volumen 12
Una introducción a la teoría lógica de la Edad Media
Manuel A. Dahlquist

Cuadernos de Lógica, epistemología y lenguaje
Series Editors   Shahid Rahman and Juan Redmond

Una introducción a la teoría lógica de la Edad Media

Manuel A. Dahlquist

© Individual author and College Publications 2018. All rights reserved.

ISBN 978-1-84890-257-2

College Publications
Scientific Director: Dov Gabbay
Managing Director: Jane Spurr http://www.collegepublications.co.uk

Cover produced by Laraine Welch
Printed by Lightning Source, Milton Keynes, UK

All rights reserved. No part of this publication may be reproduced, stored in a retrieval system or transmitted in any form, or by any means, electronic, mechanical, photocopying, recording or otherwise without prior permission, in writing, from the publisher.

A Olivia, Felipe y Pame;
A mi madre.

Índice

Agradecimientos XIII
Prefacio XV
1. INTRODUCCIÓN 1
    1.1. Propósito del texto 1
    1.2. Estrategia 2
    1.3. Restricciones temporales 3
    1.4. Planes de lectura 3
    1.5. ¿Hubo lógica en la Edad Media? 5
    1.6. Homogeneidad y autonomía de la lógica medieval 8
    1.7. Línea de tiempo 11
            Línea de tiempo de lógicos medievales del siglo XIV 12
    1.8. Los beneficios de una perspectiva histórica para los enfoques sistemáticos 13
2. ALGUNOS HECHOS, IDEAS Y TRADICIONES QUE INFLUYERON EN LA LÓGICA DE LA EDAD DE ORO 17
    2.1. Los arribos de Aristóteles 17
    2.2. La primera ola 19
    2.3. La segunda ola 21
    2.4. Las universidades 26
    2.5. Preparación de la lógica del siglo XIV. Las Sumas: el *Parvulus Antiquorum* 30
    2.6. Antiguos y modernos 34
3. LA LÓGICA DE LA EDAD DE ORO: TEMAS Y CARACTERÍSTICAS GENERALES 37
    3.1. La teoría de las propiedades de los términos y la impronta semántica de la lógica de la edad de oro 37
    3.2. La lógica de la edad de oro y Las Sumas: el *Parvulus Modernorum* 38
    3.3. *De Obligationibus* 39
    3.4. *Insolubilia* 42
    3.5. *Consequentiae* 44
    3.6. *De Exponibilibus y Probatione Terminorum* 46
    3.7. La lógica en la edad de oro: características generales 51
4. EL LENGUAJE Y SU ESTRUCTURA 55
    4.1. Lenguajes formales, simbolización, lenguajes regimentados y traducción conceptual 55
        4.1.1. Lenguaje natural y lenguaje regimentado 56
        4.1.2. Simbolismo y formalización 57
        4.1.3. ¿Tuvieron los lógicos de la edad de oro un lenguaje formal? 58
            4.1.3.1. Primer sentido en que puede entenderse *lenguaje formal* 58
            4.1.3.2. Segundo sentido en que puede entenderse *lenguaje formal* 62
        4.1.4. Conclusiones 63
    4.2. Gramática lógica 64
        4.2.1. Términos 65
            4.2.1.1. Términos de primera y segunda intención 66
            4.2.1.2. Términos Categoremáticos y Sincategoremáticos 67
            4.2.1.3. Términos mediatos e inmediatos 68

Resumen 71
4.2.2. Términos categoremáticos que componen el lenguaje lógico 71
4.2.2.1. Expresiones nominales 71
4.2.2.2. Términos singulares y pronombres 73
4.2.2.3. Recuperando la inocencia 76
Resumen 77
4.2.3. Términos sincategoremáticos que componen el lenguaje lógico ... 77
4.2.3.1. La cópula "es" 77
4.2.3.2. Negaciones (y oraciones negativas) 79
4.2.3.2.1. Categóricas con negación negativa 80
4.2.3.2.2. Categóricas con negación infinita 80
4.2.3.2.3. Oraciones hipotéticas negativas 81
4.2.3.3. Operadores proposicionales 82
4.2.3.4. Cuantificadores 83
4.2.3.5. Operadores modales 84
Resumen 86
4.2.4. Proposiciones 86
4.2.4.1. Proposiciones categóricas 88
4.2.4.2. Distintos tipos de categóricas, establecido según los términos sincategoremáticos que la componen 89
4.2.4.3. Proposiciones hipotéticas 91
4.2.4.4. Proposiciones modales 91
4.2.5. Argumentos 92
Resumen 93

5. NOCIONES METATEÓRICAS FUNDAMENTALES 1: SIGNIFICADO, VERDAD, CÓPULA Y SUPOSICIÓN 95
5.1. Metateoría 95
Resumen 96
5.2. Tipos de lenguaje 97
Resumen 99
5.3. Significación 100
Resumen 104
5.4. Suposición 104
5.4.1. Historia de la suposición 104
5.4.2. Naturaleza lingüística de la suposición y propósito de la teoría de la suposición 105
5.4.3. Apelación y Ampliación 107
5.4.4. Suposición: significado del término 108
5.4.5. Objeto de la teoría de la suposición 109
5.4.6. Distintos tipos de suposición 111
5.4.7. Esquemas de divisiones de la suposición 114
La división de Ockham 114
La división de Burley 115
La división de Buridán 115
La división de Pablo de Venecia 116

5.4.8. La importancia lógica de la suposición personal 116
Resumen 119
5.5. Verdad 119
5.5.1. ¿Cuál fue la naturaleza sintáctica de la verdad en la Edad Media?
.... 119
5.5.2. Verdad: definiciones y regla 122
5.5.3. Teorías de la verdad 125
5.5.4. Verdad y suposición 127
Resumen 129
5.6. Al decir *es* 129
5.6.1. La cópula desde la perspectiva gramatical: constitutivo de las proposiciones 131
5.6.2. La interpretación gramatical de *es* a fines del siglo XIV 132
5.6.3. La cópula como un signo de identidad y de predicación 133
5.6.3.1. El *es* de identidad 134
5.6.3.2. El *es* de la predicación 135
5.6.4. Aserción, existencia, verdad y predicación 137
5.6.4.1. Verdad, cópula e identidad 139
5.6.4.2. Verdad, cópula y predicación 140
Resumen 141

6. NOCIONES METATEÓRICAS FUNDAMENTALES 2: CONSECUENCIA Y MODALIDAD 143

6.1. Consideraciones filosóficas sobre el rol de la consecuencia lógica y la inferencia 143
6.2. La consecuencia como noción capital de la lógica de la edad de oro 145
6.3. La importancia de la consecuencia lógica en la lectura de las *Sumas* 146
6.4. Consecuencia lógica y oración condicional 147
6.5. Consecuencia y consecuencia lógica 150
6.6. Consecuencia lógica e inferencia 152
6.7. Las fuentes medievales para la construcción del concepto de consecuencia 154
6.8. Caracterización de la noción de consecuencia: reglas 156
6.9. Definición general de consecuencia lógica 157
6.10. Consecuencia y modalidad 159
6.10.1. Dos concepciones de las modalidades 160
6.10.2. Un enfoque semántico 162
6.11. Divisiones más conocidas de la consecuencia 163
6.12. Dos líneas teóricas referidas a la consecuencia: París y Oxford 165
6.13. Distintas concepciones de la consecuencia 166
6.13.1. Guillermo de Ockham y el Walter Burley del *Puritate* 168
6.13.2. El Pseudo-Escoto y Buridán 171
El Pseudo-Escoto 171
6.13.3. Buridán 173
División de la consecuencia 177

7. SEMÁNTICA 179

7.1. Semántica 179
7.2. Elementos del enfoque semántico..180
7.3. Verdad y suposición 182
7.4. Dominio del discurso..183
7.5. Oraciones bien formadas y recursividad 184
7.6. Distintos tipos de oración categórica..186
      7.6.1. Las oraciones singulares... 187
7.7. Semántica de la lógica de la edad de oro: El capítulo sobre las pruebas.189
      7.7.1. Distintos tipos de oraciones categóricas según sus condiciones de verdad... 190
7.8. Condiciones de verdad de las oraciones categóricas que trata la Resolución 192
7.9. Simbolización 193
7.10. Condiciones de verdad de las proposiciones categóricas cuantificadas 195
7.11. Tipos de negación y oraciones negativas 196
7.12. Negación negativa de las categóricas y negación de las hipotéticas 196
7.13. Semántica de las oraciones hipotéticas.......................................197
      7.13.1. Conjunción y Disyunción 197
      7.13.2. La implicación.. 198
7.14. Lógica formal..199

8. UNA RECONSTRUCCIÓN RACIONAL DE LA LÓGICA DE LA EDAD DE ORO 1: SINTAXIS Y SEMÁNTICA........................201
8.1. Introducción 201
8.2. Objeto y características de LMEO...202
8.3. Oraciones categóricas 202
8.4. La estructura interna de las proposiciones 204
8.5. Sintaxis de LMEO 206
8.6. El lenguaje L-LMEO es un lenguaje de primer orden..................207
8.7. Fórmulas 208
8.8. Subfórmulas..209
8.9. Semántica de L-LMEO 210
8.10. Verdad y suposición..212
8.11. Consecuencia lógica..214
      Resumen 215

9. UNA RECONSTRUCCIÓN RACIONAL DE LA LÓGICA DE LA EDAD DE ORO 2: CONSECUENCIA LÓGICA EN LA *LOGICA PARVA* DE PABLO DE VENECIA 217
      9.1.1. Noticia del autor... 217
      9.1.2. La obra 217
      9.1.3. Advertencia al lector... 218
9.2. Clasificación de las consecuencias...219
9.3. Naturaleza de la relación de consecuencia 223
9.4. Una lógica de reglas..225
9.5. Tipos de reglas: la ordenación de Veneto 225
      9.5.1. Las reglas 228

9.6. Tipos de reglas: nuestra ordenación 231
9.7. Reglas de un sistema gentzeniano 232
    Reglas estructurales 233
    Reglas operatorias 233
9.8. Las reglas de la *Logica Parva* 234
    9.8.1. Grupo I: Reglas estructurales de la *Logica Parva* 236
    Reglas estructurales "redundantes" 237
    Reglas estructurales con modos 238
    Reglas estructurales con modos epistémicos 240
    9.8.2. Grupo II: Reglas operatorias de la *Logica Parva* 241
9.9. Caracterización de la noción de consecuencia de la *Logica Parva*: la L.P.
Lógica 245
    REGLAS ESTRUCTURALES 246
    REGLAS OPERATORIAS 246
9.10. Apéndice: La consecuencia lógica en una lógica de reglas 246
    La noción de consecuencia de la lógica proposicional clásica (K) 250
Referencias bibliográficas **253**

Agradecimientos

Este libro comenzó a gestarse hace muchos años. Comenzó en alguna de las inolvidables tardes de Cuesta Blanca, Córdoba, entre la primavera y el verano de 1996, junto a un horno de barro, donde Alberto Moreno –atendiendo a mi requerimiento– intentaba explicarme la lógica medieval. Su voz vive en este libro. Para él es el primero de los agradecimientos.

Agradezco a Gladys Palau, recientemente fallecida, quien supo encauzar mi entusiasmo medievalista dentro de los desarrollos lógicos contemporáneos.

Agradezco a Inés Crespo, Juan Rizzo y Valeria Buffon, quienes tuvieron que soportar las primeras versiones del texto y me brindaron un sinnúmero de consejos, correcciones y aportes teóricos que cambiaron definitivamente la naturaleza del libro. También a Richard Epstein, que me ayudó a adecuar el texto al público a quien iba dirigido.

A Nicolás Giovaninni que fue el primero en inducirme a publicar y Shahid Rahman por interesarse y alentarme en llevar adelante este proyecto.

A Ignazio Angelelli, porque el intercambio epistolar que mantuvimos me ayudó tanto a estructurar el texto como a profundizar en algunos temas.

A Carlos Martínez Ruiz, quien en 2016 me dio la posibilidad de exponer y discutir algunos de los temas de este libro con destacados medievalistas argentinos en la ciudad de Córdoba.

A los árbitros a que evaluaron el texto; sus agudos comentarios y todas sus correcciones mejoraron en mucho la versión original.

A Pamela, a Felipe y a Olivia, que soportaron mis ausencias y mis cansancios.

Prefacio

La lógica de la Edad Media es el fruto de esfuerzos realizados con el mismo objetivo y durante el transcurso de varios siglos por muchas de las mentes más brillantes que ha dado occidente. La lógica medieval es un gran pez y yo, al igual que el Viejo de Hemingway, he pretendido asirla y traerla a la costa, sacándola de su lugar natural a fin de mostrarla a los demás. La tarea de pescar solo a este hermoso animal (al igual que en la novela) es imposible, pero vale la pena. Otros esfuerzos realizados en otras partes y probablemente en otros idiomas son cada vez más habituales e irán acercándonos a una completa valoración tanto de los elementos técnicos que nos aporta, como de la interpretación que de ellos hicieron los lógicos de ese período. Espero, sí, al igual que Santiago, haber arrastrado hasta ustedes, el esqueleto de este monstruo y algo de su carne.

El libro está pensado y escrito desde la perspectiva de un filósofo de la lógca. La lógica medieval es una lógica de gramáticos que tiene mucho que decir acerca de las bases conceptuales de nuestra lógica de matemáticos. Sus resultados nos llevan a observar que el terreno común sobre el que discutimos las cuestiones básicas de nuestra disciplina se muestra cada vez más amplio a medida que avanzan las investigaciones. Hay en la lógica de la Edad Media aportes interesantes para la lógica contemporánea en todos estos temas: la verdad, la naturaleza de las modalidades, las paradojas, la dinámica de la información, la noción de consecuencia lógica, la noción de inferencia, la naturaleza de los lenguajes formales, el vínculo de los lenguajes formales con los lenguajes naturales, la interpretación de la cópula *es*, la validez de las expresiones indexicales, etc. He procurado presentar los temas del currículo de lógica medieval vinculándolos con los actuales, pero sin desvirtuar su naturaleza original y evitando anacronismos.

Por tratarse de una colección en español, he incluido en la bibliografía la mayor cantidad de obras en este idioma, lo que incluye privilegiar en la referencia las traducciones de obras originalmente escritas en inglés siempre que esto me fue posible. Deseo aclarar que, si bien la literatura en nuestra lengua es sensiblemente menor a las que encontramos en inglés, aportes como los de Muñoz Delgado, por dar un ejemplo, no tienen análogo –tanto por el enfoque como por la época en que fue realizado– con ningún texto que yo conozca escrito en idioma inglés. La calidad del mismo y su poca difusión hacen que aparezca casi como una novedad de valor para la mayoría de los lectores.

El texto es original en al menos tres puntos y su originalidad reside exclusivamente en dar énfasis a algunas partes no demasiado consideradas aún dentro del panorama lógico medieval y establecer sus relaciones con el resto del *corpus*. En este sentido, creo ser el primero en dar la importancia que merecen (en un libro de estas características) a la línea de manuales denominadas *Exponibilia* y *Probationes terminorum*, que presentan una semántica composicional.

He puesto mucha atención sobre los distintos tipos de oraciones categóricas de que se ocuparon los lógicos medievales y la jerarquía semántica que sobre ellas establecieron. Pero es imposible hacer esto sin dar cuenta del papel que los pronombres juegan en el lenguaje lógico como constituyentes necesarios de las oraciones semánticamente más básicas; esto es, como integrantes de una categoría especial entre los términos singulares. Este es el primer texto en señalar esa función de los pronombres y su vínculo con la teoría de las pruebas.

También creo ser el primero en vincular las dos interpretaciones de la cópula *es* que propone la teoría lógica medieval de finales del siglo XIV y que posibilita tratarla en algunos casos como una predicación y en otros como un signo de identidad.

La originalidad, complejidad y extensión de buena parte de las creaciones propias de la lógica medieval (como la teoría de la *suppositio terminorum*, el tratamiento de la verdad, o la teoría de la consecuencia lógica), hacen difícil presentar todo esto combinando claridad y profundidad en el nivel justo que debiera tenerlos un estudio sobre teoría lógica cuyo panorama final me dejase conforme.

Las cuestiones metafísicas y ontológicas vinculadas con muchos temas, la profundidad de algunos tratamientos, fundada en la evolución de una discusión, hacen que el horizonte de cada tema sea tan vasto como el mar. Uno se adentra más y más en la teoría en busca de atrapar la criatura y llega luego, al contemplar el resultado, a una intrigante conclusión: se ha fracasado, pero sin cometer error alguno. Por esta razón hago mías las palabras de Santiago, el pescador de Hemingway: "No es tan mala la derrota –pensó–. Jamás pensé que fuera tan fácil. ¿Y qué es lo que te ha derrotado, viejo?", pensó.

–Nada –dijo en voz alta–. Me alejé demasiado.

1. INTRODUCCIÓN

1.1. Propósito del texto

En 1952, Strawson publicó su *Introduction to logical theory*. Apenas comenzado el prefacio nos anoticia del siguiente estado de cosas: si bien existían numerosos textos que presentaban de excelente manera la parte técnica de la lógica, descuidaban la relación entre la lógica formal y las características lógicas del discurso ordinario, de lo que devenía la incomprensión de la naturaleza misma de los sistemas de lógica formal. El propósito de *Introduction to logical theory* fue discutir este los temas que fundan esa relación, con el fin de dilucidar cuestiones filosóficas o conceptuales vinculadas con la naturaleza misma de la lógica.

Transitando la segunda década del siglo XXI, podemos sostener algo análogo acerca de la situación de los estudios sobre lógica medieval: poseemos excelentes textos dedicados a la presentación más bien técnica de la lógica de la Edad Media: Moody (1953); Muñoz Delgado (1964); Broadie (1993); Parsons (2014); y poseemos excelentes textos dedicados a las cuestiones referidas a la filosofía de esa lógica (algunos más conceptuales y otros constituidos dentro de un enfoque histórico-filosófico, enfoque común dentro de la disciplina); citemos como ejemplo a: Spade (2000); Kreztmann et al. (2008); Gabbay y Woods (2008); Dutilh Novaes y Read (2016). También contamos –aunque en menor número– con los textos que tratan al mismo tiempo ambas cuestiones (es decir son, a la vez, conceptuales e histórico-filosóficos) como, por ejemplo, Dutilh Novaes (2007), aunque no hay ninguno –hasta donde conozco– que los presente, siguiendo la idea de Strawson, a manera de una *introducción a la teoría lógica de la Edad Media*; esto es, un desarrollo filosófico de la teoría lógica medieval centrado en las cuestiones vinculadas a los fundamentos conceptuales de la lógica de la Edad Media y su relación con la lógica del discurso ordinario. Este libro aspira a cubrir ese espacio de manera análoga a la que proponía Peter Strawson a mediados del siglo pasado para la lógica simbólica. De allí deriva el título del libro y en esa clave debe ser leído.

Se encontrarán, pues, en el texto, tanto cuestiones técnicas referidas a la lógica medieval (por ejemplo, las reglas para la formación de fórmulas bien formadas) como discusiones filosóficas referidas a la naturaleza de los elementos de esta lógica (por ejemplo, cuál es el significado lógico de la cópula *es*). De lo anterior se siguen dos propósitos para el libro: el primero es permitir avanzar a sus lectores en la comprensión progresiva de la lógica de la Edad Media. El segundo es brindar los elementos necesarios para permitir una discusión filosófica acerca de los conceptos sobre los que se monta la teoría lógica de la Edad Media.

Conviene que el lector del texto posea conocimientos básicos acerca de lógica contemporánea; digamos, aquellos contenidos que se presentan en la primera parte de un curso de Lógica básica de la mayoría de las universidades. Este debiera ser el único requisito ya que he pretendido lograr un libro auto-contenido, esto es, un libro al que se pueda acceder sin necesidad de ninguna otra lectura complementaria. Este es el más importante de los motivos por el que el libro no esquiva cuestiones históricas además de las puramente lógicas.

1.2. Estrategia

Para emprender la construcción del libro he debido dar cuenta de un dilema metodológico con el que se han topado todos quienes han intentado esta tarea: o entender la lógica medieval en sus propios términos, a riesgo de que lo dicho no tenga demasiado valor para quienes actualmente se dedican a lógica, filosofía o lingüística, o entenderla en términos contemporáneos, a riesgo de desnaturalizar la propuesta de los lógicos medievales.

En otras palabras: si presentamos un manual de lógica de la Edad Media desde una perspectiva exclusivamente histórica, es probable que el lector quede ignorante respecto al origen y naturaleza de conceptos no encuadrados en ningún marco teórico del que pueda tomar referencia. Si lo entendemos todo desde las categorías propuestas por la lógica contemporánea (los desarrollos lógicos post-fregeanos), tal vez quede muy poco de lógica medieval.

La solución más interesante que he encontrado fue disolver el dilema; esto es, no abandonar ninguno de los propósitos, de suerte que el libro pretende mostrar la teoría lógica medieval sin abandonar los elementos de la filosofía lógica en que se funda ni los aspectos históricos que guían sus derroteros. Mostramos y explicamos nociones de la lógica y filosofía de la lógica de la Edad Media poniéndolas en consonancia con nuestras categorías, pero siempre cuidando de no desnaturalizarlas y, además, agregamos algunos hechos históricos necesarios para contextualizar la evolución de las mismas. El resultado es una *reconstrucción racional* de un período de la lógica de la Edad Media. Al decir *reconstrucción racional* estoy pensando en los términos en que Lakatos la presenta en sus *Escritos Filosóficos*:

> Todos los historiadores de la ciencia que distinguen entre progreso y regresión, ciencia y pseudociencia, tienen que usar una premisa perteneciente al "tercer mundo" para explicar el cambio científico. *Lo que yo he llamado reconstrucción racional de la historia de la ciencia, es el uso de tal premisa en los esquemas explicativos que describen el cambio científico.* Hay distintas reconstrucciones racionales rivales para cualquier cambio histórico y una reconstrucción es mejor que otra si explica más de la historia real de la ciencia; esto es, las reconstrucciones racionales de la historia son programas de investigación cuyo centro firme es una evaluación normativa y que poseen hipótesis psicológicas (y condiciones iniciales) en el cinturón protector (Lakatos 1999: 149 y ss.)

1.3. Restricciones temporales

La lógica de la que nos ocuparemos es una, pero no carece de matices, evoluciones conceptuales, depuraciones. Todo esto es imposible de abarcar en un solo trabajo, mucho menos en una *introducción*. En este estudio pondremos el acento en esta etapa de la lógica: el período que va de 1323 –año (estimado) de la publicación de la *Summa de Logica* de Guillermo de Ockham– hasta 1399 –año (estimado) de la publicación de la *Logica Magna* de Pablo de Venecia–. Como mostraremos, la de mayor madurez filosófica y sistematización lógica –pero no por ello perderemos de vista el resto–. En la primera parte del libro se registra una genealogía de las ideas que preceden y culminan en los desarrollos del período que estudiamos.

1.4. Planes de lectura

Con el fin de trazar rutas de lectura, el libro puede ser dividido en tres partes. La primera parte consta de dos capítulos más bien históricos (capítulos 2 y 3), dedicados a presentar los hechos y la evolución teórica de los predecesores de los trabajos lógicos de 1323-1399. La segunda parte consta de tres capítulos dedicados los dos últimos a cuestiones metateóricas, y el 4 a la estructura del lenguaje lógico (capítulos, 4, 5 y 6). La tercera parte, formada por tres capítulos enfocados sobre una reconstrucción racional de la la teoría lógica, que es presentada de manera análoga a como lo hacemos en los textos contemporáneos (por cierto, una manera muy parecida a como lo hicieran los mismos medievales de fines del XIV). Quienes no estén interesados en los temas históricos (los consideren laterales, o sencillamente no dispongan del tiempo suficiente), pero estén interesados en filosofía de la lógica, pueden pasar directamente a los capítulos 4, 5 y 6, dejando de lado 2 y 3. Las excepciones son exactamente las contrarias para aquellos cuyo interés esté más bien puesto sobre las cuestiones históricas. Quien desee más que nada explorar la lógica medieval en una versión análoga a la de los manuales contemporáneos de lógica deberá leer los capítulos 7 y 8, yendo solo cuando haga falta a los capítulos 4 y 5.

En el capítulo 9 presento un manual de lógica representativo de la mejor época de la lógica de la Edad Media: la *Logica Parva* de *Paulus Nicoletus Venetus* (Pablo de Venecia), uno de los autores más importantes que dio la disciplina[1]. La *Logica Parva* solo es superado en cantidad de ediciones por las *Summulae Logicales* de Pedro Hispano, que es, sin dudas el texto de lógica más popular de la Edad Media (Perreiah 1984). Será el libro con que se dicte lógica en toda Italia durante 200 años y el texto base con que se constituyó la primera cátedra de lógica en la República de Venecia (Perreiah 2002: 483). Se trata de la exposición en términos de reconstrucción racional de este texto capital de la enseñanza de la lógica.

Por último, revelemos algunas carencias. Como dije arriba, el libro se trata de una selección de los temas que interesan a los fundamentos filosóficos y la teoría lógica medieval. Observará el lector que parecen tomadas del plural panorama de la lógica actual, pero no es el caso. No pretendo subsumir los intereses medievales bajo los nuestros, sino que —como espero quede claro— los intereses lógicos de hoy no son muy diferentes a los que mantuvieron nuestros antecesores medievales (del período que presentamos): el acento en ambos casos está puesto en la noción de consecuencia lógica. Lo más llamativo de todo es que para aclarar el concepto de consecuencia lógica, al igual que nosotros, pusieron su atención en la noción de verdad, la de modalidad y la de inferencia. Ockham, Burley, Strode, Buridán y Pablo de Venecia, al igual que Frege, Wittgestein, Tarski, Carnap y Quine, mantuvieron una concepción semántica de la lógica. Esta característica conecta uno y otro enfoque desde sus mismos fundamentos.

Lo prioritario que fue para los medievales el enfoque semántico es lo que guiará nuestra presentación y la mantendrá fiel a los hechos. Sin em-

---

[1] Pablo de Venecia tiene un lugar entre los 138 autores destacados de la edad media, según se considera en *A Companion to Philosophy in the Middle Ages*, editada por J. Gracia y T. Noone; Blackwell, 2002.

bargo y por motivos de espacio, no podemos dar cuenta de ciertas partes importantes del corpus medieval sino en relación con ciertas nociones capitales y los aspectos semánticos que involucran. Por ejemplo, dos áreas de trabajo de profunda importancia en el siglo XIV, que al día de hoy llaman la atención de los investigadores: los *Insolubilia* (donde se dan distintas soluciones a la –tan famosa como infame– paradoja del mentiroso[2]) y las *Obligationes* (donde se presentan reglas para la disputa) *serán abordados solo en relación con los conceptos de verdad, modalidad e inferencia.* Esperamos que las referencias e indicaciones bibliográficas encaminen al lector interesado en profundizar estos temas. Sí dedicaremos mayor atención a una de las creaciones más fundamentales y escurridizas de la lógica que nos ocupa: la teoría de las propiedades de los términos, fundamental para entender cabalmente muchas de las nociones semánticas y dentro de ella, especialmente la teoría de la *supposítito terminorum*. También –y en esto suponemos aportar alguna novedad en los estudios de la lógica medieval– concedemos cierto énfasis, no otorgado habitualmente, a los manuales denominados *De Exponibilibus*, donde hallamos las claves para la construcción recursiva de la semántica de este período.

1.5. ¿Hubo lógica en la Edad Media[3]?

La lógica es una disciplina bien constituida en nuestros días. Se enseña y practica en los departamentos de filosofía, matemáticas, lingüística y computación. Es común entre nosotros, lógicos, historiadores y filósofos, preguntarnos acerca de si, aquella disciplina practicada en las incipientes universidades del centro y norte de Europa, puede denominarse lógica. En este trabajo vamos a sostener que sí. Daremos a continuación cuatro argumentos diferentes en su favor.

El primero proviene de la epistemología de la lógica. Se relaciona con la cuestión acerca del tema que la disciplina trata, acerca de su objeto. La pregunta "¿De qué trata la lógica?" no ha perdido vigencia. Trabajos que

---

[2] Hay que aclarar que muchas veces estas áreas están vinculadas. Tal es el caso, por ejemplo, del tratamiento de las falacias dentro de la teoría de la suposición de los términos (Cfr. Dutilh Novaes 2007b) o de la noción de verdad en los *Insolubilia*.

[3] Esta sección es exclusiva para lógicos no-medievalistas. He notado que –por las buenas razones que presentaremos enseguida– quienes estudian lógica o filosofía de la Edad Media, encuentran que la pregunta acerca de la existencia de la lógica en la Edad Media es, cuanto menos, extraña. ¡Algunos de los integrantes de esta comunidad ni siquiera creen que tenga sentido! Como la sección puede ser interesante e iluminadora para los lógicos-no-medievalistas, he decidido conservarla, aunque pueda herir algunos sentimientos.

van de Tarski (1956) a Alchourrón (1995) se inscriben en una línea conceptual que sostiene que la lógica se ocupa básicamente de (o que el tema de la lógica es) la noción de consecuencia lógica. Escritos posteriores, pero en esta línea, como los de Etchemendy (1999), Beall y Restall (2000) muestran, luego de una crítica a la concepción tarskiana, que no hay una única manera correcta de captar la noción intuitiva de consecuencia lógica, por lo que es más adecuado considerar que no existe una única manera de describir la relación de consecuencia (no hay una *única lógica verdadera*[4]) sino varias. La diversidad no muestra otra cosa que la descripción de distintas maneras de entender esa relación; esto nos aclara la primera página de una guía sobre lógica filosófica: "Solo hay lógica. La lógica es la teoría acerca de la relación de consecuencia, de la inferencia válida" (Goble 2001: 1). Un manual de lógica como el que describiremos en la segunda parte dedica un tercio de sus páginas a la consecuencia lógica, la que divide en diversos tipos (sólida, formal, material, etc.) y define como: "Una inferencia es el paso a un consecuente desde un antecedente" (Pablo de Venecia 1984: 167). Los medievales entendieron que este paso de antecedente a consecuente podía describirse de más de una manera (como veremos con detalle en las secciones 6.11, 6.12 y 6.13) y presentaron una familia de conceptos de consecuencia lógica, articulados entre sí. La lógica de la Edad Media, al menos en su fase madura, *presenta las nociones de consecuencia lógica como los conceptos centrales de los que la lógica debe ocuparse*; la consecuencia lógica es identificada como el tema de la lógica. Por supuesto que se parte de fundamentos decididamente diferentes a nuestra lógica matemática, se proponen otros objetivos y pretenden un rango de aplicación mayor al de nuestra lógica actual[5], pero si hacer lógica es hablar acerca de los fundamentos de la noción de consecuencia lógica, estamos en presencia de una lógica:

> La lógica medieval es la empresa de elaboración de teorías acerca de la inferencia. Las inferencias pueden ser formales o materiales, legítimas o ilegítimas, y se encuentran en diferentes circunstancias dialécticas. La unidad de la lógica medieval se basa en su concepción

---

[4] Utilizando la terminología de Beall y Restall.
[5] "La lógica puramente formal de hoy se limita a regular la teoría de la consecuencia (lógica) entre las fórmulas bien formadas (FBF). Una posición análoga dentro de la lógica medieval cubriría solo los temas tratados en los *Primeros Analíticos*. La lógica medieval, sin embargo, abarca una gama mucho más amplia: comprende también los temas de la filosofía del lenguaje, por ejemplo, las teorías de la significación y la suposición (de referencia), la epistemología, por ejemplo, la teoría de la demostración, y la filosofía de la ciencia (metodología), por ejemplo, el método de análisis y síntesis." (Bos y Sundholm 2006: 24).

de la inferencia (consecuencia), la clave de la lógica formal (King 2001: 135).

Este es el primer argumento mediante el cual justificaríamos la existencia de una lógica medieval.

El segundo argumento puede presentarse así. Uno de los criterios (más fuertes e intuitivos) que delimitan actualmente lo que sea la Lógica es el criterio formal: condición necesaria para ser una teoría lógica es estar formalizada, y esto aquí no significa estar presentada en un lenguaje formal, sino más bien poder señalar los argumentos válidos en base a su estructura, de modo tal de encontrar una manera de generalizar el criterio de validez (Borg y Lepore 2006: 86). Pues bien, hay dos sentidos en que puede mantenerse que la lógica medieval es una lógica formal: el primero es el presentado por Moody (1953: 6) que sostiene que, "justamente porque es una lógica formal es que puede ser aceptada y utilizada por los escolásticos de todas partes, independientemente de su enfrentamiento metafísico o epistemológico". Para Moody, solo una teoría formal puede ser un método válido para discutir entre personas de diferente procedencia filosófica, y la lógica del Medioevo tuvo ese alcance.

Catarina Dutilh Novaes (2007a) también mantiene que la Lógica Medieval es formal. Su análisis del punto es más bien extenso y muy interesante. Siguiendo ideas como las de Hansson (2000), propone que la formalización incluye actividades diferentes (y no siempre diferenciadas) como la axiomatización, la simbolización y la traducción conceptual. Esta última, la ganancia de claridad a través de la práctica sistemática de la formalización de las partes más básicas de una teoría por otra que la formaliza, es lo más propio del método formal; y en este sentido de *formal*, la lógica medieval también es formal (Dutilh Novaes 2007a: 279 y ss). Si la lógica para ser lógica debe ser formal, tenemos dos enfoques que sostienen que en la Edad Media ese fue el caso.

El tercero de nuestros argumentos es más bien histórico. Según Wilfrid Hodges (2007: 41), lo que entendemos por Lógica puede identificarse —desde Aristóteles a nuestros días— por dedicarse a tres áreas de trabajo en todos y cada uno de los casos: i) la teoría de la inferencia, ii) la teoría de la definición y iii) lógica aplicada (utilización de i) y ii) sobre algunos problemas específicos)[6]. En esta estimación de la lógica a partir de las áreas de trabajo

---

[6] Sobre el primero y el tercer punto la literatura es voluminosa. Hay en este libro más de una sección dedicada a la teoría de la consecuencia y las aplicaciones de la lógica. Los trabajos dedicados a la definición no han tenido la misma suerte y son más bien exiguos. Reciente y de

que le son propias, obviamente está comprendida la Lógica medieval (como deja ver el mismo Hodges) del período que abordaremos, y trabajos como los de Buridán proponen dar cuenta de las disputas (lo que puede verse como una aplicación de la lógica), proponiendo una teoría del lenguaje y de la inferencia adecuadas para dar cuenta de ellas[7], lo que incluye un tratamiento competente de las definiciones.

Por otra parte, existe –como deja claro cualquier historia de la Lógica– una continuidad bien probada entre las obras lógicas de Aristóteles, su recepción, crítica y desarrollo por parte de los lógicos de la Edad Media (incluso menos sensible a elementos neoplatónicos que lo que se había supuesto en principio[8]). Los medievales se sintieron (estoy hablando exclusivamente en el plano de la lógica) continuadores del Estagirita, y procuraron conciliarlo con lo establecido por la autoridad de los Padres al respecto (Ashworth 2006: 73).

Con todo, para quien quiera y pueda rechazar cada uno de los argumentos brevemente presentados arriba, queda otro que de alguna manera toma un poco de cada uno de los anteriores y es por cierto difícil de refutar. Lo enuncia Vincent Spade (2002) y puede parafrasearse así: ¿Hicieron Lógica los medievales? Sí. ¿Por qué? Porque designaron con ese nombre la disciplina que practicaron… y lo hicieron mucho antes que nosotros.

1.6. Homogeneidad y autonomía de la lógica medieval

A la hora de proponer una división en períodos de la lógica medieval, ya sea basada en una cronología de los autores o los acontecimientos socio-políticos, si bien pueden servir para señalar momentos capitales dentro de la historia de la disciplina, no deben hacernos pensar, en ningún momento, en un "cambio de paradigmas" (usando sin recato la terminología de Kuhn) dentro del corpus medieval. Por el contrario, la mayor parte de las veces la visión histórica da acabadas muestras de la homogeneidad e inde-

---

muy buena calidad son las investigaciones de Rodrigo Guerizoli (2016) sobre la definición de definición en Buridán.

[7] Al comienzo de sus *Summulae de Dialectica*, Buridán deja claro que la lógica busca dar cuenta de las disputas; esta es su aplicación; todo el resto del estudio estará orientado respecto de este objetivo; "Pero no puede haber disputa, sino por medio del habla, no puede haber habla, sino por medio de las preferencias y dado que toda preferencia es un sonido, debemos por lo tanto comenzar por los sonidos, los cuáles son primero" (Buridán, 2001: 7). El primero de los capítulos del tratado 6 (389 a 398) trata sobre la consecuencia y el segundo capítulo del tratado 8 (631 a 662) se ocupa de la definición.

[8] Marenbon, J. (2007)

pendencia de la lógica del medioevo. Un buen ejemplo de esto (que más adelante desarrollaremos en detalle), es la aparición de las traducciones de la obra completa de Aristóteles. La lógica de la Facultad de Artes, que no es ajena al entusiasmo revolucionario que estas proponen, procede, casi de inmediato, no solo a asimilar los nuevos conocimientos, sino que los presenta en concordancia con los desarrollos originales –que no son pocos– de este período. La lógica se ve entonces mucho menos traumatizada, a la hora de enfrentarse con la colección completa de las obras de Aristóteles, que disciplinas como la física, la metafísica y la teología escolástica. La primera obra lógica que toma en cuenta el *Organon* en su totalidad es el *Metalogicon* de Juan de Salisbury, escrito en 1159. La física y la metafísica de Aristóteles serán incorporadas a los programas de enseñanza de las universidades recién cincuenta años más tarde de las primeras prohibiciones y casi cien años después de escrito el *Metalogicon*.

En el mundo de la ciencia medieval los dialécticos son distinguidos como comunidad epistémica al menos desde el siglo XI, donde se enfrentan a lo teólogos. La disputa de fondo es si puede la lógica incursionar en el campo de la teología; "merced a la temprana y febril actividad que estos desarrollan desata adhesiones y ataques exagerados, que no son otra cosa que el fiel testimonio del impacto que producen" (Gilson 1989: 219). Su popularidad a partir de ese momento no hará más que acrecentarse. Con el tiempo, el apego a este tipo de metodología por parte de los medievales se hace cada vez más común y, por lo mismo, presente –aunque más no sea a través de menciones– en la obra de los autores más representativos de este período. Se puede ver, como ejemplo, que en la obra de San Alberto y Santo Tomás como comentadores de Aristóteles, si bien el *Organon* es el eje en torno al cual gira la mayor parte de la problemática lógica, conocen perfectamente los tratados acerca de las propiedades de los términos; estos tratados, por afrontar problemas ajenos a la obra de Aristóteles, son ubicados al final de las presentaciones como tratados menores, y llamados, por lo mismo, *Summulae* o *Parva logicalia* (Beuchot 1991: 65). Cabe aclarar, como otra muestra de la popularidad e importancia que se le brinda a estos temas, que los autores –como ejemplo pueden señalarse Tomás o Alberto– no solo traen a colación los temas de la lógica en medio de un entuerto teológico cuando es menester utilizar esta para resolverlo, sino que también hay en sus obras espacios que tienen por finalidad primera el desarrollo de temas lógicos[9].

---

[9] Con respecto al tema de la modalidad, por ejemplo, los escritos de Santo Tomás son clásicos. Véase (Knuuttila 1993:129-134) y (Kneale 1972: 222-225).

Los lógicos medievales, si bien son poco afectos a citar nombres, tanto de aquéllos con quienes acuerdan (exceptuando a Aristóteles y los Padres) como de los que objetan, no dejan de discutir con antiguos y contemporáneos acerca de temas recurrentes y objetivos comunes, lo que nos posibilita pensar en una línea teórica más o menos uniforme. Las discusiones – en especial a lo largo de los siglos XII a XV– acerca del lenguaje natural y las distinciones y creaciones propuestas para su análisis, como por ejemplo la *suppositio*, son el mejor ejemplo de que la lógica medieval es una teoría con características propias y reconocibles. A través de la teoría de la suposición, al igual que en los demás lugares importantes de la doctrina lógica medieval, se busca a) elaborar una teoría general del lenguaje; b) describir de un modo preciso, es decir, realizar un análogo de lo que hoy llamamos una reconstrucción racional, de los términos del lenguaje que poseían fuertes connotaciones filosóficas; c) formular una serie de reglas de inferencia válidas con respecto a lo que hoy denominamos lógica de primer orden (Kneale 1972: 254; Muñoz Delgado 1964: 248). La preocupación por lograr los tres objetivos de que nos hablan los Kneale pueden hallarse indistintamente entre cualesquiera de nuestros lógicos medievales, que, en cuanto a intereses, también muestran uniformidad.

La lógica en la Edad Media es una teoría unificada en torno a intereses y temas comunes, pero con la dinámica que genera un ambiente crítico.

Las novedades que van surgiendo en la lógica del medioevo nunca son vistas como una oposición a la tradición, sino como una evolución de la doctrina lógica. Para decirlo en pocas líneas, el pensamiento de los lógicos medievales se condice con el de los lógicos contemporáneos, que rechazan la conocida posición kantiana respecto al estado acabado de la ciencia lógica después de Aristóteles. Los lógicos del medioevo creen que Aristóteles ha inventado la lógica y que ellos ocupan el lugar de continuadores del Estagirita. Como afirma Boehner, probablemente estos lógicos hubieran rechazado la denominación "nuevos elementos de la lógica escolástica" que proponen los historiadores para las teorías de la *suppositio* y de las *consequentiae*, y justamente por las implicaciones de la palabra "nuevos". La escolástica de la Edad Media en general, y la lógica en particular, se considera perpetuadora de una larga tradición lógica que mantienen viva, desarrollan y completan (Boehner 1952: 16; Marenbon 2007: cap. V). Como prueba de esto, Boehner cita un pasaje sumamente significativo, donde un autor desconocido, cuya obra posiblemente date del siglo XV, muestra cómo cada uno de los considerados elementos propios de la lógica medieval pueden ser derivados de la obra de Aristóteles. De esto concluye Boehner (1954: 18):

Esta cruda y parcialmente artificial derivación de los "nuevos elementos" de lógica escolástica muestra, al menos, que el autor estaba convencido de que era un buen lógico aristotélico. Que hayan sentido la necesidad de probar la autenticidad aristotélica de estas extensiones sugiere que también supieron de sus diferencias con respecto a la lógica aristotélica.

Del hecho de que la lógica haya sido utilizada por representantes de distintas corrientes metafísicas, algunos historiadores han inferido que debía haber diferencias substanciales en cuanto a lo que los representantes de cada corriente entendieron por "lógica". En realidad, esto es exactamente al revés: la lógica fue concebida como parte esencial de la educación por su neutralidad respecto del tópico, lo que le daba la característica esencial para convertirse en la herramienta común a todas las disputas. "La lógica representada por Ockham es una exposición claramente articulada de un cuerpo de enseñanza común, el cual se desarrolló de manera continua desde el tiempo de Abelardo y a través del siglo XIII" (Moody 1953: 6). En la Edad Media encontramos, por tanto, esencialmente una única Lógica, solo amenazada en su unidad por problemas gnoseológicos u ontológicos, que sí generaron opiniones diversas respecto a cómo debía desarrollarse un tema o problema lógico (análogas a las discusiones se generaron dentro de la lógica contemporánea con la aparición del intuicionismo), pero no una fractura que dividiese la disciplina. La Edad Media, con su inmensa variedad de puntos de vista en cuestiones no lógicas, confirma la tesis de que la Lógica formal es independiente de la posición filosófica particular de cada lógico (Bochenski 1966:162).

1.7. Línea de tiempo

Tenemos, pues, del XI al XV un cuerpo doctrinal con problemáticas comunes y características propias, las cuales van sufriendo modificaciones dentro de la misma teoría que las agrupa. Las diferencias más gruesas que presenta la disciplina son en el ámbito de lo que hoy denominamos "filosofía de la lógica", lo que no hace otra cosa que hablar de un ambiente polémico, y por lo mismo, teóricamente vivo. La lógica es vivida y caracterizada como una ciencia que se piensa a sí misma no como acabada, sino en desarrollo, y que tiene como fundamento la obra lógica aristotélica. Es una ciencia independiente de las demás, merced a la fuerza instrumental de su formalismo, y por lo mismo, capaz de ser utilizada por teorías filosóficas rivales para la demostración de sus tesis, conservando la característica de ser ciencia e instrumento de las ciencias.

La lógica de la que nos ocuparemos es una, pero no carece de matices, evoluciones conceptuales, depuraciones. Todo esto es imposible de abarcar en un solo trabajo. Para acotar el tiempo al que dedicaremos los análisis de este libro, asumimos una distinción, común a la mayoría de los historiadores:

> Aunque hay importantes discusiones de problemas lógicos en el siglo XI como Anselmo de Canterbury, y en pensadores del comienzo de siglo XII, como Pedro Abelardo y Adam Balsham, la contribución distintiva de la lógica medieval como un cuerpo de doctrina comenzó a finales del siglo XII, en el estudio de las consecuencias y las falacias. Esta etapa se inició con el redescubrimiento en el Occidente latino de Aristóteles su doctrina de la falacia en las *Refutaciones Sofísticas* (conocido en latín como *De Sophisticis Elenchis*) y del silogismo de sus *Analíticos* (Hodges y Read 2010: 25).

Esto restringe el espacio temporal al que hay que atenerse, pero aún sigue siendo demasiado. El lapso temporal sobre el que este manual pondrá el acento es el que va de 1323, año (estimado) de la publicación de la *Summa de Logica* de Guillermo de Ockham, hasta 1399 año (estimado) de la publicación de la *Logica Magna* de Pablo de Venecia. Esto señala –a nuestro juicio y siempre pensando en límites difusos– un espacio de tiempo que denominaremos "la edad de oro de la lógica medieval"[10]. A esta edad de oro vamos a referirnos en este trabajo.

Siempre es un buen recurso para contextualizar y comprender mejor un cuadro que vincule autores y época; Bos y Shundholm (2006: 32) nos legan uno que reproducimos en la parte que corresponde a la edad de oro.

Línea de tiempo de lógicos medievales del siglo XIV

Walter Burleigh (c.1275–1344/5)
Guillermo de Ockham (1285–1347)
Roberto Holkot (c.1290–1349)
Guillermo de Heytesbury (d.1272/3)

---

[10] En el mismo sentido que se habla de la edad de oro de nuestra lógica, período caracterizado por las obras de Frege, Russell, Hilbert y Gödel, el período donde hay que buscar las bases y el núcleo teórico de la disciplina (Gupta y van Benthem, 2010: 2).

Gregorio de Rimini (c.1300–1358)
Juan Buridán (c.1300–after 1358)
Nicolás de Autrecourt (c.1300–después de 1358)
Ricardo Billingham, (c.1350–60)
Alberto de Saxony (1316–1390)
Marsilio de Inghen (c.1340–1396)
Vincente Ferrer (c.1350–1420)
Pedro de Ailly (1350–1420/1)
Pablo de Venecia (1369–1429)
Pablo de Pergola (1380–1455)
Pedro de Mantua (? –1400).

1.8. Los beneficios de una perspectiva histórica para los enfoques sistemáticos

Existen dos tipos de aproximaciones a la lógica medieval: el histórico y el sistemático. El primero busca conseguir versiones confiables de los textos de lógica medievales y establecer tanto la secuencia real de una discusión como sus fuentes, proceder a análisis etimológicos que aclaren traducciones, evitar anacronismos, señalar fuentes, predecesores, fundadores y continuadores de una tradición o enfoque y cosas por el estilo. El segundo busca recuperar los elementos filosóficamente interesantes que las teorías medievales presentan. Los primeros pueden carecer de los elementos para generar un enfoque crítico de los componentes lógicos que tratan, desde la perspectiva de la teoría lógica. Los segundos muchas veces carecen del *background* necesario de elementos de lógica (semiótica, filosofía e historia) medieval y pueden promover interpretaciones erróneas, esto es, valorar los textos medievales con los ojos de un lógico contemporáneo (Dutilh Novaes 2007: 9).

Dentro de este panorama, mi enfoque se pretende más bien sistemático, pero, acorde con una reconstrucción racional lakatosiana (que postulamos en la sección 1.2) busco que la sistematización no desnaturalice el campo. Estimo que el remedio pasa por no evitar la historia, procurando obtener en ella un marco que evite errores y desproporciones. Kneale y Kneale (1972: 210-11) –a propósito de la revalorización de los trabajos de lógica medieval– nos advierten:

> Esta repentina revalorización conduce poco menos que inevitablemente a exageraciones y errores de perspectiva. Así, autores del siglo XIV han sido honrados por aportaciones debidas a Abelardo un

par de siglos antes, y sentencias originales de Boecio o algún comentador árabe de Aristóteles se han exhibido a veces como joyas de la sabiduría cristiana medieval[11].

Creemos entonces que el modo más adecuado de apreciar los trabajos de los lógicos de la edad de oro es una mirada en perspectiva, una mirada social e histórica. Esta mirada nos presenta a la lógica medieval como un cuerpo más o menos homogéneo, que comienza en el siglo XI y culmina en el siglo XVI. Existen al menos tres razones para adoptar esta perspectiva:

a) Nos posibilitará una visión con la menor cantidad de lagunas históricas –en cuanto a desarrollos lógicos respecta– librándonos de indeseables anacronismos.

b) Aunque el siglo XIV es considerado una etapa de elaboración, es decir, un período donde los lógicos se dedican a profundizar en torno al material ya existente –el producido entre los siglos XI y XIII– y los que generan, si bien son profundos, se asientan, en muchos casos, en el análisis crítico de este (Bochenski 1966: 160).

c) Entender las conexiones de la lógica con otros temas no es menos importante que comprender los aspectos técnicos de la disciplina (nos indica Marenbon quejándose de la falta de historicidad). Lo que se necesita para entender cabalmente la importancia de la lógica en el período que va del siglo XII al siglo XVI es *una historia social de la lógica medieval* (Marenbon 2007: 2).

Así las cosas, para una intelección apropiada de las características que nos interesan de la lógica de la edad de oro resulta conveniente –importante y hasta imprescindible– una presentación históricamente concatenada de las fuentes, autores y hechos, que vaya desde lo que se considera el comienzo de la lógica medieval hasta su "etapa creadora", ya que estas influirían en la lógica de fines del siglo XIV y principios del XV, a la que prestaremos mayor atención. También nos parece necesario, con idéntica finalidad, mostrar el origen de algunas de las creaciones originales de los

---

[11] Luego nos tranquiliza: "Pero a diferencia que en la arqueología, los desmanes de los entusiastas no destruyen los testimonios disponibles. Por el contrario, pueden servir de estímulo a investigaciones que corrijan sus propios errores. y eso es lo que ha sucedido en nuestro caso" (1972: 211).

escolásticos de los siglos XI, XII y XIII, que conservan su vigencia dentro del cuerpo de doctrinas lógicas que caracterizan la edad de oro.

¿Dónde se desarrolló la lógica de la edad de oro? Si tuviéramos que ubicarnos en el espacio, la edad de oro de la lógica medieval nos sitúa en las escuelas y universidades de Europa occidental (Moody 1967: 528).

El desarrollo de la lógica en el medioevo (al igual que la de cualquier época) no está signado solo por la aparición de personajes de talento. Influyen, además, y de modo considerable, los distintos contactos con la obra de los filósofos griegos y cruciales acontecimientos político-sociales. La traducción completa de las obras de Aristóteles y la creación de las universidades de París y Oxford y probablemente Salamanca, quizá sean los mejores ejemplos de esto, ya que son causa directa de nuevos desarrollos lógicos.

Realizar un recorrido histórico "puramente lógico" nos privaría de dar una idea del contexto en que nacieron las ideas lógicas que estudiaremos. En contrapartida, la complejidad de una completa historia de las ideas que preceden el siglo XIV, que debería incluir la inmensa variedad de posiciones teológicas, metafísicas, ontológicas y gnoseológicas, escapa por completo al alcance y espíritu de este trabajo. Nuestro somero recorrido histórico no analizará impersonalmente las ideas lógicas previas al siglo catorce, ni dejará de lado acontecimientos socio-políticos insoslayables, pero tampoco pretenderá enredarse en una presentación cuidada y minuciosa de las disciplinas que rodean y alimentan la lógica de la Edad Media. Para lograr esto, seguiremos a historiadores que ponen el énfasis en una perspectiva lógica de estos desarrollos y a enfoques sistemáticos que no descuidan la historia.

2. ALGUNOS HECHOS, IDEAS Y TRADICIONES QUE IN-FLUYERON EN LA LÓGICA DE LA EDAD DE ORO

2.1. Los arribos de Aristóteles

La obra de Aristóteles llega en olas de distinta intensidad a las arenas lógicas de la Edad Media. Es difícil subestimar su importancia tanto para la lógica como para la filosofía del medioevo en general[12]. Claro que no es la única tradición que impacta en los escritos lógicos, pero sin dudas es la más importante: la influencia de estoicos y neoplatónicos —indudablemente presente en metafísica— no es fácil de rastrear en lógica, al punto de que no podemos hablar con mucho sentido de una lógica neoplatónica, ya que no pueden encontrarse en la tradición medieval ideas demasiado relevantes en lógica provenientes del neoplatonismo (Ebbesen 2007: 139).

Los escritos aristotélicos impactan en el Occidente latino de manera importante en tres ocasiones. Por primera vez en el siglo VI a partir de las traducciones de Boecio de algunos tratados lógicos y adaptaciones de trabajos sobre lógica y retórica. La segunda etapa se inició en el siglo XII con la traducción gradual del corpus aristotélico completo. En esta etapa la recepción de Aristóteles fue parte de un inmenso esfuerzo tanto por absorber el legado del Estagirita, como por ponerlo en armonía con lo conocido en el campo filosófico, médico, astrológico y el de las ciencias naturales[13]. Aparecen los conocimientos de la antigua Grecia, pero también los aportes del judaísmo (antiguo y contemporáneo) y los del Islam, y en relación con estos, la enciclopedia aristotélica proporcionó el marco para estructurar todo este nuevo material (Lohr 2008: 81). La tercera etapa comienza a finales del siglo XV y promueve más que nada nuevas ediciones en griego y latín de toda la obra aristotélica. A los fines de nuestro trabajo, la segunda etapa es la más interesante ya que genera modificaciones y nuevas ideas en el ámbito de la lógica, ideas que serán la base de los aportes originales de la lógica de la edad

---

[12] La llegada de Aristóteles puede pensarse —incluso— estructurando el cuerpo todo, el ámbito mismo, de aquello que admitimos como Filosofía Medieval; Lohr 2008: 80 y ss.
[13] También sucede esto en el campo del lenguaje. Los intereses sobre gramática que encabezan los *Modistae*, están regidos por el esquema aristotélico acerca de las ciencias, del cual deriva el interés por buscar algo común a todos los lenguajes; Ashworth 2003: 74.

de oro[14]. Por esto mismo, en este capítulo hablaremos menos de la primera que de la segunda y dejaremos de lado la tercera.

Según nuestro conocimiento contemporáneo, las traducciones de Aristóteles (y las traducciones que por error le fueron atribuidas), conforman un cuerpo de más de 2.000 manuscritos y están presentadas en tres volúmenes producto de trabajos que comenzaron en 1819 y terminaron en 1955, además de ediciones críticas de los mismos que culminan en 1962 (Dod 2008: 45-46).

Es importante destacar que lo que genera la progresiva avidez por la recepción de la obra completa de Aristóteles es, básicamente, un cambio epistemológico. El modelo de *episteme*, tal como está presentado en los *Segundos Analíticos* se transforma en la *scientia* medieval, a la que tendrá que aspirar toda la ciencia, incluyendo la teología: se trata de buscar principios evidentes y proceder a partir de ellos por rigurosa deducción, obteniendo así nuevas verdades. El esfuerzo es supremo; Juan de Salisbury (1120-1180), modelo de erudición de su época, manifiesta que el material de los *Segundos Analíticos* es demasiado sutil, al punto que pocas mentes en sus días logran avanzar demasiado en la lectura (Marrone 2003: 33).

En lo que respecta a la lógica, podemos decir que los propios medievales fueron conscientes de los cambios en los enfoques lógicos, otorgándoles diferentes denominaciones a diferentes corrientes lógicas, según cuáles fueran los textos aristotélicos a partir de los cuales se articulaban (Marenbon 2007: 131). Tenemos (en la propia denominación medieval) tres lógicas a lo largo de la Edad Media:

1) La *logica vetus*, cuyas fuentes son los textos de Aristóteles de los que se dispone entre los años 780 y 1000 junto con la *Isagoge* de Porfirio. Solo hay dos textos aristotélicos traducidos a principios del siglo VI que estaban disponibles para Europa Occidental: las traducciones de las Categorías de Boecio y el *De interpretatione*. Estos dos textos sirvieron de base para la transmisión del pensamiento lógico clásico. Los tres ocuparon el lugar de libros de texto para la enseñanza estandarizada de la lógica en el *trivium* (Uckelman 2009: 6)

2) La *logica nova*, que está compuesta por los trabajos articulados a partir de la paulatina recepción de la obra de Aristóteles desde el año 1100 en adelante. Boecio también había traducido los *Primeros Analíticos*, los *Tópicos* y el *Sophistici Elenchi*, pero estas traducciones se perdieron en Europa oc-

---

[14] Como veremos en el capítulo 5, no puede entenderse la noción de consecuencia sin apelar a la llegada e influencia de los *Tópicos* en el corpus lógico medieval.

cidental y fueron re-descubiertos en los años 1120 (Dod 1982: 46). Además, en la primera mitad del XII aparecen nuevas traducciones latinas de las obras desconocidas de Aristóteles que fueron realizadas y difundidas en todo el oeste latino, junto con obras venidas del árabe y el griego. Jacobo de Venecia, que entre 1125 y 1150 completó el corpus lógico aristotélico traduciendo el *Analytica Posteriora*, también produjo una nueva traducción de los *Sophistici Elenchi*, así como las de *De anima* y *De morte*[15].

Logica vetus y *logica nova* conforman la *logica antiqua*.

3) La *logica modernorum*, donde encontramos los aportes más propios de la lógica medieval funciona teniendo como base el cuerpo teórico de la *logica antiqua*, sobre el que generará su propia impronta. Se presenta en Sumas (hacemos una lectura detallada en la sección 2.5). Sus capítulos destacados: *Consequentiae*, *Obligationes*, *Exponibilia*, *Insolubilia*, son representantes de la originalidad de la lógica de esta época. Esta denominación –*logica modernorum*– indica la separación de los nominalistas, una las corrientes lógicas dominantes en el siglo XIV (*in via nominalis*), de la *logica antiqua* más afín con otra corriente metafísica importante: los realistas (*in via realis*)[16].

Los protagonistas fueron conscientes de las diferencias conceptuales que mantienen cada una de estas corrientes lógicas. Una muestra de ello es que la lógica moderna fue también designada como *in via Ockham*, mientras que a la lógica antigua también fue llamada in *via Santo Tomae* (Read 2012: 899; Muñoz Delgado 1964: 47).

2.2. La primera ola

Dijimos arriba que este primer contacto con parte del corpus aristotélico nos interesa menos que el que sigue. Mencionemos sin embargo dos cuestiones que tendrán importancia en las sucesivas etapas creativas de la Lógica Medieval:
  a) las obras de la antigüedad que llegan a manos de los autores de este primer período y
  b) la incorporación de la lógica al *curriculum* escolar.

---

[15] Por la historia de las traducciones véase Dod 2008: 46-53.
[16] Por diferencias metafísicas entre estas corrientes, véase M. Carré 1946; Klima 2013.

Los textos que marcan esta época son: el *De Interpretatione* y las Categorías de Aristóteles; la *Isagoge* de Porfirio; tres textos latinos escritos por Boecio a comienzos del siglo VI: un tratado sobre silogismos categóricos, uno sobre silogismos hipotéticos y otro sobre los tópicos; también se adjunta al plan de estudios, aunque de manera lateral, una obra sobre la definición atribuida a Boecio (de hecho escrita por un antecesor, Mario Victorino) y los *Tópicos* de Cicerón, junto con el comentario que de él hace el mismo Boecio.

Estos son los textos que más influyen en la incipiente lógica de la época. Autores como Manderbon (2008) concluyen que Boecio es la figura central de esta época. Sin embargo, su lugar se debe más a su capacidad de legar el conocimiento lógico de la antigüedad que a sus propios aportes[17]. Merced a la obra de Boecio la Edad Media supo de la lógica de los antiguos (Martin 2009: 56).

De cualquier manera, y como la lista de nombres anterior sugiere, sus predecesores y sucesores no deben descuidarse. Entre la lista de lógicos destacados antes de Boecio tenemos a Cicerón, Apuleyo, Mario Victorino y Capella. Luego de Boecio, Casiodoro e Isidoro de Sevilla. Los autores de la lista tienen una impronta más vinculada con lo que hoy identificamos con retórica (elaborar un argumento con el fin de persuadir a un auditorio), que con lo que señalamos como lógica (elaborar un argumento con el fin de demostrar)[18].

Durante casi toda la Edad Media la lógica ocupó un lugar central en el sistema educativo y es en este período cuando comienza a lograr esa prioridad (que llegará a la cima con la creación y desarrollo de las universidades; sección 2.4). Esta importancia es la que le permite ser, con el tiempo, el instrumento de todas las investigaciones científicas y filosóficas, gozando de una amplitud de la que jamás volverá a disponer. Esa incorporación al sistema educativo comienza en este período en la corte de Carlomagno.

Dos representantes lógicos hay en la corte de Carlomagno responsables de la instauración de la lógica en el programa educativo medieval. El primero, Alcuino (735-804), es de origen anglosajón (monje inglés nacido en York) y es el autor de lo que se considera el primer trabajo de lógica de la Edad Media. Más precisamente, escribe un tratado denominado *Diálogo acer-*

---

[17] Cabe si destacar su teoría del silogismo hipotético, que va a influir en la lógica de la edad de oro; véase Martin 2009: 70-78. Boecio va a analizar los condicionales en términos de lo que hoy conocemos como lógica proposicional, llegando a proponer leyes muy conocidas hoy en día (Marenbon 2004: 14)

[18] A excepción de Boecio, que también estará vinculado con estudios más cercanos a la lógica; de hecho, una de las causas del entusiasmo por la disciplina, surgido al comienzo del siglo XII, es la recuperación de las traducciones de Boecio de los textos de lógica aristotélicos: *Primeros analíticos*, *Tópicos* y los *Elencos sofísticos* (Dod 2008: 46)

ca de la filosofía verdadera, que sirve como introducción a sus textos pedagógicos, cuya denominación colectiva es *Didascalion*. En estos identifica las artes liberales, gramática, retórica, dialéctica, aritmética, geometría, música y astronomía, con siete estados de la filosofía. Pero, además, mantiene que la filosofía en su misma esencia es más identificable con la dialéctica —el arte de razonar correctamente— que con cualquiera de las otras (King 2002: 32). De esta manera plasma la impronta básica de lo que sería conocido como el *Trivium*, ciclo básico de la facultad de Artes[19] donde se enseñan dialéctica, gramática y retórica, y el *Cuadrivium*, conformado por las otras cuatro. Conocedor del tratado *Las Diez Categorías*, paráfrasis de las categorías aristotélicas y atribuido por aquel momento a Agustín, se convence de que la lógica es una herramienta fundamental para entender las cuestiones de la fe. De sus trabajos se deriva el cuerpo básico de la doctrina de lo que se denominará en el siglo XIV *logica vetus*.

El segundo es Teodulfo (750?-821), español, nacido probablemente en Zaragoza, de familia visigoda. Si bien no escribió un tratado de lógica, se sirve de una polémica teológica con los griegos (Teodulfo pretende mostrar en ella que "besar" y "adorar" no significan lo mismo) para utilizar la lógica y dar cuenta de su importancia (Marenbon 2008: 24). Lo que interesa destacar es que Teodulfo apunta más al carácter práctico de la lógica —su utilización en las disputas— que a las cuestiones metafísicas que con ella se puedan resolver.

Entre Alcuino y Tedulfo presentan las tres maneras en que la lógica será valorada durante la primera Edad Media: como un arte liberal, como una herramienta de comprensión de la fe, como un arma contra las posiciones de los paganos (Marenbon 2008: 25). Con estos objetivos, e insertada definitivamente en la currícula medieval, la lógica no dejará de tomar cuerpo y ganar profundidad.

2.3. La segunda ola

El segundo arribo de los escritos aristotélicos a Occidente puede considerarse uno de los hechos filosófica y científicamente más relevantes de toda la Edad Media. La verdad de esta afirmación alcanza a la lógica tal vez más que a cualquier otra disciplina.

El desarrollo de la lógica a partir del redescubrimiento del corpus completo de Aristóteles a principios del siglo XII y a través de los

---

[19] Sección 2.4.

siglos XIII y XIV, no puede describirse de otra manera que como notable. Ninguna otra época de la historia, excepto el final del siglo XIX y comienzo del XX, ha visto un desarrollo tal de la lógica (Lagerlund 2008: 281).

Este arribo se produce junto con, y a través de, la filosofía y las traducciones elaboradas por los árabes. Las filosofías árabe y judía asimilan la filosofía griega mucho antes que Occidente. Siria y Mesopotamia, con sus intelectuales constreñidos a aprender el griego para acceder a la lectura de los Padres, se inician, al mismo tiempo, en la ciencia y filosofía helénicas. El avance de la filosofía griega se produce a la par del avance del cristianismo. Cuando el Cristianismo cede al Islamismo en Oriente, son los sirios quienes trasladan todo el caudal científico y filosófico del siríaco y el griego a la lengua árabe (Gilson 1989: 353-355). El despertar intelectual de Occidente en el siglo XIII, se ve condicionado por la labor de los traductores[20].

La valoración del impacto de la lógica árabe en la Edad Media ha mutado a lo largo del tiempo: Karl von Prantl postuló –a mediados del siglo XIX– que los escritos lógicos árabes fueron la base revolucionaria a partir de la cuál se generó la lógica de fines del siglo XIV; esta tesis es contraria a la propuesta –en 1960– por De Rijk, quien postula que la influencia de los escritos árabes en la lógica de la Edad Media, si bien perceptible, fue más bien pequeña (Lagerlund 2011: 693-4)[21].

Aunque es común sostener que la tarea consistía en trasladar del árabe al latín los textos aristotélicos (y que estos, a su vez, no pocas veces provenían de una traducción siríaca del texto griego original) (Gilson, 1989: 353), autores como Dod (2008: 52) sostienen que se trata más bien de una suerte de leyenda: la mayor parte de los textos con que trabajaron los latinos provenían de traducciones del griego, esto es, eran textos greco-latinos. Existieron, sí, textos arábigo-latinos, pero los medievales solo apelaron a estos segundos cuando los primeros se volvieron inteligibles. Lo que no parece admitir discusión es que las traducciones más reputadas de las obras de Aristóteles son el resultado de la suma de varias de ellas, en las que se en-

---

[20] Los traductores no solo heredan una lengua de la que apropiarse, sino una cultura que consideran superior, o bajo la que están de alguna manera sumidos. En Córdoba y Toledo, donde se dan la mayoría las traducciones del árabe al latín, la cultura árabe es la dominante y lo que procuran los traductores es, en principio, reproducir el esquema de esta cultura en latín. Así, las traducciones de Gerardo de Cremona estarán adaptadas al orden de las ciencias presentado por Alfarabí (Burnett 2004: 604).
[21] Para una presentación detallada de las influencias árabes y su grado, véase Uckelman y Lagerlund 2016.

cuentran traducciones venidas del árabe y el hebreo, que sin lugar a dudas hicieron su aporte (Burnett 2004: 559).

Pero no todo depende de la semilla; el lugar donde viene a dar la obra de Aristóteles es nicho fértil para nuevos desarrollos. El siglo XII se muestra culturalmente apto para asimilar la llegada de la obra aristotélica: Según Gilson el siglo XII "había generado, con características propias, es decir, independientes tanto de la filosofía árabe como de la metafísica aristotélica, que aún no han arribado a las escuelas, los espacios culturales que directamente absorberán ese impacto" (1989: 314).

Ya vimos que la lógica está presente en la formación de los filósofos, pero para esta época converge con los intereses metafísicos propios de la mayor parte de la Edad Media, "merced a la amplia investigación que en las escuelas del siglo XII se realiza sobre el problema de los universales, esto ha conducido en todas partes a los lógicos a invadir el terreno de la metafísica" (Gilson 1989: 315). Lo que no dice Gilson es que los universales, a su vez, están relacionados con la lógica; así, los términos universales o predicables son objeto de estudio de los lógicos y principal problema de la metafísica.

> Así una vez más, la lógica funciona como herramienta de la filosofía en la Edad Media, aunque esto la aparta de los intereses más puramente lógicos. Abelardo (por lejos el mayor talento lógico de este siglo), dedicará solo 18 páginas a la presentación de la silogística. Esta opción se debe a la orientación de sus intereses, más volcados a la metafísica que a la teoría de los sistemas deductivos" (Kneale y Kenale 1972: 202).[22]

Pero si Aristóteles se traduce en el siglo XII, puede decirse que se enseña recién en el XIII y no es realmente importante en el mundo académico hasta mediados de ese siglo (Dod 2008: 53). Es a mediados del siglo XIII, por ejemplo, que la teoría de que el alma cobra conocimiento de las cosas al recibir en ella la forma de estas, formulada en *De Anima*, influye de modo directo y perdurable sobre las cuestiones vinculadas con el lenguaje, ya que esta caracterización de la vida mental fue asociada con la elaborada en el primer capítulo del *De interpretatione*, ya conocido en ese momento, y en el que se dice que el alma posee estados que constituyen en algún sentido

---

[22] Los universales pueden ser el problema de fondo aún cuando los intereses últimos no sean metafísicos; dice Dalla Chiara: "En el fondo la filosofía de la matemática de comienzos del siglo XX se debatió prevalentemente en torno a un único gran tema: la versión moderna del viejo problema de los universales (1976: 136).

copias de las cosas externas. "Los medievales darán, a partir de aquí, nuevas fuerzas a la teoría de los tres tipos de lenguaje: el hablado, el escrito, y el mental" (Kneale y Kneale 1972: 215). Se acumula durante el siglo XIII mucho de lo necesario para lo que va a constituir la lógica del siglo XIV; Hay dos hechos particulares que justifican la energía intelectual de la época: "El contexto para este fermento de ideas es generado por dos innovaciones que se produjeron a principios de siglo: las nuevas universidades y las nuevas órdenes religiosas" (Kenny 2005: 55). Dedicaremos la sección 2.4 a estos temas.

Para terminar, veamos la influencia de las traducciones de Aristóteles (y de algunos otros filósofos griegos y comentadores medievales) en el corpus lógico medieval. Creemos que un modo bueno y breve de hacerlo es presentar los tratados lógicos en el orden que eran concebidos en el siglo XIII[23].

a) *De praedicabilibus*. Este libro de origen neoplatónico es responsable de innumerables confusiones entre lógica y metafísica. Fue comentado en el siglo XIII, y en él se explicaba la naturaleza del universal, la predicación y en especial la doctrina de los cinco predicables[24]. Fue concebido por la tradición escolástica como la introducción natural a las *Categorías* y al *Organon* de Aristóteles en general.

b) *De Praedicamentis*. Era la primera obra, según la ordenación escolástica del Organon, siguiendo las tres operaciones de la mente –la mente conceptualiza o define, elabora juicios, e infiere otros a partir de estos[25]–. Introdujo muchas confusiones entre lógica y metafísica, y en su exposición se manifestaron pronto las disputas escolásticas de modo parecido a como sucedió con la *Isagoge* de Porfirio.

c) *De sex princiipis de Gilberto de la Porrée*. Fue comentado desde el siglo XII y considerado, junto con las *Categorías*, como una parte de la lógica

---

[23] Seguimos la presentación que nos brinda Muñoz Delgado (1964) transcribiendo solo parte de los comentarios.

[24] Los predicables tratan de distintos tipos de relación que pueda existir entre sujeto y predicado en un oración categórica -una oración de la forma X es Y-. Los 5 predicables refieren a las cinco maneras en que un concepto puede ser dicho de sus inferiores o de los sujetos a los que se enlaza. A cualquier sujeto o universal lógico son atribuibles tres conexiones esenciales (Género, Especie y Diferencia específica o especificidad) y dos accidentales (Propiedad y Accidente). Como verá el lector, la terminología misma con la que el tema se presenta invita no solo a cuestiones lógicas, sino también metafísicas y ontológicas.

[25] Las tres operaciones de la mente son: el concepto, el juicio y el razonamiento.

aristotélica. En él se trata de explicar con más detención, los seis últimos predicamentos de la década aristotélica[26].

d) *De Interpretatione*. Con este libro empieza la exposición referida a la segunda operación de la mente. Ya en el siglo XII surge una tradición nueva que comienza la exposición de la lógica por este tratado. Así las *Súmulas* de Pedro Hispano empezaban la exposición lógica por el tratado acerca de la proposición. Fue una innovación muy importante y será necesario tenerla en cuenta para entender la amalgama a que se llega en los siglos XV y XVI con los diferentes tratados acerca de los términos y las proposiciones (ver sección 3.1).

e) *Los Primeros Analíticos*. Es la obra central de la lógica aristotélica, y es mucho más rica de lo que puede parecer a quienes conocen solamente la lógica silogística de los manuales neo-escolásticos. Para la tradición sumulista de los siglos XV y XVI, el silogismo es un caso particular de *consequentiae* que tiene un carácter más general, como veremos.

f) *Los Segundos Analíticos*. Fue omitido en los compendios de carácter sumulista.

g) *Los Tópicos*. Algunos distinguen entre la lógica demostrativa de los *Analíticos*, y la dialéctica que, sería la lógica de los *Tópicos*, la lógica de los argumentos probables. Se consideran íntimamente relacionados con los *Tópicos* los tratados de origen terminista *De Obligationibus* (*De arte disputativa*) y el tratado *De Consequentiis*, centro de la lógica al llegar mediados del siglo XIV (sección 5.3, cap. 5).

h) *La refutación de los Sofistas*. Fue un tratado muy importante en las disputas escolásticas; entró en la tradición sumulista a través, principalmente de Pedro Hispano con el título *De fallaciis*. Es una de las obras que más impresiona a los lógicos del XII, dada la afición por dialéctica que mencionamos arriba.

i) *Retórica y Poética*. Retórica, Gramática y Dialéctica constituían el *trivium* y fueron la base de la educación liberal[27], son llamadas *scientias*

---

[26] Son estos diez: (1) la sustancia; (2) la cantidad; (3) la calidad; (4) la relación; (5) el lugar; (6) el momento; (7) la posición; (8) la posesión; (9) la acción; y (10) el estar en acto (*Categorías*, 1b25-2a4).

sermocinalis y se desarrollan conjuntamente con predominio, según los tiempos, de una sobre otras.

El lector interesado en una cronología de las distintas traducciones tanto de los textos de Aristóteles como de los pseudo-aristotélicos puede remitirse al preciso y didáctico cuadro presentado por Dod (2008: 77-79).

2.4. Las universidades

La creación de las universidades es un hecho íntimamente relacionado con los sucesivos arribos de las traducciones de Aristóteles que desarrollamos arriba, ya que todo el cuerpo de estudios de las universidades se organiza en torno a los escritos aristotélicos y la actividad universitaria puede verse, en resumidas cuentas, como la búsqueda de la correcta interpretación de los textos de Aristóteles (Hoenen 2011: 1363). La clasificación de las ciencias presentada por el Estagirita fue fundamental para pensar *una* manera de enseñanza; esta manera es la que mayormente será desarrollada por las universidades. El 19 de marzo de 1255, la Universidad de París declara oficialmente aceptado el aristotelismo (Lohr 2008: 87).

Sin embargo, y de manera si se quiere paradójica, es en la tradición de libros de texto desarrolladas en la universidad, a partir de los escritos de Aristóteles, donde están todas las semillas de lo que serán los desarrollos no-aristotélicos que cobrarán forma en el siglo XIV. Las semillas que en forma de sumarios (*summulae*) escriben en el siglo XIII Pedro Hispano, Guillermo de Sherwood, Rogerio Bacon y Lamberto de Auxerre (Uckelman y Lagerlund 2016: 121).

Al comienzo, la palabra Universidad (*Universitas*) no designa, en la Edad Media, la institución rectora que agrupa a las distintas facultades de una misma ciudad o región. Lo que este término señalaba de modo natural era el conjunto formado por maestros y discípulos que participan en la enseñanza que se da en esa ciudad. Bastaba, pues, que hubiera necesidad de dirigirse al conjunto de profesores y alumnos que residían en un mismo lugar para que la expresión se empleara naturalmente (Gilson 1989: 366). La palabra indicaba un lugar común adonde asistían estudiantes de muchas nacionalidades. La expresión se aplicó, en muchos casos, a las escuelas abiertas

---

[27] La educación liberal comprende tanto el *Trivium* como el *Cuadrivium*. El *Trivium* comprendía la gramática, la dialéctica y la retórica; y el *Cuadrivium* abrazaba la aritmética, la geometría, la astronomía y la música. Juan de Salisbury (1120-1180) sostiene que el nombre les viene por ser las artes necesarias para lograr la libertad humana.

por las órdenes religiosas, en las ciudades que, a su juicio, constituían centros urbanos importantes. Como fuere, el siglo XIII inventa la universidad. Salerno y Bologna reclaman ser las primeras; París y Oxford son sin dudas los centros más antiguos que sin solución de continuidad ejercieron la enseñanza. *Universidad* se entiende en un sentido muy parecido al que hoy le damos: "una sociedad de personas dedicadas profesionalmente, a tiempo completo, en la enseñanza y la expansión de un corpus de conocimiento en diversos temas, entregándoselo a sus alumnos, con un temario acordado, adoptando métodos de enseñanza, y las normas profesionales convenidas" (Kenny 2005: 55).

La universidad mostraba un espíritu internacional[28]. El latín era el idioma de todas ellas y quien egresaba de una podía ejercer la docencia en cualquier otra. El alumno que llegaba a París —nos cuenta Muñoz Delgado— se inscribía en la lista de algún gran maestro para obtener su ayuda y escuchar sus lecciones.

En toda Europa se promueve la creación de universidades. Es un asunto político, movilizado en la mayoría de los casos a través del poder político de los príncipes. En una suerte de incesante marea, se crearon 40 universidades entre el siglo XIV y el siglo XV (Fossier 1988: 136). Un cálculo similar nos presentan Aho y Yrjönsuuri: hubo 15 universidades en 1300, 30 en 1400, y alrededor de 60 en el año 1500, naturalmente de muy diferente tamaño, forma y calidad, aunque uno de los contenidos de los estudios era estándar en todas partes, y ese fue la lógica (2009: 12). Geográficamente, durante el siglo XIV las universidades se expanden desde el centro de Europa extendiéndose hacia el este y hacia el norte. Que Heidelberg o Praga se hayan constituido en centros importantes para el desarrollo de la lógica tiene como causas externas la Guerra de los Cien Años entre ingleses y franceses y el Cisma de Avignon. En ambos casos esto desalentó o hizo cesar el arribo de estudiantes ingleses a París y franceses a Oxford, generando otros circuitos para la actividad universitaria (Read 2016: 164).

La Universidad estaba dividida en (o compuesta por) Facultades; según costumbre general, se dividían en dos grandes grupos las *mayores* y las *menores*. Las *mayores* o superiores comprendían la Teología, Derecho y Medicina. Las menores eran las de Artes[29], y se llamaban *menores* por tener un sen-

---

[28] En París "La Facultad de Artes se dividía en cuatro naciones: los españoles, como todo el mediodía de Europa, pertenecían a la *Honoranda Natio Gallicana*; los ingleses, alemanes, la Europa central y septentrional se adscribían a la *Constantissima Natio Alemanniae*; las otras eran la *Veneranda Natio Normanniae* y la *Fidelissima Natio Picarda*. En una palabra, toda Europa se hallaba allí reunida y representada" (Muñoz Delgado 1964: 67).
[29] Esta denominación *Facultad de Artes* (*Facultas Artium*) y *Facultad de Artes Liberales* (*Facultas Artium Liberalium*) son engañosos, ya que el plan de estudios en estas facultades tenía poco

tido de subordinación a los saberes superiores para los cuales eran una preparación obligada, una especie de curso básico. "La Lógica en la Edad Media siempre fue un asunto de la facultad de Artes", decía Bochenski (1966: 162). La afirmación nos da una idea de la importancia de esta institución con relación al desarrollo de la lógica.

Entre las consecuencias de la llegada de Aristóteles puede contarse el crecimiento de la autoridad de los maestros de Artes, quienes asentaban su saber en la lógica del Estagirita. La Universidad se verá dividida, de aquí en más, en dos tendencias contrapuestas: la impulsada por la Facultad de Artes y la impulsada por la Facultad de Teología. La primera derivará sus enseñanzas a este respecto de la reciente traducción del *Organon* (*via moderna*), y la segunda se mantendrá dentro de un pretendido purismo aristotélico (*via antiqua*). Presentaremos las diferencias conceptuales entre estas facciones en la sección 2.6. Sin embargo, aquí es menester decir algo respecto a su relación con la universidad, el denominado *Wegestreit*, nombre con que se conoció el debate entre la *via antiqua* y la *via moderna*, que se concretó en la segunda década del siglo XV y tiene incidencia directa sobre el programa de educación de muchas universidades, al menos hasta el comienzo del siglo XVI. El punto de conflicto fue la correcta interpretación de Aristóteles[30]. Se discutió si era la que ejemplificaba Tomás de Aquino, Alberto Magno y Juan Duns Escoto (*la via antiqua*), o la ejemplificada por Guillermo de Ockham, Juan Buridán, y Marsilio de Inghen (*via moderna*). En París para esta época existían no dos, sino tres vías en la enseñanza: *in via sancti Thomae, in via Scoti, in via nominalum*. Esta última se llamaba también *in via Ockham*. Los lógicos modernos (o *moderni, recentiores, magistri juniores*), pueden identificarse, en líneas generales, con los filósofos nominalistas, y fueron mayoría[31].

En su punto más álgido de las diferencias se llegó a dividir a los estudiantes de tal manera que ocupaban distintas habitaciones, según el bando a que pertenecían; también tomaban sus exámenes solo con maestros que compartieran su línea de pensamiento. Algunas universidades fuertemente identificadas con alguna de estas líneas de pensamiento se negaron a admitir

---

que ver con el programa tradicional de las siete artes liberales. De las artes liberales, solamente la lógica, y en menor grado la gramática, jugaron un papel destacado en el sistema educativo de la Facultad de Artes. La designación *Facultad de Artes Liberales* se utiliza principalmente para destacar el papel propedéutico de la filosofía en relación con las otras disciplinas académicas (Hoenen 2011: 1360).

[30] La discusión de fondo es la compatibilidad (o incompatibilidad) de la obra de Arsitóteles con las escrituras. Los partidarios de la via antiqua, mantuvieron que no existe contradicción seria, mientras que los seguidores de Ockham sostuvieron que no existe posibilidad de conciliación.

[31] Excepto en universidades como la de Colonia, creada en 1388 y lugar dilecto del tomismo (Fossier 1988: 139).

entre sus docentes maestros alineados en el otro bando (Hoenen 2011: 1362), otras crearon facultades rivales dentro de la misma universidad[32].

No puede decirse que haya habido claros ganadores en la contienda de antiguos y modernos, pero la constancia en la enseñanza del *Trivium*, y los progresos constantes, prestigian cada vez más la enseñanza de la dialéctica, identificada con los nominalistas. Grupos de maestros son cada vez más seducidos por esta, a punto tal que eligen no llegar a teólogos –un grado superior– con tal de no abandonar el cultivo de estas prácticas[33]. Luis Vives, español de la época, dice: "es de admirar que confesado ser la dialéctica el instrumento de las Artes, se empleasen en París dos años en su estudio y apenas uno en las demás partes de la Filosofía Natural y Metafísica…; muchos en toda su vida, por larga que sea, no son otra cosa que dialécticos"[34].

La lógica forma parte de la currícula universitaria oficialmente desde el siglo XIII, cuando la universidad asimila institucionalmente la enseñanza de la lógica:

> Los estatutos promulgados en 1252 y 1255 para regularizar la enseñanza en la Facultad de Artes de la Universidad de París muestran que la lógica, como debe ser, tenía un lugar central en la formación en Artes. Los estudiantes fueron requeridos de acuerdo con el estatuto de 1255 para trabajar su camino a través de: "la *logica vetus*, es decir, el libro de Porfirio, *Predicamentos*, los *Perihermenias*, y el *De Divisione* y *Tópicos* de Boecio, excluyendo el cuarto libro (Denifle, H[35]. citado por Martin 2007).

---

[32] "A finales del siglo XV, algunas de las universidades alemanas de reciente fundación propenderían a conservar lo mejor de una y otra manteniendo dos facultades rivales de artes, con su propio decano y sus propios maestros cada una" (Kneale 1972: 229).

[33] Dos casos ilustres son Ockham y Buridán: Ockham quien si bien "da los primeros pasos en el programa de teología en Oxford (de ahí su apodo de vez en cuando, el *Venerabilis Inceptor*, (Venerable Principiante), Ockham no completó el programa de allí, y nunca llegó a ser un "maestro" completo de teología en Oxford" (Spade y Panaccio 2015). Buridán quien recibió su licencia para enseñar (después de 1320), se unió a la facultad de artes de la Universidad de París, donde enseñó durante el resto de su vida y divergiendo de la trayectoria habitual de su tiempo, nunca se trasladó a lo que se consideraba como las facultades más avanzadas, a saber, Teología, Derecho o Medicina. Esto, sin embargo, de ninguna manera disminuye ni su estatura académica o profesional ni su influencia: se desempeñó dos veces como rector de la universidad (en 1327/8 y 1340), y se convirtió en uno de los filósofos más influyentes de la época (Klima 2002: 340).

[34] Citado por Muñoz Delgado (1964): L. Vives, De causis corruptarum artium, lib. III, cap. 7.

[35] Denifle, H. (ed) (1889–1897) *Chartularium Universitatis parisiensis*, Paris.

El estudio de la lógica tiene su centro geográfico en París, durante el siglo XIII. En el XIV, este se traslada a Oxford. (Moody 1967: 529). Si bien París y Oxford fueron las dos capitales de la lógica en el momento de la ebullición creativa[36], el centro de gravedad se desplazó a Italia en el período menos innovador (siempre dentro del contexto de la edad de oro), hacia el final del siglo XIV.

Para terminar, señalemos otro hecho histórico del XIII, tan importante como la creación de las universidades: la fundación de las órdenes de frailes mendicantes. La importancia de estas órdenes radica en que formarán escuelas dentro de las universidades y de allí saldrán los campeones del pensamiento medieval, repartidos entre franciscanos y dominicos: Buenaventura, Duns Escoto y Guillermo de Ockham por los primeros; Alberto el Grande y Tomás de Aquino por los segundos. Los Franciscanos (fundados en 1210) y Dominicos (fundados en 1216) llegan a la universidad de París en 1219 y a Oxford, en 1224 y 1221 respectivamente. Para el 1230 han establecido sus escuelas en ambas universidades[37]. Sus frutos intelectuales serán insuperables dentro del panorama de la Edad Media.

Las órdenes mendicantes no dejarán de crecer desde su fundación: "a pesar de la oposición de curas y obispos son concebidas por sus fundadores y los papas del siglo XIII como agentes de la reforma y no dejan de crecer en número e influencia" (Fossier 1988: 121).

2.5. Preparación de la lógica del siglo XIV. Las Sumas: el *Parvulus Antiquorum*

Un buen modo de presentar la lógica de un período determinado es el análisis de los temas recogidos en sus obras. Adoptaremos esta modalidad para entender cómo se arriba a la lógica de la edad de oro.

Entre las fuentes que nutren la lógica medieval, hasta el siglo XIII podemos contar: los escritos de Cicerón y Boecio (a través de los cuales se trasladan, sin innovaciones, algunas de las influencias megárico-estoicas); el *Organon* de Aristóteles; la *Isagoge* de Porfirio y el *De sex principiis*, de Gilberto de la Porrée. A mediados del siglo XII encontramos la primera obra lógica

---

[36] Por simplicidad evitamos mencionar las diferencias entre estas escuelas. Existen y son en torno a temas esenciales a la lógica como las teorías de la apelación y la suposición y la teoría de la consecuencia (por las primeras véase De Libera 2008; por la última Read 2012).

[37] No sin problemas: entre los franciscanos se debatirá duramente si la labor de la enseñanza de las artes no se contrapone a la actividad clerical, o si la posesión de libros no contraviene el postulado de pobreza (Lohr 2008: 87).

que tiene en cuenta todo el *Organon* de Aristóteles: el *Metalogicon* de Juan de Salisbury, que data de 1159. Estos manuales –pues existen varios– unen el *Ars vetus*, con el *Ars Nova*. Este tipo de obras no son solamente recopilaciones de la sabiduría de la Antigüedad, sino que presentan innovaciones con respecto a los antiguos manuales[38].

Las discusiones acerca de los universales que se desarrollaron en la época de Abelardo no tendrán mayor injerencia durante la enseñanza de la lógica formal en el siglo XIII. Las diferencias filosóficas entre *antiqui* y *moderni* (sección 2.1, y que veremos con más cuidado en la próxima sección) se trasladan al campo de la teoría acerca de las propiedades de los términos, teoría desarrollada en las *Sumas*[39]. Las *Sumas* son tratados característicos de esta etapa de la filosofía medieval; la lógica, como parte importante de esta época, tuvo las suyas. Estos tratados introducen innovaciones realmente importantes y gozan de popularidad a mediados del siglo XIII. Las más conocidas fueron las debidas a Pedro Hispano y a Guillermo de Shyreswood. Ser un lógico moderno y dedicarse a la agenda de trabajo dictada en las *summulae* son una y la misma cosa. La *logica modernorum* se refiere a un grupo de tratados y no a un método general usado por los *lógicos modernos* de la Edad Media; contiene todos los tratados que en la Edad Media se los consideró como "nuevos elementos" de la lógica (Moreno, 1961: 252).

La primera modificación que se encuentra en las *Sumas* es respecto al orden de exposición del *Organon*. Este cambio es relevante para consideraciones vinculadas con la filosofía de la lógica. La ordenación anterior, que desarrollan autores como Santo Tomás, considera el *Organon* ordenado siguiendo las tres operaciones de la mente: el *Isagoge* y las *Categorías* que pertenecen a la primera operación (*intelligentia indivisibilum*); el *Peri Hermeneias* correspondiente a la segunda operación (*compositio et divisio*); los demás tratados refieren a la tercera operación (los razonamientos).

Como puede verse, en el enfoque antes descrito existe una fuerte analogía entre las operaciones de la razón y las operaciones lógicas: La lógica describe procesos mentales. Por el contrario, las Sumas comienzan tratando el *Peri Hermeneias*. Este tratado atiende a la proposición y sus elementos, lo que nos habla de un desplazamiento del interés de los lógicos de las opera-

---

[38] Pueden verse al respecto: Kneale (1972): 226-230, Moody (1953): 3-5, y M. Delgado (1964): 33 y 34.
[39] El problema de los universales va adquiriendo poco a poco un tinte semántico y alejándose de sus tratamientos tradicionales más vinculados con la gnoseología. En el siglo XIV dará cuenta de los universales en términos de la teoría del significado y la teoría de la suposición. cf. Klima 2013; sobre la teoría de las propiedades de los términos, hablamos con detalle en la sección 3.1.

ciones de la razón al lenguaje. Se afirma y aclara cada vez más el papel de la lógica como ciencia que encuentra en el lenguaje su noción central.

Las omisiones que se practican en las Sumas también reflejan el espíritu de cambio que las dirige. En ellas se prescinde de las discusiones acerca de los universales, generadas por el prólogo de Porfirio. Los *Segundos Analíticos* son vistos como un tratado sin interés lógico alguno, por lo cual se omite cualquier consideración a ellos.

Este cambio que se da en la lógica, tanto en el orden como en el énfasis de lo que ya existía, tal vez fue producto de (o deba enmarcarse en) otro más general –que abarca la plástica, la arquitectura y la música– y que es propio del agotamiento de las doctrinas de la alta escolástica. Las corrientes e ideas artísticas de la época –según propone Erwin Panofsky (1959: 15)– o se petrifican en tradiciones de escuela para luego vulgarizarse, o son perfeccionadas y aumentadas en su complejidad hasta los límites de la capacidad humana. A este cansancio y sus resultados sobrevino un verdadero cambio, perceptible de manera franca a partir de 1340. Dentro de esta hipótesis de un clima de cambio general encaja bien lo que sucedió en la lógica por aquel momento.

Lo que puede verse –en general– no es una nueva concepción del lenguaje y su relación con el pensamiento, sino más bien un desplazamiento del peso que tenía la consideración del razonamiento (concebido como proceso mental) como eje de la lógica *hacia* el lenguaje, que cobra cada vez mayor importancia: "El lenguaje fue llevado a ser no solo un instrumento de pensamiento, expresión y comunicación, sino también en sí mismo una importante fuente de información sobre la naturaleza de la realidad" (De Rijk 2008: 161). En pocas palabras: se produce lenta pero inexorablemente un giro hacia lo que hoy denominamos un enfoque semántico.

Aparecen en las Sumas –por primera vez en Guillermo de Shyreswood– los versos mnemotécnicos (*Barbara, Celarent, Darii, Ferio*, etc.), que buscan mayor rigor formal. Se estudian las condiciones de verdad de las proposiciones conjuntivas, disyuntivas y condicionales, y la relación entre los cuantificadores y la negación. Sin embargo, la novedad más sorprendente de las Sumas son los tratados ubicados al final de estas, sobre de las propiedades de los términos dentro de la proposición, lo cual se considera hoy como uno de los grandes aportes de la lógica escolástica. Esta última parte acerca de los términos en la proposición se llamó *lógica moderna*, como distinta de la *Ars vetus* y la *Ars nova*. No pasó mucho tiempo para que estos tratados abandonaran el último lugar en la presentación de la lógica y pasaran a ubicarse entre los primeros, referidos a la proposición (Muñoz Delgado 1964: 41). La importancia de este giro es difícil de exagerar, ya que coloca a las proposiciones como unidad básica de lógica; lo que interesa de los términos de ahora en más es su funcionamiento e*n tanto que componentes de la proposición*, que es el real objeto de análisis[40].

Las *Summulae* constan de doce tratados, seis de ellos relativos a temas aristotélicos: composiciones, predicables, categorías, silogismos, tópicos y falacias. Los otros seis se refieren a temas específicamente medievales[41]: suposición, partículas relativas, ampliación, apelación, restricción y distribución (Kneale 1972: 220). Junto con las Sumas o de modo paralelo a ellas aparece otro grupo de tratados con la misma orientación y que, de modo inmediato, o al poco tiempo, fueron integrados a ellas. Mencionaremos los relevantes para nuestros fines:

a) El tratado *De Syncategorematicis* divide los términos en categoremáticos y sincategoremáticos. La clasificación parece asentarse en la distinción entre los términos capaces de significar independientemente (solos, por ej. "Árbol"), y los que solo lo hacen dentro de una proposición (por ej. "y"). La forma de las proposiciones está dada por los términos sincategoremáticos. Son, para decirlo en pocas palabras, el equivalente medieval de nuestras constantes lógicas[42].

b) El tratado *De exponibilibus* es considerado por algunos historiadores como parte del *De Sincategorematicis*; por otros como un trabajo independiente[43]. El tratado está dedicado a la explicación de las proposiciones. Trata específicamente sobre las proposiciones *de incipit et desinit*, numerosas conjunciones y adverbios (sincategoemáticos) y a veces algunos modos[44] (Muñoz Delgado 1964: 43).

Los tratados de *Sophismata, Impossibilia* e *Insolubilia* están dedicados no solo a razonamientos erróneos, sino también a los argumentos que presentan dificultades a la hora de decidir su validez y a las paradojas. Están relacionados con los tratados *De fallacies* de las Sumas, que a su vez derivan del *De sophistics Elenchis* de Aristóteles el tratado que más fuerte impacto produjo entre los lógicos del siglo XII a causa de su vínculo con las disputas.

Si debieran señalarse las fuentes de donde derivan estos tratados modernos, diríamos que son dos: el interés en aumento por la noción de

---

[40] En la segunda parte del capítulo 6 desarrollamos este tema con cuidado.
[41] *Específicamente medievales* quiere decir que no existían en la teoría lógica antes de la Edad Media.
[42] Explicamos el asunto en la sección 6.2. del capítulo 6.
[43] Bochenski representa la primera posición; Mullay, la segunda. Boehner, suscribe la segunda posición y considera estos tratados como una parte del *Syncategorematicis* (1952: 9).
[44] En general se ocupan de las modalidades aléticas y epistémicas.

consecuencia[45] y el siempre vivo interés por las disputas. Así, la fuente de los tratados sobre los términos sincategoremáticos es el re-descubrimiento del tratado aristotélico sobre las falacias y la toma de conciencia de que la relación de validez puede quedar bloqueada si se utilizan expresiones fuera de las cuatro formas aristotélicas (A, E, I, O) pero presentes en el discurso de las disputas (Kretzmann 2008: 214).

Las Sumas deben considerarse de capital importancia para el desarrollo de la lógica medieval pues allí están los temas que darán cuerpo a la teoría lógica, también proponen un enfoque semántico y el germen para que la noción de consecuencia se convierta en eje de la teoría. Además, es a partir de ellas que toma relevancia, dentro de la temática lógica, la teoría de las propiedades de los términos (y todo lo que de ella deriva, como la teoría de la suposición), uno de los dos requisitos para la madurez lógica del siglo XIV. Falta nada más constituir el nuevo rol de la teoría de la consecuencia para llegar al apogeo de la lógica medieval.

2.6. Antiguos y modernos

Sabemos que como una de las tres artes del lenguaje (las otras dos fueron la gramática y la retórica) la lógica fue básica en el programa educacional de toda la Edad Media (Moody 1953: 1), al menos desde su inclusión, como vimos, en los programas educativos carolingios. Pero hay que aclarar que el lugar que dentro del conjunto de las ciencias del lenguaje (el *Trivium*), su importancia no siempre fue la misma durante la Edad Media. Esto es, podemos ver variaciones en el *status* epistemológico de la lógica (junto con las demás ciencias del lenguaje), reflejado por los lugares que ocupa –más o menos relevantes– en los programas educativos.

En los siglos XIV y XV los *moderni* (o *nominales terministae*, como fueron llamados en ocasiones) centraron su programa educativo en la lógica, absorbidos por los logros que se producían en la disciplina, al punto tal de dedicar buen tiempo a las sutilezas que de ella surgían. En su propia genealogía[46] estos lógicos consideran a Pedro Hispano como el fundador de esta corriente (Lagerlund 2008: 283) y a sí mismos como sus continuadores.

---

[45] Como veremos con detalle más adelante los tratados sobre paradojas pueden ser considerados como el interés por las consecuencias extrañas que generan algunas oraciones; el tratado sobre sofismas como las consecuencias en el contexto de las disputas; *De exponibilibus*, como las consecuencias que se siguen de las oraciones con términos categoremáticos.

[46] La genealogía que ellos mismos trazaron es errónea según De Rijk (1962: 15).

Como sea, no habrá probablemente otra ocasión histórica en la que la lógica goce de tan alta estima.

En la otra orilla, y con los ojos puestos en los pasos dados por los modernos, los *antiqui* (o *reales in metaphysica*) se convirtieron en el partido que propugnaba un programa educativo basado en el *ars vetus* (especialmente en las *Categorías*) y la *philosophia realis* (esto es, la física y la metafísica, tomista o escotista) más bien que sobre los nuevos resultados en el dominio de la lógica (los manuales que listamos arriba), los que juzgaban carentes de interés y provecho (Kneale 1972: 229). Las diferencias de apreciación también podían encontrarse respecto a la teología, metafísica y gnoseología, pero no nos interesa aquí mirar más allá de la lógica, que al igual que cualesquiera de las otras disciplinas indicaba diferencias en los contenidos, pero sobre todo diferencias en cuanto a su valoración epistémica y pedagógica. Estas diferencias se manifiestan claramente en la formación de los estudiantes y se materializa en las currículas universitarias. "Se trataba, por tanto, de dos distintas concepciones de la educación básica –las llamadas *via antiqua* y *via moderna*–" (Kneale 1972: 229).

Existen pues, según lo mencionado en esta y otras secciones tres diferencias importantes entre antiguos y modernos:

a) Respecto de la convergencia/divergencia entre teología y filosofía: los antiguos creen que entre la obra de Aristóteles y la teología hay compatibilidad, mientras que los modernos la niegan.

b) Respecto del lugar de la lógica en el programa educativo: mientras que los modernos llevan el papel de la lógica a la exaltación, los antiguos prefieren contemplarla –en el mejor de los casos– como una propedéutica para las disciplinas más importantes.

c) Respecto de cuestiones metafísicas –como el problema de los universales– donde no solo muestran diferencias respecto de la solución, sino respecto del método utilizado para llevarla adelante: donde los realistas apelan a la ontología y a la gneoseología, los modernos apelan a la semántica.

3. LA LÓGICA DE LA EDAD DE ORO: TEMAS Y CARACTERÍSTICAS GENERALES

3.1. La teoría de las propiedades de los términos y la impronta semántica de la lógica de la edad de oro

En la sección 1.5 hablamos de la lógica de la edad de oro y del sentido que dábamos a esta expresión. En este capítulo detallaremos sus antecedentes históricos, señalaremos los temas que le son esenciales y, a partir de allí, sus características generales. La lógica de la edad de oro estará ocupada –más que cualquiera de sus antecesoras y al mismo nivel de la lógica de nuestros días– *por establecer las condiciones de verdad de una oración a través de una teoría referida al rol que en ella desempeñan los términos que la componen*. Pero esta búsqueda estará inserta dentro del contexto inferencial conformado por la disputa y la distinción de argumentos en buenos y malos –a partir del siglo XIV– encolumnados detrás de la noción de consecuencia.

Así, la característica fundamental para entender la lógica de la edad de oro es su énfasis –ordenado hacia la consecuencia– en establecer las condiciones de verdad de las proposiciones. Buscarán desarrollar la lógica "a partir de desarrollar teorías acerca de la verdad (y las antinomias), la designación y la inferencia lógica, todas ellas dentro de los manuales que conforman la teoría de las propiedades de los términos" (Read 2015: 1).

Una teoría semántica –entendida en los términos en que la entienden nuestros lógicos contemporáneos– reclama exactamente estos tres mismos puntos para estar debidamente desarrollada: una teoría de la designación, una teoría de la verdad y una teoría de la deducción lógica (Carnap 1948: v)[47]. En el sentido actual de teoría semántica –que es en los hechos similar al sentido medieval– la teoría de las propiedades de los términos constituye la base de la teoría semántica de la Edad Media. Pero, además, constituye la base semántica teniendo como eje el aspecto inferencial: "la teoría de las propiedades de los términos está ordenada al objeto principal de la lógica, que es la inferencia" (Muñoz Delgado 1964: 246).

Como mencionamos en la sección 2.5, el tratado acerca de las propiedades de los términos es la novedad más saliente respecto del denomina-

---

[47] Para completar las coincidencias, mencionemos que los primeros trabajos sobre el concepto de verdad de la Escuela de Varsovia están directamente vinculados a las antinomias, como menciona el mismo Carnap.

do *Parvulum Antiquorum*. Lo es a punto tal que los representantes de esta corriente fueron llamados lógicos terministas. Las propiedades de los términos son, para Shyreswood (uno de los grandes representantes de este movimiento) cuatro: *significación, suposición, copulación y apelación*[48]. En el capítulo 5 trataremos todas, pero poniendo énfasis en la segunda, al decir de muchos historiadores de la lógica, una de las dos grandes creaciones lógicas de este período.

Si bien la teoría de las *propietates terminorum* tiene su origen a mitad del siglo XII –y proviene de los trabajos de Abelardo (que a su vez la encuentra en Boecio) donde se asienta la distinción entre significar y suponer– es indudable que tuvo su auge a partir del siglo XIII, donde puede encontrarse en todos los manuales de lógica. Es capital en su desarrollo la impronta que imprimen los nominalistas. Así, surge un cambio radical luego del tratamiento –sobre todo de la suposición– a manos de Ockham[49]. El tratamiento que les da el *Venerabilis Inceptor* la va a situar definitivamente en el centro de la teoría lógica[50]. En 1.3 afirmamos que la lógica medieval implica una teoría general del lenguaje. Si existe alguna evidencia innegable de esto es la doctrina de las propiedades de los términos. La primera edición impresa conocida de este tratado es la del propio Guillermo de Shyreswood.

3.2. La lógica de la edad de oro y Las Sumas: el *Parvulus Modernorum*

Continuaremos aquí con la estrategia de presentación de la última sección del capítulo anterior, pues la consideramos esclarecedora. No obstante, por ser este el período sobre el que ponemos énfasis, iremos más allá: daremos una genealogía de los tratados más importantes, así como una descripción general de sus objetivos y naturaleza en relación con la lógica.

El conjunto de tratados cuya descripción presentamos de 6.3 a 6.6 son conocidos, como ya dijimos, como *Parva logicalia*. Esta denominación pronto será equivalente con la de *Parvulus Antiquorum*. La nueva designación obedece a que un grupo de nuevos tratados se va imponiendo entre los lógi-

---

[48] Existen por supuesto otras líneas de trabajo donde aparecen –por ejemplo– cinco en vez de cuatro propiedades de los términos. Nos atendremos en este trabajo a las cuatro propuestas arriba.

[49] Sería injusto no mencionar a Buridán; Klima (2008: 389) nos dice que si bien el inglés es quien introduce las nuevas ideas semánticas, es el francés quien las articula en una teoría consistente.

[50] Kenny 2005: 145; Muñoz Delgado 1964: 248.

cos medievales. Serán denominados –por relación con los anteriores– como *Parvulus Modernorum*.

La lógica surgida de estos agregados generará nuevas Sumas: *Insolubilia, De Obligationibus, De Consequentiae* y (algunos incluyen el *De Exponibilibus*[51]) son los nuevos tratados[52]. Los lógicos que los incorporan son llamados *Modernos*. Son (en su mayoría) seguidores de Ockham y, por lo mismo, de extracción nominalista. Los presentamos a continuación.

3.3. *De Obligationibus*

Es innegable la fascinación medieval por las contiendas argumentales. Esta es la causa de que las *Refutaciones Sofísticas* y los *Tópicos* hayan sido de los tratados que mayor impacto y estudios generaron. De esta fascinación nacieron los tratados sobre las obligaciones, vinculados en principio con el tratamiento de las falacias. En el siglo XIII ya existe la distinción entre las falacias propiamente dichas y aquellas que se asientan en alguna incompatibilidad oculta (no explicitada) entre dos afirmaciones[53]. La causa de la distinción parece estar en *Tópicos* VIII 3 (159a15-24) donde Aristóteles distingue entre tomar una tesis errónea para defender, de tomar una tesis y que esta sea tomada por errónea a raíz de haberla defendido mal.

Boecio dará a la idea aristotélica un giro interesante que lo conecta con la perspectiva medieval: distinguirá entre disputas sofísticas o competitivas y disputas dialécticas o cooperativas, pues interpreta que las primeras son el objeto de las *Refutaciones*, mientras que las segundas son las descriptas en los *Tópicos*. Así mientras que el Estagirita considerará erróneas aquellas tesis imposibles de defender, Boecio mantendrá que las únicas tesis erróneas son solo aquellas incapaces de generar un buen ejercicio de disputa[54]. El enfoque de Boecio es el que adoptará la Edad Media. El objeto de las disputas no tiene por qué ser una afirmación acerca de la realidad, ya que el objeto de las mismas es más el estudio de la inferencia que de las cosas.

---

[51] Creo que la inclusión no es solo correcta, sino, en algún sentido, vital. De Exponibilibus permite entender la base de la estructura semántica de la lógica de la edad de oro; por esta razón, la incluiremos en nuestra presentación.
[52] Cuando decimos "nuevos" en el contexto de la lógica medieval, nunca queremos significar que se trate de una suerte de invención *ex nihilo* atribuible a ese período. Las ideas están en la tradición y lo que se quiere dar a entender es más bien su constitución como tema separado y bien definido del corpus lógico.
[53] De Rijk 1976: 43.
[54] Yrjönsuuri 2001: 4.

Según la propia genealogía de los autores medievales, las *Obligaciones* tienen origen en pasajes aristotélicos de *Metafísica* VIII, 4 (159a15–24) y *Primeros Analíticos* (I.13.32a18–20) donde se afirma –en general– que de lo posible nada imposible puede seguirse[55]. Fuere como fuere, se coincide en que estas fuentes solo pudieron tener que ver con el origen de las *Obligaciones* de manera harto indirecta, ya que hay trabajos sobre obligaciones que son anteriores a la disponibilidad inmediata de la *Metafísica* en traducción latina y no mencionan estos pasajes. Probablemente se deba al deseo de nuestros lógicos por saberse aristotélicos, fervor al que aludimos en la sección 1.3.

De cualquier manera –y si bien pueden considerarse algunos antecedentes desde el siglo XIII– es a comienzos del XIV donde encontramos el trabajo de Walter Burley, quien en 1302, en Oxford, recopila de alguna manera la tradición denominada *responsio antiqua*, fundamental para entender la formulación básica de las obligaciones, así como sus posteriores cambios. La mayoría de ellos deviene del tratamiento que harán de ellas los Calculistas de Oxford, integrantes del *Merton College*. Richard Kilvington es el primero en una tradición que continúa con Roger Swineshead y finaliza con William Heytesbury, responsables de numerosos e importantes cambios durante la primera mitad del siglo XIV[56]. Otro autor que dejará su impronta sobre las *Obligaciones* en esta primera parte del siglo XIV es Guillermo de Ockham[57]. La segunda mitad del siglo mostrará una verdadera explosión en cuanto a la cantidad y los tipos de teorías de las obligaciones propuestas. Se destacan los trabajos de Pedro de Candia, Rodolfo Strode, Juan Buridán y Pablo de Venecia, entre otros.

En los tratados *De Obligationibus* se proponen una serie de reglas (aparentemente) destinadas regir las disputas escolares. Para la educación medieval las obligaciones fueron un arte y un *"ars obligatoria"* en el sentido de que proporciona conocimiento práctico sobre cómo llevar a cabo de manera correcta este tipo de disputas[58], base metodológica para lo que debería afrontar en las disputas metafísico-teológicas[59].

Se procede de la siguiente manera:

Debe haber un oponente y un respondente. El oponente propone una serie de afirmaciones (tesis) y el respondente está obligado (de aquí el nombre de los tratados, *Obligationibus*) a seguir ciertas reglas para responder las afirmaciones del oponente. La primera de las oraciones que propone el

---

[55] Spade y Yrjönsuuri 2014: Sección 2.
[56] Read 2013: 103.
[57] Yrjönsuuri 2008: 334.
[58] Dutilh Novaes 2011: 241.
[59] Existen en la segunda mitad del siglo XIV reglas de *De Obligationibus* aplicadas a la discusión acerca de las relaciones entre los miembros de la Trinidad (Yrjönsuuri 2001: 6).

oponente se denomina *positum* y está en voluntad del respondente aceptarla o rechazarla; si decide aceptarla, comienza la *obligatio* (si no lo hace, no comienza). Si la *obligatio* comienza, el oponente propone la tesis y el demandado tiene tres formas de que puede responder: puede otorgar o conceder (*concedere*) la proposición, puede negar (*negare*) la proposición, o puede dudar (*dubitare*) de ella, es decir, mantenerse agnóstico. Algunos autores, como Guillermo de Ockham (de Ockham 1974) y el anónimo autor del *Obligationes Parisienses* (de Rijk 1975), mencionan una cuarta opción, que es "establecer distinciones" (*distinguere*), es decir, distinguir a fin de aclarar una ambigüedad en lo enunciado por el oponente. La *obligatio* continúa hasta que el oponente llama *"tempus Cedat"* (Se acabó el tiempo), con lo cual las respuestas de la demandada se analizan con respecto a las reglas que la demandada se suponía que debía seguir, para determinar si el demandado ha respondido bien o mal[60].

Muchas de las diferencias entre tipos y reglas de obligaciones se presentan por diferencias acerca de qué naturaleza debe tener la *positum*. Aceptada la misma, comienza la disputa, pero ¿qué condiciones debe cumplir para ser aceptada? Según ideas devenidas de Duns Escoto una proposición es aceptable si es una descripción de posibles estados de cosas que diferirían del estado real debido a la posición original contrafáctica, durante el tiempo que dure la disputa[61]. Autores como Ricardo Kilvington proponen considerar la *positio* desde el punto de vista de lo que hoy denominamos condicionales subjuntivos. En ambos casos aparece de fondo el tema de la modalidad en una versión muy vinculada con estados de cosas alternativos. Volveremos sobre el punto en el capítulo 5.

De Obligationibus fue uno de los tratados más populares de la edad de oro y probablemente aquel que tenga el arco más amplio de interpretaciones posibles a los ojos lógicos del siglo XXI: quienes ven en ellos nada más que una cuestión lúdica y pedagógica, a quienes los entienden como el comienzo de la axiomatización de la lógica[62]. Las *Obligaciones* han sido interpretadas ya como una teoría destinada a lidiar con éxito con paradojas y falacias, ya como un manual de ejercicios pedagógicos o un juego lógico en cuyo objeto es preservar la consistencia[63]. Se los entiende en relación a la lógica dialógica[64], a los juegos lógicos, a la teoría de la revisión de creen-

---

[60] Uckelman 2011: 149; Yrjönsuuri 2001: 3.
[61] Knuuttila 2012: 320.
[62] Stump 2008: 315.
[63] Dutilh Novaes 2007a: 145.
[64] Sin embargo, Angelelli (1970: 813 y ss.) ha mostrado una diferencia entre el enfoque medieval y el debido a Lorenzen que parece irreconciliable: para las lógicas dialógicas actuales las conectivas son definidas en el contexto del diálogo y esto no ocurre (ni podría ocurrir) en una

cias[65]. Esto es, los enfoques más recientes sitúan las *Obligaciones* en un marco vinculado con la información en contextos dinámicos; una excelente muestra de esto es, por dar solo un ejemplo, "*A Dynamic Epistemic Logic Approach to Modeling Obligationes*" de Sara Uckelman (2011), basado en las lógicas dinámicas epistémicas de H. van Ditmarsch, W. van der Hoek, and B. Kooi.

3.4. *Insolubilia*

Las paradojas están, como hecho cultural, presentes desde el comienzo mismo de lo que vagamente denominamos "cultura occidental". Si miramos así las cosas, la Edad Media no podía ser la excepción y no lo fue; la preunta que sigue es: ¿cuál es la roca que originó una avalancha de enfoques y propuestas de soluciones a la paradoja del mentiroso, muchas de ellas de interés en nuestros días[66].

La versión legendaria –hoy sindicada como falsa– nos dice que el origen es la epístola de San Pablo donde menciona de manera implícita a Epiménides, diciendo de él, que es un cretense, que dice que todos los cretenses mienten. Este texto nunca fue leído en la Edad Media con este sentido (Spade y Read 2013). La fuente primera del estudio de las paradojas parece ser *Refutaciones sofísticas* 25, 180a27-b7, que brinda el marco para el estudio de las paradojas con su distinción entre las cosas que se dicen verdaderas en un cierto respecto (*secundum quid*) y aquellas verdaderas sin más (*simpliciter*) (Spade 2013). La Edad Media va a darle su propia impronta, colocando las falacias en el terreno de las disputas; así, para entender cabalmente las mismas hay que situarse en el contexto de las *Obligaciones*, como veremos.

La lógica medieval de la edad de oro presentó en sus tratados *Insolubilia* un tratamiento cuidado y luminoso de la paradoja del mentiroso. Estos tratados existen con seguridad desde el siglo XIII y fueron muy populares durante el XIV. Pueden distinguirse tres períodos en cuanto a la forma de ser abordada: del comienzo hasta 1320; de 1320 hasta la peste negra (1347-1350) y de 1350 hasta el fin de la Edad Media. El segundo es el período de mayor creatividad, nuestra edad de oro (Spade 2008: 246).

---

perspectiva como la debida a las *Obligaciones*, donde el significado de los signos lógicos es estable y viene dado.

[65] Dutilh Novaes 2007a: 148; Read 2013: 102.

[66] Véase, a manera de ejemplo, el volumen editado por Genot, Rahman, Tulenheimo (2008) y Epstein (1992).

Sabemos que las paradojas son intensamente estudiadas por nuestros lógicos. Una introducción a la lógica de mediados del siglo XX dedica las primeras páginas a explicar su importancia en el estudio contemporáneo de la lógica: "este nuevo interés, sin embargo, era todavía bastante poco entusiasta hasta que, cercanos al cambio de siglo, el mundo matemático fue sorprendido por el descubrimiento de las paradojas –es decir, argumentos que conducen a contradicciones" (Mendelson 1964: 1). Luego el autor pasa a listar con detalle y explicar cómo es que del estudio de las paradojas devienen avances lógicos que van de la teoría de tipos a los desarrollos de lenguajes formales. En la edad de oro de la lógica medieval el interés no fue menor, aunque hay algunas diferencias importantes.

En primer lugar, hay que leer cada uno de estos tratados en el marco de la lógica de los términos. Los lógicos medievales –este es el eje del enfoque– discuten acerca de cómo aplicar su teoría de las condiciones de verdad a proposiciones paradójicas.

En segundo lugar, como este tipo de oraciones puede ocurrir dentro de una disputa (el objeto último de preocupación de nuestros lógicos), a diferencia de la mayoría de los abordajes actuales –que solo acepta tratamientos abstractos, i.e. no contextuales– los medievales colocan las paradojas –además de tratarlas abstractamente– en medio de una situación posible, esto es, un contexto de proferencia[67]. La distinción es clara en la formulación de Pablo de Venecia (1984: 237) que primero define: "Una paradoja es una proposición afirmativa significando de sí misma que es falsa". Y luego distingue para aclarar: "La primera división es esta: algunas paradojas surgen de nuestros propios actos; otras de las propiedades de la expresión. Las paradojas que tienen su origen en nuestros actos son estas: "Sócrates dice algo falso", "Yo no digo que esto es verdadero", "este hombre entiende que esto es falso", "tú no entiendes que esto es verdadero". Las paradojas que tienen su origen en las propiedades de la expresión son: "Toda proposición es falsa", "Ninguna proposición es verdadera", "Esto es falso", "Esto no es verdadero".

Este tipo de distinción merece sin dudas la atención de quienes hoy se dedican a lidiar con las paradojas. Por otra parte, el tratarlas en un contexto de uso las pone en relación con otros tratados, como el de las *Obligaciones*, que tratamos arriba. Lo que se hace es considerar el caso donde una oración

---

[67] Esto reviste una lucidez asombrosa. Desde hace muy poco tiempo se ha comenzado a tener en cuenta la posibilidad de tratar contextualmente al mentiroso. Lo hace, por otra parte, uno de los autores más reconocidos en el estudio de este tema. "Comenzaré por la defensa de la tesis de que la paradoja del mentiroso es un problema acerca de la relación entre una proposición y el contexto en el cual se expresa - que es problema de la dependencia del contexto" (Glanzberg 2001: 218).

paradójica es utilizada como *positum* de una disputa (Aho y Yrjönsuuri 2009: 68).

Una tercera diferencia –tal vez menor– con otras épocas donde el estudio de las paradojas fue importante es que tratar con paradojas no parece revestir ningún tipo de dramatismo ni epistémico ni psicológico.

Como representante del dramatismo epistémico citemos a Tarski quien en 1969 escribía:

> Personalmente, como lógico, no podría resignarme a tener las antinomias como un elemento permanente de nuestro sistema de conocimiento. Con todo, no tengo la menor intención de tratar a las antinomias con ligereza. La aparición de la antinomia es para mí un síntoma de enfermedad" (1996: 26).

Como representante de la manera psicológicamente dramática de lidiar con paradojas, tenemos a Filites de Cos, filósofo estoico muerto a causa de la imposibilidad de resolver la paradoja del mentiroso y cuyo epitafio rezaba:

> "Soy Filites de Cos,
> Fue el mentiroso quien me hizo morir,
> y las insomnes noches por él causadas".

3.5. *Consequentiae*

A juicio de cualquier historiador de la lógica medieval nos encontramos aquí con el tratado más importante que se produjo durante este período. El recorrido histórico de la idea de consecuencia lógica es por demás oscuro. Ya sea por el estado de las fuentes, ya por la falta de interés en documentarla que tuvieron los testigos de su evolución, ya por el estilo impersonal con el que están escritos los textos. A pesar de esto, se puede asegurar que "la doctrina básicamente sostenida en los numerosos tratados del siglo XIV deriva de Abelardo, quien le da el sentido técnico de "proposición condicional", pero mantiene "la idea de "seguirse de", como cuando decimos que la conclusión de un argumento válido se sigue de sus premisas(...) En resumidas cuentas, pues, los enunciados condicionales –en cualquier caso los que llama *consequentiae*– son para él enunciados de conexiones necesarias, como las que a veces ofrecemos para justificar un inferencia, y esta es la razón por la que parezca oportuno ocuparse detenidamente de ellos al estudiar la teoría de los tópicos" (Kneale 1972: 225).

La noción de consecuencia lógica tiene una génesis común, que se prolonga a lo largo de todo el medioevo, lo que cambia es la importancia y el lugar que se le da dentro de la doctrina lógica. La historia de la lógica del siglo XIV es la historia del desplazamiento de la consecuencia lógica desde los comentarios a la obra de Aristóteles, hasta el centro y fundamento de la teoría lógica propiamente medieval, comprendida en las Súmulas. En otras palabras, de ser parte de la silogística, a ser su fundamento.

Esto se observa claramente al observar los índices de las obras de los lógicos de los siglos XIII y XIV. En tratados como el de Pedro Hispano, la consecuencia ocupa un lugar como agregado a la lógica aristotélica. El silogismo se trata antes de la consecuencia. Ockham nos presenta un caso curioso. El tratado referido a las consecuencias aparece –en orden– como posterior al de los silogismos; sin embargo, la teoría de los silogismos se trata desde la teoría de la consecuencia. Ockham no parece reconocer conscientemente, pero sí con sus prácticas, la lógica proposicional como fundamental. Los esfuerzos de lógicos como Alberto de Sajonia, Walter Burleigh o Buridán, dan el lugar central a la teoría de las consecuencias. La consecuencia se convierte con ellos en una noción que hay que explicar en todos los libros de lógica. Burleigh es el primero en ser consciente de la primacía de las consecuencias en el aparato lógico. Pero lo que resulta más sorprendente y hace que el tratamiento en el sistema de Burleigh sea similar al de la lógica moderna, a lo menos en cuanto le es posible a un lógico escolástico, es que la silogística ha perdido su lugar prominente en la lógica y es reducida simplemente a la teoría de las consequentiae (Boehner 1944: 1613). "Una caracterización de la consecuencia a partir de aportes originales de la época parece promover una creciente tendencia hacia una decidida sistematización alejada del esquema tradicional del *Corpus Logicum*, del que ha sido heredero la Edad Media. Tal desarrollo fue posible a causa de la evolución elaborada en el tratado sobre la consequentiae; la que por lo menos en la época de Ockham ha sido visto con claridad, primero solo en teoría, pero enseguida fue puesto en práctica, para la base de la silogística" (Boehner 1944: 1614).

Ya en el S. XV se opina:

> Yo digo que este libro [*Consequentiae*] es la parte más universal de los *Primeros Analíticos* y esta es introductoria a ella; y por lo tanto debe ser colocado inmediatamente después de *De Interpretatione*, y antes de los *Tópicos*, las *Refutaciones sofísticas* y los *Segundos Analíticos*. Este orden es evidente, porque este libro se refiere a la consecuencia como su tema y este es más universal que cualquier tipo especial de argu-

mentación, o que el silogismo, con el que tratan los *Primeros Analíticos* (Sermoneta 1493; citado por Moody 1953: 10).

Esta preeminencia es un producto de la segunda parte del siglo XIII. La importancia central de los tratados sobre las *consequentiae* en las Sumas de lógica es el rasgo característico de los lógicos modernos. En el capítulo 6, donde abordamos las nociones metalógicas más importantes del Medioevo, volveremos a abordar la consecuencia desde una perspectiva técnica. En este apartado solo hemos querido dar una idea de su lugar preponderante en el corpus lógico de la edad de oro.

3.6. *De Exponibilibus y Probatione Terminorum*

Estos tratados forman parte de la lógica medieval al menos desde la obra capital de Pedro Hispano, aunque según Read es Roberto Billingham quien desata una cantidad profusa de comentarios sobre el punto (2016: 150). Al final del último tratado de su *Parva Logicalia* incluye uno titulado *De expositione* que forma parte del *De Distributione*. Es un tratado que con el correr del tiempo quedó ligado a la teoría de la proposición y su análisis. Junto con los tratados dedicados a los términos sincategoremáticos, conformarán lo que se conoce como *Parva Logicalia*. Con el tiempo y comentados por separados, tomarán la forma de *Sumas*[68]. El vínculo entre *De Exponibilibus* y términos sincategoremáticos también está dado por el mismo Pedro Hispano, para quien una proposición expositiva es aquella cuyo sentido es obscuro debido a un término sincategoremático que en ella aparece. Así, *De Exponibilibus* representarían una etapa –la última– en la evolución del tratamiento de los sincategoremáticos (Kretzman 2008: 215). El aumento de interés por estos tratados se muestra con vigor desde fines del S. XV y florece probablemente en el XVI.

De Exponibilibus y Probationes terminorum han sido poco considerados por los historiadores y filósofos (si lo comparamos con otros tratados como las *Consequentiae*, o los *Insolubilia*). De hecho, Ashworth, en el trabajo más exhaustivo dedicado al tema, comienza diciendo: "Una de las partes más descuidadas de la teoría lógica medieval tardía es la dedicada a los *exponibilia*" (Ashworth 1979: 137). A pesar de la indiferencia, estos manuales contienen ideas realmente valiosas e interesantes desde la perspectiva contemporánea. Con el cuidado de siempre por los anacronismos, allí se presenta un proce-

---

[68] Muñoz Delgado 1964: 43.

dimiento análogo al que hoy denominamos *semántica composicional*. Esta afirmación está confirmada por la idea enunciada arriba: Los *exponibles* no tratan de otra cosa que del funcionamiento de los términos sincategoremáticos y esto es la base de la semántica de la lógica de nuestros días. El tratado está obviamente vinculado con los dos mencionados arriba, ya que el objetivo de todos ellos era establecer el valor de verdad de una oración. Pero, mientras que los *Inosolubilia* lo harán considerando la proposición en sí misma, las *Consequentiae* y los *Exponibilibus* establecerán las condiciones de verdad de una oración por relación a otras oraciones vinculadas con ellas; las que se pueden inferir de ella (de esto se ocupa la teoría de la consecuencia) y las que están implícitas en ella: de esto se ocupa la teoría contenida en los *Exponibilibus*[69]. En términos generales, digamos que el procedimiento de exponer consiste en dar el significado de una proposición que se considera oscuro exponiendo este en términos de otras proposiciones consideradas más claras, siempre desde la perspectiva de la verdad y a la falsedad para llevar adelante la tarea.

Por ser tratados poco conocidos y por resultar vitales para entender completa y cabalmente la semántica de la edad de oro, daremos algunos detalles acerca de la evolución de esta teoría, ya que es difícil encontrar en la literatura actual desarrollos acerca del tema[70].

Pueden diferenciarse entre a) tratados independientes y más bien breves debidos a Pedro de Ailly y a los lógicos parisinos en general; b) los comentarios sobre los *exponibles* atribuidos a Pedro Hispano; c) los tratados denominados *Probatione*, más extensos que los anteriores, como los que desarrollaron Pablo de Venecia y sus seguidores. (Ashworth 1979: 137).

Estas tradiciones tienen en común la búsqueda de un método para dar las condiciones de verdad de ciertas oraciones en términos de otras, pero las oraciones de las que pretendieron dar cuenta varían en cuanto a su extensión. Según De Rijk (1982), los distintos enfoques pueden dividirse en:

1) Aquellos que tratan con las condiciones (necesarias y suficientes) para las condiciones de las oraciones compuestas (o moleculares); tratados de este tipo son, por ejemplo, las *summas* lógicas de Guillermo de Ockham o Walter Burley.

---

[69] Muñoz Delgado 1964: 339.
[70] En excelentes textos como el de Spade, podemos leer: "No he dicho virtualmente nada acerca de la teoría de la "exposición", o acerca de la teoría de las "*probationes terminorum*" que crece a partir de 1350 y es asociada con el nombre of Ricardo Billingham. De hecho, estas dos teorías necesitan mucho más investigación antes de que estemos en condiciones de decir algo muy iluminador acerca de ellas" (Spade 2002: 2).

2) Aquellos que discuten las condiciones de verdad de las oraciones no-compuestas (o atómicas). Se presentan de dos formas:

2.1) Tratados que establecen las condiciones de verdad para las oraciones no-compuestas, apelando a los requisitos que deben cumplir sus términos de sujeto y predicado; y

2.2) Tratados que intentan derivar las pruebas de la verdad o falsedad de las proposiciones a partir del análisis de sus analizables (o: mediatos) términos (latín: *termini mediati*).

A esta última corriente –a la que procura dar cuenta de la verdad o la falsedad apelando a la distinción de los términos en mediatos e inmediatos (sección 4.2.1.3) – es a la que dedicaremos las próximas líneas, por tratarse de la menos conocida de todas y las que –en mi opinión– bosqueja de manera clara una semántica composicional[71].

Los lógicos de las *Probationes* propusieron un procedimiento a partir del cual obtener las condiciones de verdad de las oraciones categóricas mediatas[72]. Este procedimiento *consiste en reducir las proposiciones categóricas de cualquier tipo (mediatas), a una conjunción entre categóricas de un tipo determinado (inmediatas)*, lo que indica que los medievales:

1) Distinguieron distintos tipos de oración categórica;
2) Consideraron algunas oraciones categóricasbásicas y las otras conformadas por estas;
3) Pensaron que las categóricas no-básicas son –a los fines de obtener las condiciones de verdad– reducibles a las básicas.

Proponen cuatro tipos de métodos que brindan las condiciones de verdad de las proposiciones categóricas y varían según el tipo de proposición categórica de la que se quiera dar las condiciones de verdad. Son estos:

- La *Resolución*: este método está destinado a brindar las condiciones de verdad de las proposiciones (categóricas): a) Indefinidas: "El hombre corre"; b) Particulares: "Algunos hombres corren"; c) Singulares cuyo sujeto

---

[71] Volveremos sobre el punto en las secciones 7.7 - 7.8.
[72] *Probar* significa "testear", "poner a prueba", al igual que la palabra inglesa *proof* en su acepción más antigua (cf. el proverbio *the proof of the pudding is in the eating*, ["un budín se prueba probándolo"]). (Read 2016: 150).

es un nombre propio: "Sócrates corre"; d) Modales de sentido dividido: "Sócrates necesariamente corre".

- La *Exposición*: se dedica a dar las condiciones de verdad de las proposiciones (categóricas):
Universales afirmativas[73]: "Todos los hombres corren";

- La *Officiable*: se dedica a dar las condiciones de verdad de las proposiciones (categóricas) que poseen un término modal que afecta a toda la oración:
Modales de sentido compuesto: "Necesariamente el hombre corre".

- La *Descripción*: brinda las condiciones de verdad para las proposiciones mentales; aquellas categóricas que van precedidas por términos como "creo" "dudo" o "sé".
"Yo sé: tú estás en Roma".

El más importante de estos métodos es, sin duda, el de la Resolución. En primer lugar, porque las proposiciones de las que se ocupa son las más utilizadas en lógica y, en segundo lugar, porque proposiciones como las universales, que le siguen en cuanto a uso, y de las que se ocupa la Exposición, son reducibles a una conjunción de singulares, como sabían los medievales desde la época de Ockham.

Los otros dos métodos trabajan con proposiciones formuladas para contextos especiales, y su verdad se predica de la oración a la que afectan, no de las cosas que menciona la oración; tal vez por lo mismo es que son mucho menos utilizadas en la *Logica Parva*, una lógica que tiene por objeto el dominio de las cosas que existen. Veamos, entonces, la Resolución.

La *Resolución*: la verdad de una proposición categórica (indefinida, particular, singular o modal de sentido dividido), se obtiene transformando el predicado y el sujeto (en ese orden), en predicados de otras dos oraciones categóricas, cuyo sujeto es el pronombre "esto". Estas dos oraciones son unidas por el sincategoremático "y", lo que las transforma en una oración hipotética conjuntiva. Veamos con un ejemplo: "Sócrates es filósofo", se transforma en "esto es filósofo y esto es Sócrates". La verdad de la categórica analizada ("Sócrates es filósofo"), se da si es verdadera la conjunción formada por las dos proposiciones en la que fue descompuesta. La verdad de cada una de las nuevas categóricas (que integran la conjunción) se da si

---

[73] Las universales negativas (E), no se prueban por exposición; ellas son verdaderas o falsas en relación a sus contradictorias; Pablo de Venecia 1984: 185.

algún objeto del dominio, señalado por el pronombre "esto" satisface ambas propiedades.

Las condiciones de verdad de las singulares cuyo sujeto es un pronombre demostrativo se diferencian de todas las demás, ya que dependen de que el pronombre "esto" esté por algo existente o no. Son las proposiciones básicas, es decir, necesarias para obtener el valor de verdad de las demás categóricas, cuyo valor de verdad es determinable de manera (diríamos hoy) veritativo funcional, pues dependen de la verdad o falsedad de la conjunción de categóricas singulares con un pronombre como sujeto, en las que quedan convertidas. Aclaremos mediante un ejemplo:

La oración indefinida, "El hombre es racional" se resuelve en la conjuntiva "Esto es hombre y Esto es racional" y es verdadera si y solo si ambas categóricas son verdaderas.

La pregunta obligada es ¿qué rol juegan los pronombres en la gramática lógica de los medievales? Tenemos a mano una respuesta muy clara de Buridán:

> Por último, parece que esta descripción de "nombre" es totalmente inválida, ya que se aplica a los términos sincategoremáticos, tales como "y" y "o", que no son nombres, y también se aplica a los pronombres, que no son nombres, tampoco. *En cuanto a los pronombres, sin embargo, le respondo brevemente que Aristóteles sostuvo que nombres y pronombres se consideran una parte del discurso pronunciado por el lógico, porque ambos pueden actuar como sujetos a un verbo y constituyen con el verbo una expresión verdadera o falsa* (Buridán 2001: 17).

Si tuviéramos que responder a la pregunta ¿qué componente de nuestro lenguaje lógico contemporáneo cumple con la condición de generar una oración acompañando un predicado (verbo) sin ser un nombre (expresión nominal)? la respuesta sería una sola: una variable ligada por un cuantificador. Como este método (la Resolución) se aplica solo a oraciones particulares el cuantificador solo puede ser un cuantificador existencial.

Los pronombres demostrativos son los sujetos de las oraciones categóricas más básicas ("esto es hombre"), las oraciones mínimas a las cuales se reducen las demás. Su función lógica es la misma que nosotros otorgamos a nuestras variables ligadas; es el mismo sentido que le otorga nuestra lógica contemporánea cuando hace su reconstrucción racional de este aspecto del lenguaje natural (Haack 1978: 59).

Más adelante –cuando consideremos la naturaleza de las oraciones categóricas– volveremos sobre lo que este tratado plantea en relación con la idea de una semántica composicional. Obviamente los medievales no tuvieron una semántica composicional en el sentido contemporáneo, pero a quienes hacemos lógica nos cuesta pensar que no estemos aquí frente a *algún tipo* de semántica composicional. Tal vez sea este el más interesante de los aportes de la lógica medieval a la lógica filosófica[74]: nos presenta ideas caras a la lógica, que, sin embargo, no están expresadas en los términos contemporáneos, y por lo mismo nos lleva a preguntarnos por la naturaleza última de ciertos conceptos centrales, ya que los encontramos aquí bajo distinto ropaje. Dicho de otra manera, si la lógica medieval es formal y no está expresada su formalidad en los términos que hoy lo hacemos, parece una excelente oportunidad para preguntarse: ¿Qué significa entonces (y en última instancia) ser *formal*?

3.7. La lógica en la edad de oro: características generales

A partir de lo dicho en las secciones anteriores, podemos decir que la lógica de la edad de oro se estructura teniendo como unidad básica a la proposición y como eje a la teoría de la consecuencia.

La unidad semántica por antonomasia es la oración. Esta es la unidad lingüística a analizar. Los términos interesan solo en relación al contexto lingüístico donde se desarrollaron, pero, a su vez, dar cuenta de este contexto lingüístico es un objetivo principal del lógico: "más bien fue el contexto quien atrajo el más intenso interés. He llamado a esta concentración de la atención 'enfoque contextual'" (De Rijk 2008: 161).

El tema central de la lógica es la noción de consecuencia. Esta es tratada sistemáticamente y florecen concepciones y distinciones de la misma. "El logro filosófico realizado en estos diversos escritos no fue menor que la formulación de una teoría de la inferencia: las reglas de consecuencias dadas por estos autores medievales expresan de manera clara un sistema de deducción natural en el sentido de Jaskowski y Gentzen" (King 2001: 117).

Así –y esto es lo que hay que entender para entender la naturaleza de la Lógica Medieval– *la lógica procurará como unidad a la proposición, pero siempre en orden a la disputa y la argumentación*.

Los lógicos de esta época partieron de pensar que *el conocimiento de las condiciones de verdad de la proposición es el objetivo básico*, pero este puede demandar, según de qué proposición se trate:

---

[74] En el sentido que la define Goble: "la lógica filosófica es la filosofía que es la lógica, y la lógica que es filosofía" (2001: 1).

a. *Considerar la proposición en sí misma*, por alguna manera especial que esa proposición tenga de significar (de esto tratan los *Insolubilia*);

b. *Considerarla en relación a otras proposiciones*, y esto último de dos maneras:

    b1. *Haciendo explícitas otras proposiciones implícitas* y necesarias para entender la verdad de la proposición (de esto tratan los *Exponibilia*);

    b2. *Mediante el estudio de lo que de la proposición se puede inferir* (de esto tratan las *Consequentiae* y las *Obligationibus*)[75].

Esta idea, en toda su dimensión, que parece no estar del todo clara incluso entre los estudiosos actuales del tema, ya es bien planteada por Muñoz Delgado en 1964. No haber entendido la naturaleza de la lógica de esta manera ha llevado a descuidar ciertas áreas. Por ejemplo –y esto es hipótesis personal– hasta el día de hoy no se ha puesto la suficiente atención en los tratados *Exponibilia*, donde se presenta algo muy parecido a lo que hoy denominamos una semántica composicional.

Para concluir, digamos que la lógica medieval tiene a lo largo de toda la historia de la disciplina, tres características metodológicas que la identifican:

i. A diferencia de las lógicas contemporáneas, no tiene como objeto la construcción y análisis de lenguaje artificial alguno (aunque, como veremos, esto no implica no formalizar). No deja de ser por esto –y mucho más entre los *moderni*– una ciencia del lenguaje (*scienta sermocinalis*). Su objetivo, (expresado del modo más general posible) es formular métodos exactos de discriminación entre argumentos válidos e inválidos (esto la vuelve prescriptiva más que descriptiva), atendiendo al funcionamiento del latín escolástico (un lenguaje con todas las riquezas propias de los lenguajes naturales).

ii. Estamos ante un enfoque semántico de la lógica: En los trabajos sobre lógica medieval encontramos afirmaciones como la siguiente: "La lógica medieval es una lógica anti-formalista en el sentido de que se trata de una teoría que tiene por primer objeto dar cuenta de un lenguaje interpretado (el latín escolástico) y que sus teoremas son verdades interpretadas (más que combinaciones permitidas de signos no interpretados)" (Henry 1972:

---

[75] Muñoz Delgado 1964: 339.

3). *Antiformalista* quiere decir aquí: no-sintáctico, o, no pensada desde la teoría de la prueba, o, no concebida como una manipulación de cadenas de signos (no interpretados) a través del uso de reglas.

iii. Estamos ante una lógica de reglas: Las características, y el modo de implementación de toda ella, se hace teniendo como instrumento reglas al estilo Gentzen (Dahlquist 1998: 87; King 2001: 117).

4. EL LENGUAJE Y SU ESTRUCTURA

4.1. Lenguajes formales, simbolización, lenguajes regimentados y traducción conceptual

Este capítulo se divide en dos partes: la primera está dedicada a la cuestión de qué tipo de lenguaje –formal o informal– es el que utilizaron, para hacer lógica, los lógicos de la edad de oro; la segunda habla de la estructura y elementos que conforman su gramática lógica.

Procuramos presentar los temas ordenados del modo que consideramos más claro para la comprensión completa, relacionada y abstracta de todos ellos, esto es, daremos una suerte de reconstrucción racional (en los términos lakatosianos que los que hablamos en 2.2) de la sintaxis y la semántica del lenguaje de la lógica de la edad de oro. Enfatizamos en este capítulo el enfoque lógico-lingüístico, habida cuenta de que sus características metateóricas serán desarrolladas en los dos capítulos posteriores.

El objetivo central de estas páginas es hacer familiar la estructura del lenguaje de la lógica de finales del XIV dando cuenta de aspectos sintácticos y estructurales. Esto es vital tanto para comprender las nociones lógicas fundamentales, como para evitar confusiones y ambigüedades. La manera de presentación consistirá en abrevar en las definiciones y divisiones originales –definiciones y divisiones debidas a algún autor de la edad de oro– a partir de la que generaremos una simbolización a los fines de vincularlas con la lógica contemporánea. El vínculo pretende rescatar la familiaridad con los trabajos contemporáneos, pero no confundirlos. La presentación servirá como una base para la discusión y comprensión de divisiones y definiciones medievales en un marco aún más abstracto del que fueron presentadas, pero sin perder fidelidad con el origen: no habrá ningún símbolo del lenguaje simbólico que no tenga su correlato con el lenguaje regimentado de la edad de oro.

Contemplado de cierta manera, lo que haremos no es otra cosa que completar la idealización en dos fases a la que se refiere Hansson (2007: 46): "La formalización en filosofía generalmente resulta de una idealización en dos pasos. Primero, de un lenguaje común a un lenguaje regimentado y, luego, de un lenguaje regimentado a un lenguaje lógico o matemático". Nosotros daremos el segundo paso (el primero ya fue dado por los propios medievales), aunque –como quedará claro en las próximas páginas– entendemos *formalización* no como sinónimo de simbolización, sino más bien equivalente con *traducción conceptual*[76].

4.1.1. Lenguaje natural y lenguaje regimentado

Es habitual leer o escuchar: *la lógica medieval fue presentada en un lenguaje natural*, el latín escolástico; la afirmación anterior es falsa. La lógica medieval se desarrolló en lo que hoy (a menos a partir de Quine) conocemos como lenguajes regimentados. Esto es, un lenguaje que tiene como objetivo principal evitar ambigüedades, aclarar los compromisos ontológicos y "en el caso del lógico, el objeto es facilitar las inferencias y evitar falacias y paradojas" (Quine 1971: 452). Se trata pues de un lenguaje "o, más exactamente, una extensión especializada del lenguaje que uno comprende que servirá para expresar la teoría regimentada" (Sennet y Fisher 2014: 93). Su objetivo es reemplazar las frases problemáticas con las contrapartes capaces de hacer el trabajo que habría tenido que hacer las sentencias no-parafraseadas. Al igual que el mismo Quine, los lógicos de la Edad Media optaron por que el lenguaje elegido sea un lenguaje de primer orden (como veremos en el capítulo 4 y en la sección 8.6).

Los lógicos de la Edad Media se sirvieron –para este fin– de su propia versión del latín escolástico, una versión regimentada. El lenguaje de la lógica, desde esta perspectiva, es "la explicación y ocasionalmente la estipulación de cuáles son las estructuras sintácticas supuestas en un lenguaje dado para transmitir determinadas construcciones conceptuales" (Klima 2013: 364).

Se parte del latín escolástico para luego avanzar en un proceso de análisis que permite arribar a sus partes relevantes. Para entenderlo desde una perspectiva contemporánea podríamos apelar a Carnap, que señala que el lenguaje tiene tres factores importantes sobre los cuales aplicar el análisis: el pragmático, el semántico y el sintáctico; el análisis del lenguaje, a partir del cual se construye el lenguaje lógico, tiene (o puede tener) distintos grados de abstracción. Si abstraigo la pragmática obtengo consideraciones semánticas, si abstraigo la semántica obtengo consideraciones sintácticas (Carnap 1975: 40-41). Ahora bien, en el lenguaje de la lógica medieval la primera de las abstracciones, la que se hace sobre la pragmática, no tiene el grado de virulencia que mantiene en nuestra lógica simbólica, seguramente por estar buscando analizar lógicamente el lenguaje de las disputas más que el de la arit-

---

[76] Dutilh Novaes, 2007a; cap 4, especialmente secciones 4.3 y 4.4.

mética. Las abstracciones semántica y sintáctica sí operan de manera muy parecida a como lo hacen en nuestra práctica lógica contemporánea.

4.1.2. Simbolismo y formalización

Dutilh Novaes propone distinguir (es decir, no entender de manera sinónima) *formalizar* y *simbolizar*, algo no muy común en nuestros días debido a que –desde hace casi dos siglos– simbolizar es formalizar.

> Tendría que tenerse en cuenta, sin embargo, que la formalización implica más cosas que la simbolización: en particular, el establecimiento de la estructura deductiva de un argumento o teoría –una axiomatización, en el sentido amplio del término– es muy importante (Dutilh Novaes 2007: 277).

Así, podemos decir que los medievales desarrollaron su lógica sin apelar a un simbolismo artificial, pero no por esto dejaron de formalizar. Si formalizar tiene más que nada que ver con establecer la estructura deductiva de los argumentos estipulando las estructuras sintácticas del lenguaje, los medievales formalizaron. Si establecer la forma de un argumento es señalar su estructura, y establecer la validez en base a su estructura implica señalar que comparten la misma estructura (Borg y Lepore 2006: 86), entonces los medievales fueron muy conscientes de las formas argumentales y de lo que su similitud conlleva.

Las formas argumentales pueden ser representadas con un lenguaje simbólico, o no, sin afectar el carácter formal de la lógica que se practique. El simbolismo no ha sido, históricamente hablando, el objeto de la lógica; ni siquiera de la lógica contemporánea. Nos hace notar Coffa:

> el proyecto de Frege incluía *identificar un fragmento del lenguaje alemán* que satisface dos condiciones: a) cada enunciado alemán tiene una traducción a este fragmento, y b) la forma gramatical de cada enunciado en ese fragmento refleja isomórficamente los constituyentes del contenido que expresa, así como su combinación en ese contenido (2005: 117).

Los símbolos de *Begriffsschrift* tienen fines prácticos; son semánticamente insignificantes, podrían ser por entero eliminados en principio, en favor de expresiones del alemán estándar –precisamente aquellas en términos de las cuales los significados de los símbolos de Frege fueron expresados (Coffa 2005: 117).

Mutatis mudandis, podemos adjudicar un propósito análogo a los lógicos de la Edad Media: identificar el fragmento del latín escolástico que satisface dos condiciones: a) cada enunciado del latín tiene una traducción a este fragmento, y b) la forma gramatical de cada enunciado escrito y hablado en ese fragmento refleja isomórficamente el del lenguaje mental en que se expresan los razonamientos o –lo que es lo mismo– sus formas argumentales.

Así, la forma no depende del simbolismo, sino de la estructura inferencial que pueda identificarse dentro del lenguaje que se pretende formalizar. Los lógicos de la edad de oro carecieron de símbolos artificiales, pero no por esto dejaron de identificar las estructuras argumentales propias del fragmento del latín del que se sirvieron para hacer lógica.

4.1.3. ¿Tuvieron los lógicos de la edad de oro un lenguaje formal?

Este tema habitualmente ha sido discutido procurando dar respuesta a la pregunta *¿es el latín escolástico un lenguaje formal?*, e intentando establecer similitudes y diferencias entre la estructura y el funcionamiento del lenguaje de los lógicos de la edad de oro y el de *Principia Mathematica*. Nosotros no seguiremos este camino. Plantearemos la cuestión de manera más general, interrogándonos por las características de los lenguajes formales en general. Lo que haremos es mostrar que existen dos maneras típicas de evaluar un lenguaje a fin de mostrar si se trata (o no) de un lenguaje formal, desde una perspectiva contemporánea. Mostraremos que ambas pueden aplicarse sobre los lenguajes de la edad de oro.

4.1.3.1. Primer sentido en que puede entenderse *lenguaje formal*

La primera consideración nos dice que un lenguaje formal consta de dos partes (Rayo 2004: 17):

i.   La primera, un conjunto de símbolos básicos;

ii. La segunda, un conjunto de reglas llamadas reglas de formación, que especifican que secuencia de símbolos básicos han de contar como fórmulas.

En este sentido veremos en la sección siguiente un ejemplo de cómo se constituye a través de reglas el lenguaje regimentado de los lógicos de la edad de oro, partiendo de símbolos básicos. Si el procedimiento tiene alguna diferencia importante con los lenguajes formales que hoy conocemos, es que en el caso de los medievales no van a *proponer* reglas de formación, sino más bien *utilizar las existentes* en el latín a fin de formular a partir de ellas, distinciones conceptuales (Klima 2009: 128). Se trata de un procedimiento con más similitudes que diferencias respecto de los que hoy utilizamos, como veremos ahora mismo a través de un ejemplo[77].

Ejemplo

Las secciones 1-5 del capítulo XX de la *Logica Parva* de Pablo de Venecia están divididas de la siguiente manera:

I. *Términos;*
II. *Nombres;*
III. *Verbos;*
IV. *Oraciones;*
V. *Proposiciones;*

Podemos denominarlos *Símbolos Básicos (a fin de distinguirlos de los Símbolos Básicos de un lenguaje formal contemporáneo). Lo hace de la siguiente manera[78]:

*Símbolos Básicos

1) *Término*: "Un término es un signo que constituye una oración como parte próxima de la misma" (Pablo de Venecia 1984: 121)

2) *Nombres*: "Un nombre es un término que significa sin tiempo. Ninguna parte de un nombre significa por separado: por ejemplo, hombre (Pablo de Venecia 1984: 122)

---

[77] Aquí solo tienen la función de ilustrar la discusión. Más adelante serán presentados de manera sistemática.
[78] Las definiciones completas agregan algunos renglones con distinciones y detalles. Las obviamos aquí en favor de la claridad. Serán presentadas en detalle en la segunda parte.

3) *Verbo*: "Un verbo es un término que significa temporalmente y es unitivo de extremos" (Pablo de Venecia 1984: 123)

4) *Oración*: "Una oración es un término cuyas partes significan algo por separado: por ejemplo, "hombre blanco" (Pablo de Venecia 1984: 123)

En la sección (5) define la proposición. Aquí se apela a una definición intuitiva y en términos semánticos, pero es obvio pensar que solo en las sintaxis de los lenguajes artificiales uno puede definir una oración como una cadena de símbolos que se articulan siguiendo ciertas reglas. Cuando el fragmento de lenguaje viene ya interpretado, esta opción se pierde por completo.

5) *Proposición*: "Una proposición es una oración indicativa significando algo que es verdadero o falso; por ejemplo, "un hombre corre" (Pablo de Venecia 1984: 123)

(1) a (4) son la lista exhaustiva de los *Símbolos básicos que nos presenta Pablo de Venecia, numeradas en su *Lógica Parva* de la misma manera en que la presentamos arriba. Son los componentes que conforman los distintos tipos de proposiciones, que serán presentados al comienzo de la sección 6 con que continúa el manual, y que nosotros presentamos como *Reglas de formación (a fin de distinguirlas de las Reglas de Formación de un lenguaje formal contemporáneo)

* Reglas de (descripción) formación

Un punto a aclarar es que en un lenguaje que tiene como finalidad la mejora conceptual y que está expresado en un fragmento de este lenguaje natural (ya dado), no se puede hablar –en el mismo sentido que con los lenguajes artificiales– de *reglas de formación*, pues las reglas para formar oraciones ya están dadas. Lo que hay, en rigor, son descripciones de cómo se debieran componer las partes no básicas del lenguaje a partir de las básicas, a fin de llevar adelante con éxito las cuestiones inferenciales. Se trata de reglas porque tienen una impronta normativa: dicen *cómo debieran ser* las construcciones. Hecha la aclaración, presentemos las reglas que se dan en la sección *División de las proposiciones*, que viene inmediatamente después de la definición de proposición.

Primero: "Una proposición categórica es aquella que tiene un sujeto, una cópula y un predicado como sus partes principales, p. ej. "Un hombre es un animal"" (Pablo de Venecia 1984: 124)

Segundo: "Las proposiciones categóricas se dividen en afirmativas y negativas. Una categórica afirmativa es aquella en que el verbo principal es afirmado" (Pablo de Venecia 1984: 124)

Tercero: "Las oraciones categóricas se dividen en verdaderas y falsas[79]" (Pablo de Venecia 1984: 124)

Cuarto: "Las oraciones categóricas se dividen en posibles e imposibles" (Pablo de Venecia 1984: 124)

Quinto: "Las oraciones categóricas se dividen en contingentes y necesarias" (Pablo de Venecia 1984: 124)

Sexto: "Las oraciones categóricas se dividen en aquellas que presentan alguna cantidad y las que no" (Pablo de Venecia 1984: 124)

En la sección 12 dice:

> Una proposición hipotética es aquella que contiene distintas categóricas unidas por un signo de condición, de conjunción, o de disyunción o de signos equivalentes. (Pablo de Venecia 1984: 124)[80]

En el listado de arriba encontramos definidos los distintos tipos de oración categórica de manera sintáctica, esto es, sin alusión alguna a la interpretación de la misma. Esto es lo propio de los lenguajes formales[81] y es llevado adelante en los manuales de la edad de oro.

Como puede ver el lector la diferencia radica en *buscar* las reglas y los símbolos básicos en lugar de *proponerlas*. Es el primer sentido en que

---

[79] Para los lógicos medievales, la verdad y la falsedad constituían los primeros modos de la oración. De allí la distinción. Desarrollamos el tema en la sección 5.5.1.

[80] Se trata –además– de una suerte de procedimiento recursivo: 1) dice qué sea una oración y las cláusulas 2)-7) dicen algo así, como "si 1) es una oración, también lo son 1)-7). Lo reflejaremos en la formalización al final del capítulo.

[81] Un lenguaje es formal si *"puede definirse completamente sin hacer referencia a ninguna interpretación suya*. Y no necesita que se le dé interpretación alguna" (Hunter 1981: 18; el énfasis en el original).

mantendremos que los lenguajes regimentados de los lógicos de este período tienen una impronta formal.

4.1.3.2. Segundo sentido en que puede entenderse *lenguaje formal*

El segundo sentido en que puede hablarse de un lenguaje formal es el que le viene de considerar a los lenguajes formales como una traducción de algún lenguaje natural, esto es, cuando lo consideramos un lenguaje interpretado cuya significación viene dada por la traducción a un lenguaje previamente interpretado (Rayo 2004: 18). En este sentido el lenguaje lógico medieval explica el latín escolástico (por supuesto que solamente) en lo referido a la parte inferencial.

Como toda regimentación (o formalización), se procede de acuerdo con principios. El principio rector de la regimentación del latín técnico fue lo que puede denominarse principio de ordenamiento basado en el alcance. Este principio es más utilizado en los trabajos en "notación polaca" en la lógica formal moderna (donde el orden de aplicación de las conectivas lógicas se indica por su orden de izquierda a derecha), pero algo similar es claramente perceptible en reglas como las dadas (por ejemplo, por Buridán) para la sintaxis lógica en general (Klima 2009: 127).

Ahora bien ¿Cuál es el criterio lógico para aceptar que una determinada formalización LF es una traducción de un determinado lenguaje natural LN? No hay una respuesta precisa –formal– para el punto, pero sí algunos criterios de utilidad, tomados de los casos donde la formalización funciona como una traducción:

> 1. Debe preservar la consecuencia; esto es, cualquier argumento formalización en LF de un argumento válido en LN debe preservar la validez (si era válido en LN, será válido en LF);
> 2. Debe preservar las condiciones de verdad; esto es, si una proposición está bien formalizada, la proposición en LF y en LN tendrán el mismo valore de verdad (Epstein 2015: 92).

Cada vez que se da la condición (2) se da la condición (1). No hace falta demasiado esfuerzo para constatar que estas condiciones se cumplen en la lógica de la edad de oro. En general es mucho más fácil constatar esto en un lenguaje regimentado que en un lenguaje formal-simbólico[82].

---

[82] En Rayo 2004: 29 se presentan los problemas clásicos respecto a la simbolización de un enunciado en lenguaje natural.

Como estará pensando correctamente el lector, el asunto pasa por determinar los criterios de verdad del lenguaje natural, tarea que los medievales de la edad de oro no pasaron por alto (las desarrollamos en las secciones dedicadas a conceptos semánticos) y fue probablemente uno de los motores que los impulsó a los lenguajes regimentados. ¿Satisface el lenguaje regimentado de impronta formal de la lógica medieval los criterios mencionados arriba? Sí, lo hace. Toda proposición del lenguaje natural se convierte –ya desde Abelardo– en una oración categórica de la forma "X es Y" y toda proposición modal o cuantificada se transforma en alguna de las A, E, I, O del cuadrado de la oposición; con el correr del tiempo, el listado de tipos de oraciones distinguidas por los términos que las componen se hará más extenso (secciones 4.2.1 a 4.2.3.5). Cuando veamos más adelante cómo se determinan las condiciones de verdad de estas oraciones, veremos como esta transformación de las formas básicas hacen que toda oración LF sea verdadera si y solo si, lo es su contraparte natural LN.

4.1.4. Conclusiones

Para finalizar la sección, algunas conclusiones:

1. La lógica de la Edad Media no estuvo expresada en un lenguaje natural, sino en la versión regimentada que de este elaboraron los lógicos a fines de caracterizar de manera eficiente la inferencia;

2. Este lenguaje regimentado se construye en base a re-definir –tomándolas del lenguaje que se pretende caracterizar conceptualmente– símbolos básicos y reglas de formación;

3. El lenguaje regimentado de los lógicos cumple con los requisitos para ser una traducción de un (fragmento de un) lenguaje natural, el latín escolástico;

4. *La lógica medieval es anti-formalista* es una oración verdadera solamente si la expresión *anti-formalista* es entendida como sinónima de *no presentada en un lenguaje artificial y simbólico*, y en este sentido es correcto, pero nada más que en este.

5. Según los criterios más importantes como: i) proponer símbolos básicos y reglas de formación; ii) no apelar a la interpretación para definir los componentes básicos y sus construcciones; iii) ser una traducción de un

lenguaje natural; iv) ser una elucidación conceptual; hay que reconocer que el lenguaje de los lógicos de la edad de oro tiene, cuanto menos, una impronta formal más que definida.

4.2. Gramática lógica

El presente capítulo constituye una presentación incompleta de las nociones lingüísticas más importantes de la lógica de fines del siglo XIV. Es incompleta pues solo serán entendidas de manera completa luego de acceder a las nociones metalingüísticas que presentaremos en los dos capítulos siguientes. El propósito de su aparición temprana es brindar las herramientas imprescindibles para poder entender los capítulos 5 y 6. Por esta razón evitaremos en la exposición las cuestiones filosóficas, procurando presentar cada uno de estos elementos desde sus definiciones, sumando solo algunas aclaraciones en caso de que fuere necesario.

Durante casi todos los períodos de la historia, los tratados de lógica comienzan con un análisis gramatical general del lenguaje. La *Summa* de Ockham nos propone dividirlo (a los fines lógicos) en:

i. Términos
ii. Proposiciones
iii. Argumentos[83]

Esta división representa –según Van Frassen (1987: 43)– el patrón de casi todo texto de lógica, no solo medieval, *sino también moderno*[84], por lo que seguiremos esta disposición que evita anacronismos (y se ajusta al presente) para dar cuenta de la gramática lógica del lenguaje de nuestros medievales. Por supuesto que cada una de estas divisiones presenta distinciones internas que algunas veces merecen aclaraciones.

---

[83] La misma división conforma el capítulo 1 de la *Logica Parva* de Pablo de Venecia, la *Summa* de Ockham y el texto del veneciano indican el comienzo y el fin del período que estudiamos, lo que indica la continuidad de la idea.
[84] El énfasis es mío.

4.2.1. Términos

Como dijimos, la de la edad de oro es una lógica preocupada por establecer la función de los términos en la oración en una ocasión de uso[85] y por entender la naturaleza de la oración en virtud de los términos que la componen. Se sigue de ello que los términos son uno de los objetos de estudio de mayor importancia para los lógicos de la edad de oro. En una metodología recursiva como la que practicaron lógicos medievales, los términos son los ladrillos a partir de los cuales se construye la comprensión de las oraciones en un contexto de uso. El objeto final de las preocupaciones lógicas en esta época son las oraciones (secciones 7.1 y 7.2), pero la manera de llegar a su comprensión es valiéndose de la comprensión de los términos:

> En orden a entender cualquier cosa hay que entender sus partes; así, en orden a que la oración (*enuntiatio*) pueda ser entendida completamente uno debe entender las partes de la misma (Guillermo de Sherwood 1968: 13).

Los términos son entonces los componentes básicos de las oraciones, sus componentes atómicos.

> Un término es un signo que constituye una oración como una parte próxima de esta (Pablo de Venecia 1984: 121)[86].

En la oración *Sócrates es justo y Platón un noble de Atenas* cada uno de los elementos que figuran en la oración son términos (todos los elementos de una oración son términos), pero son términos de distinto tipo. Los términos pueden ser: significativos y no-significativos; Los que significan naturalmente y los que significan por convención; los categoremáticos y los sincategoremáticos; los de primera y los de segunda intención; los de primera y segunda imposición, los complejos y los incomplejos; los mediatos y los inmediatos. Algunas de estas distinciones se solapan y otras no son lógicamen-

---

[85] Los medievales (lo dice Klima para Buridán, pero vale para la mayoría) tratan "la lógica como una ciencia principalmente (práctica) de las relaciones inferenciales entre oraciones-caso de los lenguajes humanos (*Propositiones* - proposiciones), ya sea hablado, escrito o mental" (Klima 2008: 90).

[86] "Parte próxima" significa por oposición a "parte remota"; en la oración "Sócrates es filósofo", "Sócrates" es un término, pero "Só", "cra" y"tes", también son términos. El primero es un término próximo y las sílabas son términos remotos.

te demasiado significativas. Veremos a continuación con detalle las más relevantes para las consideraciones lógicas.

4.2.1.1. Términos de primera y segunda intención

Derivado de la traducción de la metafísica aviceniana, los medievales incorporaron a su vocabulario la palabra *"intentio"* (traducción de la palabra árabe *ma'na*). Esta distinción fue aplicada directamente a la gnoseología y a la filosofía del lenguaje. Se habló así de primeras y segundas intenciones de la mente aplicables sobre los tres tipos de discurso: el mental, el escrito y el hablado (sección 5.2).

Un ejemplo de la aplicación de este procedimiento es Guillermo de Ockham. El *Venerabilis Inceptor* distingue claramente y en todo momento entre significado real y significado lógico; entre afirmaciones acerca de elementos del discurso de afirmaciones acerca de las cosas. Confundir estas dos categorías de objetos equivale a abolir la distinción –epistemológica– entre lógica y ciencia natural. Los términos de primera intención refieren a cosas, están por cosas (objetos reales); los de segunda intención, están por ideas (objetos lógicos) (Carré 1946: 115). Términos de primera intención son aquellos términos del lenguaje que refieren a objetos existentes (en un dominio). Términos de segunda intención son aquellos términos del lenguaje que se refieren a otros términos del lenguaje. Pablo de Venecia lo pone de manera clara:

> Un término de primera intención es un término mental significando lo que no es un término: i.e., significando una cosa que no es un término, ya que debe existir. Así "hombre" significa Sócrates y Platón, ninguno de los cuales es un término mental, ni pueden ser términos. Un término de segunda intención es un término significando solamente un término o una proposición; p. ej., el término mental "nombre", "verbo", "participio", "proposición", "oración" (Pablo de Venecia 1984: 122).

A partir de esta clasificación anterior los lógicos medievales dirán que solo los términos de primera intención son los términos propiamente dichos; los términos de segunda intención son los que hablan de ellos. La analogía con nuestra distinción entre lenguaje y metalenguaje no escapa a ningún historiador de la lógica. El lenguaje de la lógica está conformado (o contenido) por los términos de segunda intención (términos metalingüísticos) y los términos sincategoremáticos (Moody 1953: 27).

4.2.1.2. Términos Categoremáticos y Sincategoremáticos

Los términos pueden significar o co-significar. La significación consiste en presentar un concepto a la mente; la co-significación es una propiedad correlativa a esta, y consiste en presentar un concepto a la mente de un modo determinado por virtud de su lugar en la proposición. Esta distinción es muy importante; desde un punto de vista lógico, propicia la de los términos *categoremáticos* y términos *sincategoremáticos*:

Los categoremáticos son los términos estrictamente hablando, ya que: (a) pueden significar independientemente, es decir, fuera de una oración y (b) cumplir la función de sujeto o predicado de una oración. Así, si se piensa el asunto desde la perspectiva semántica tenemos que los categoremáticos significan por asignación de un objeto en el dominio, esto es significan de manera definida y determinada (Ockham 1974: 55).

Los simbolizamos utlizando imprenta minúscula: a, b, c con subíndices.

Los sincategoremáticos en cambio, no tienen significado determinado, no significan sino en relación con los términos que lo acompañan, a quienes hacen significar (Ockham 1974: 55).

Los simbolizamos utilizando los signos lógicos de que hoy nos servimos a tal fin: $\rightarrow$, $\neg$, $\rightarrow$, $\wedge$, etc.

Según Spade "Si se piensa en la semántica de un lenguaje como siendo dado por (a) un conjunto de modelos, y (b) un conjunto de condiciones de verdad que le permiten tratar como valores de verdad de signos a las proposiciones del lenguaje con respecto a esos modelos, entonces

(I) los términos categoremáticos son solo aquellos que el papel semántico de los cuales se da mediante la asignación de un modelo, y

(II) los términos sincategoremáticos son solo aquellos cuyo papel semántico está dado por las condiciones de verdad. (Spade 2002: 115)

Los sincategoremáticos son distinguibles por tener solamente una función lógico-semántica dentro de la oración. Los signos sincategoremáticos son los signos lógicos. Representan lo que nosotros hoy llamamos constantes lógicas u operadores: "es", "no", "todo", "algunos", "y", "o", "si... entonces", etc., son ejemplos que encontramos en los textos medievales del siglo XIV. En el siglo XIV se acostumbra llamar a los términos categoremáticos la *materia* de la proposición. A los signos sincategoremáticos, en correspondencia, representan la *forma* de la proposición. El análisis formal de las proposiciones se reduce, por lo dicho arriba, a la determinación de la función de lógica de los signos sincategoremáticos.

Los lógicos de la Edad Media manejaron casi el mismo conjunto de sincategoremáticos, que podríamos denominar básicos (*es*, *no*, *y*... etc.) pero la extensión total del conjunto de sincategormáticos no siempre coincidió. Tenemos pues un panorama, muy parecido al de nuestras constantes lógicas sobre las que debemos agregar algunas que nos resultarían un tanto más curiosas como "comienza" y "cesa" que seguramente están incluidas por ser la negación y la admisión de la –considerada de manera implícita– cópula "es" (Broadie 2002: 24).

Raúl Orayen propone –luego de un análisis exhaustivo de la naturaleza filosófica de las constantes lógicas– que estas deben ser identificadas utilizando un criterio pragmático: lo que los lógicos de una época admiten como constantes lógicas (Orayen 1989: 177-79). Si admitimos este criterio, podemos decir que de la práctica lógica de los lógicos de la edad de oro se derivan como constantes lógicas o signos sincategoremáticos el siguiente grupo más o menos homogéneo: "Signos universales, como "Todo", "no" y similares. También signos particulares como "Algunos", "ciertos", además de preposiciones, adverbios y conjunciones" (Veneto 1984: 122).

4.2.1.3. Términos mediatos e inmediatos

Vamos a agregar una dupla a las que tradicionalmente han sido abordadas por quienes estudian lógica medieval, que son las arriba mencionadas. Presentaremos la distinción entre términos mediatos e inmediatos[87].

Esta distinción es propia de la parte de la semántica vinculada con las condiciones de verdad. Está vinculado con las *Probationes* (sección 3.6) y

---

[87] Esta distinción no es tan general como las anteriores; pertenece a aquellos lógicos que buscaron dar cuenta de las condiciones de verdad no sólo de las oraciones hipotéticas sino, también, de las oraciones categóricas. Véase secciones 7.6. a 7.8.

es esencial para establecer las condiciones de verdad de una oración categórica (sección 7.8). Citaremos directamente a uno de los fundadores de la distinción, Pablo de Venecia, que la presenta claramente en el capítulo cuatro de su *Logica Magna*, que dedica a esta división de los términos.

> La variedad en las proposiciones tiene su origen en los términos de la proposición. Por consiguiente, debemos tomar nota de una distinción particular entre los términos que está de acuerdo con las enseñanzas universales de los lógicos anteriores. "En la medida en que la distinción pertenece a nuestra discusión sostienen que algunos términos son inmediatos y otros términos son mediatos.
> Los términos inmediatos son términos sencillos o pronombres demostrativos en el número singular, tales como "yo", "tú", "eso", "sí mismo", "esto", "él" y los adverbios indexicales, como "ahora", "entonces", "aquí", "allí", y el verbo "es" en el tiempo presente y en número singular.
> (Se llaman inmediatos) porque son puestos en lugar de ciertos otros sustantivos y verbos, porque ellos, como los más conocidos, pueden entrar en una prueba con respecto a esos otros términos, pero no viceversa. No digo "como el superior" o "como el inferior", cuando la palabra "esto" entra en una prueba respecto del término "este hombre" sin ser jamás inferior o superior a "este hombre". Sin embargo, es mejor conocida. De esto se sigue:
> Esto está corriendo, y este es este hombre; Por lo tanto, este hombre está corriendo.
> Así pues, una proposición como esta es una proposición inmediata, porque no puede ser probada por algo mejor conocido por los sentidos o el entendimiento. (Pablo de Venecia 1979: 217)

Se trata de una distinción que parece tener una base tanto lingüística como epistémica. Los lógicos medievales parecen argumentar en el mismo sentido que lo hacía Bar-Hillel –a mediados del siglo XX– respecto de que tales expresiones –que él denomina indicadoras– conforman una parte no eliminable del lenguaje (Bar-Hillel: 1973: 100-107); pero además las consideran epistémicamente primarias y es esto lo que las hace denotar sin ambigüedad. Parece imposible no evocar ciertas concepciones de principios del siglo XX:

> La palabra «esto» es, en cierto sentido, un nombre propio, pero difiere de los verdaderos nombres propios en el hecho de que su significado cambia continuamente. *Esto no significa que sea ambigua*, co-

mo (digamos) «John Jones», que es en todo tiempo el nombre propio de muchos hombres diferentes. A diferencia de «John Jones», *«esto» es en cada momento el nombre de solo un objeto en el hablar de una persona* (Russell 1992: 322).

La condición de irreductibilidad veritativa y la capacidad de denotar uno y solo un objeto de forma no ambigua son fundamentales y no deben ser olvidadas; volveremos sobre ellas en 4.2.2.2.

Si tuviéramos que pensar un análogo en términos de la lógica actual para esta distinción, hablaríamos de fórmulas y sub-fórmulas: llamaríamos a *Sócrates es mortal* una fórmula y a *Esto es Sócrates* y *Esto es mortal*, las subfórmulas que la componen. Los pronombres son uno de los componentes básicos de las sub-fórmulas.

Pero no son los pronombres los únicos términos inmediatos. Por un lado, los sustantivos, los pronombres y los adverbios son inmediatos en el sentido de que no están relacionados por predicación con ningún término inferior por medio del cual puedan ser probados.

Por otro lado, tenemos los verbos, "soy", "son", "es"; en esta última forma (el presente de forma singular) es inmediato, en el sentido de que no tiene un término sobre él, pero todos los demás verbos están contenidos bajo él. Así como no hay nada respecto al cual el pronombre "esto" pueda ser resuelto, no hay otro verbo con respecto al cual los verbos "soy", "son", "fueron", puedan ser resueltos. Volveremos sobre la cópula y su función 4.2.3.1 y 4.2.4.1.

Resumen

- Los textos de lógica medieval comienzan con una presentación gramatical del lenguaje lógico y sus partes.

- Los medievales emprendieron el estudio de los términos en orden a esclarecer la naturaleza de la oración.

- Los términos de primera intención son aquellos términos del lenguaje que refieren a objetos existentes (en un dominio). Términos de segunda intención son aquellos términos del lenguaje que se refieren a otros términos del lenguaje.

- Los términos categoremáticos son solo aquellos cuyo papel semántico se obtiene mediante la asignación de un modelo; los términos sincategoremáticos son solo aquellos cuyo papel semántico está dado por las condiciones de verdad. (Spade 2002: 115).

- Los términos inmediatos son aquellos términos básicos en los cuales se pueden descomponer las expresiones no-básicas. Los términos mediatos son aquellos que no son inmediatos.

4.2.2. Términos categoremáticos que componen el lenguaje lógico

4.2.2.1. Expresiones nominales

La forma proposicional básica de la lógica medieval es "X es Y" que se denominó oración categórica (la analizamos con detalle más adelante, secciones 4.2.4.1, 4.2.4.2 y de 5.6. a 5.6.3.2). Desde la perspectiva de su forma oracional, es un argumento con dos, y solo dos, lugares vacíos, los cuáles se completan con términos que *desde la perspectiva de la gramática no-lógica*[88] se constituyen por un nombre y un verbo. De cada uno de ellos tenemos las siguientes definiciones.

---

[88] Asumiendo que —al menos desde lo expuesto por Frege— existen diferencias entre forma lógica y forma gramatical, hablamos de gramática lógica y gramática no-lógica en este sentido; refiriendo con la primera a la forma lógica de las oraciones y con la otra a la forma que le adjudica la disciplina habitualmente denominada gramática.

Nombre: "Un nombre es un término que es significativo y no tiene (es indiferente al) tiempo. Ninguna parte del nombre significa algo por separado: por ejemplo, hombre" (Pablo de Venecia 1984: 122).

Verbos: "son términos que significan con tiempo y unitivos de extremos. Ninguna parte del verbo significa algo por separado: por ejemplo, corre y disputa" (Pablo de Venecia 1984: 123).

Sabemos por otra parte, que *Y* puede indicar –además de un verbo– un predicado. Cada término predicado es un nombre común, tales como *burro* o *animal* o *sustancia* o un adjetivo como *justo*. (Parsons 2014:7)

Todo lo anterior requiere algunas aclaraciones para ser bien entendido. Si bien desde una perspectiva gramatical pueden distinguirse entre nombres, predicados, verbos, etc., desde una perspectiva lógica todos ellos – nombres, verbos y predicados– se comportan de manera análoga a los argumentos de una función en la concepción fregeana. Frege, aseguró en su *Conceptografía* que "la distinción entre sujeto y predicado no tiene lugar en mi modo de representar un juicio" (Frege 1972: 14); lo mismo puede decirse de la lógica de la edad de oro: sujeto y predicado son categorías heredadas de la gramática que van a desaparecer en el tratamiento lógico de las oraciones, merced, sobre todo, a la teoría de la suposición (secciones 5.4 y 5.4.2). Atento a esto, Henry (1972), opta por hablar de *expresiones nominales*, a fin de evitar la identificación con lo que hoy denominamos nombres desde un punto de vista lógico. En efecto, una *expresión nominal* posee características más generales y abarcativas que nuestros nombres; podemos definirlos diciendo:

Una expresión nominal como una expresión destinada a ocupar el lugar de un argumento en una, otra o ambas de las siguientes formas proposicionales:

1. Existe exactamente un objeto el cual es un/una
2. Existen al menos dos objetos cada uno de los cuales es un/una

Las expresiones nominales pueden estar formadas por una palabra o más de una palabra (complejas o incomplejas). Se dividen en: i) las que designan solo un objeto; ii) las que designan más de un objeto; iii) las que no designan objeto alguno (Henry 1972: 17). Así, son nombres (o expresiones nominales): *Platón, Adolfo Bioy Casares, Pegaso, El círculo cuadrado, Lo que está hecho de la materia de los sueños, Agua, Los paganos.*

El objeto central de esta sección es dejar claro que las expresiones nominales son uno de los dos tipos de términos que conforman las categorías básicas del lenguaje lógico de la lógica de la edad de oro (el otro tipo lo conforman los pronombres demostrativos, como veremos). Simbolizaremos las expresiones nominales con las letras a_n, b_n a fin de diferenciarlos de la manera en que se simbolizan en el enfoque gramatical, donde aparecen como X e Y (en la estructura X es Y).

Respecto de la relación entre expresiones nominales y suposición digamos por ahora que los términos que operan como expresiones nominales significan cuando se consideran separados de la oración; cuando están dentro de ella, suponen y suponen ambos: *tanto el que está a la izquierda como el que está a la derecha de la cópula tienen capacidad de suponer en la oración*. Los términos sujeto y predicado mantienen diferencias mientras sean considerados desde la perspectiva de la significación (allí están por cosas y propiedades, respectivamente); pero desde la perspectiva de la suposición las diferencias se disuelven: sujeto y predicado cuando están unidos por la cópula, corefieren. Cuando están operando en suposición personal (o suponiendo personalmente, como prefiera el lector) están en lugar de cosas (cf. secciones 5.4.6 y 5.4.8).

Presentemos dos tesis que se aclararan con el correr de las siguientes secciones:

3) Los medievales de la edad de oro tuvieron una manera de entender la estructura interna de las oraciones categóricas diferente a la nuestra, basada en la noción de suposición;

4) La lógica de la edad de oro es, básicamente, una lógica proposicional contemplada desde la perspectiva de la consecuencia lógica, pero es una lógica de primer orden si se la juzga por el lenguaje que utiliza. Una lógica proposicional expresada en un lenguaje de primer orden. El punto es interesante y creo que aún no se le ha dado la importancia necesaria en el ámbito de las investigaciones referidas a lógica medieval.

4.2.2.2. Términos singulares y pronombres

Los lógicos de la Edad Media utilizaron expresiones básicas para construir expresiones complejas. Así, una oración existencial no es otra cosa que la disyunción de oraciones singulares. Existe entonces un vocabulario base, los primitivos del lenguaje, a partir del cual se construyen las expresiones de la misma manera que lo hacemos en nuestra lógica. En este sentido, los medievales prestaron atención a un subconjunto de las expresiones nominales: los términos singulares. Los términos son componentes básicos de las oraciones básicas.

¿Qué es un término singular? Un término singular es un término que significa exactamente una y solo una cosa. Califican para ser términos singulares (para cualquier lógico de la Edad Media) nombres, descripciones y pronombres[89]. En la Edad Media ocuparon un lugar importante en las discusiones lógicas, sus fuentes son: las *Categorías* de Aristóteles, la *Isagoge* de Porfirio y, sobre todo, los trabajos de Prisciano, un gramático orientado a la semántica que escribe a comienzos del siglo VI.

Dentro de los términos singulares son sintácticamente destacables los pronombres, ya que son, a la hora de descomponer una oración, los términos esenciales de las subfórmulas a las que se reduce toda fórmula: son los términos inmediatos (sección 4.2.1.3); *Sócrates es blanco* se descompone en *Esto es blanco* y *Esto es Sócrates*.

Desde el comienzo mismo de su consideración, los pronombres *esto, eso, ese* tienen un lugar destacado en la teoría lógica. Prisciano les concede no solo la capacidad de estar en el lugar del nombre, sino cierta primacía sobre este. La idea es que podemos conocer a Virgilio y decir *Virgilio es un poeta*, y sin embargo no poder identificarlo; en cambio, cuando digo *Este es Virgilio*, he conseguido la identificación. Los gramáticos medievales llamaron *primitivos* a los pronombres como *yo* o *esto* (Ashworth 2015: sección 6).

Gramaticalmente, los pronombres pueden operar como término de una oración, en el sentido de cumplir la función de una expresión nominal con la restricción de ocupar —siempre— el lugar del sujeto, como veremos en 4.2.4.2.

Tenemos pues que los pronombres son expresiones primitivas y los medievales incluyeron los pronombres demostrativos dentro de lo que denominaron *términos singulares*, términos que refieren a uno y solo un individuo.

La teoría más acabada acerca de los términos singulares es la de Buridán (Ashworth 2015: sección 8). Comentando a Porfirio, dice Buridán que sólo existen tres maneras de hablar de un individuo: las descripciones (como *El hijo de Sofronisco*), los nombres (como *Sócrates*) y los pronombres (como *Este hombre*). La única de todas estas maneras de garantizar una designación unívoca es la utilización de pronombres. La causa de estas distinciones puede verse en una teoría del conocimiento basada en el conocimiento tomista de los singulares o en el conocimiento ockhamista de los universales (Klima 2009: 87-89); desde un punto de vista lógico lo que nos interesa es la capaci-

---

[89] Que los términos comunes como hombre o animal sean considerados singulares ya es una cuestión que depende de asunciones metafísicas: mientras un nominalista se negaría a aceptarlos como tales, serían términos singulares para un realista.

dad de los pronombres y solo de los pronombres, de señalar uno y solo un individuo.

Una buena pregunta es: ¿Qué tipo de término constituye un pronombre? ¿Se trata de un categoremático o de un sincategoremático? Prisciano sostiene que, mientras que –en la mente– los nombres refieren a una sustancia y una cualidad, los pronombres refieren a una cualidad, pero sin sustancia (sin duda pensando en que cada vez que utilizamos un pronombre generamos una nueva imposición del término). Esto es, cada vez que utilizamos el pronombre, referimos a un objeto diferente, como nos hará notar Kaplan seiscientos años más tarde. En la visión más considerada en la Edad Media, los pronombres de los lenguajes convencionales están subordinados a demostrativos especiales o actos relativos en la mente (Ashworth 2015: sección 6). Cuando en el lenguaje escrito o hablado el pronombre aparece acompañado de una frase nominal (*Esto es Sócrates*), representa un acto sincategoremático puro en la mente del hablante.

Según lo dicho, los pronombres merecen ser tomados por sincategoremáticos, por lo que en rigor debieran estar ubicados en la sección siguiente. Sabemos, entonces, que para los medievales los pronombres fueron considerados términos singulares, aunque, a diferencia de descripciones y nombres, fueron considerados términos sincategoremáticos. Pero –como notó John Dorp– un sincategoremático no puede ser sujeto de una oración, por lo que solo queda la posibilidad de que la expresión (*Esto es Sócrates*) sea tomada como un complejo indivisible; si es un complejo indivisible, entonces el papel del pronombre solo puede considerarse (unido al predicado) como una variable cuantificada sobre la que se está predicando. En otras palabras, el pronombre (que señala uno y solo un objeto) opera como una variable cuantificada.

Mantendremos que los pronombres conforman el análogo de nuestras variables lógicas en el lenguaje medieval. Como veremos en 8.4, los representaremos a la manera de la lógica contemporánea, utilizando las minúsculas cursivas x, y, z, si es necesario con subíndices.

Pero resulta menester aclarar un punto: en nuestra lógica contemporánea las variables no tienen una interpretación unívoca[90]. ¿Cuál es la que adoptaron los medievales de la edad de oro? Establecer la cuestión es de importancia capital para aclarar cuál fue el lenguaje lógico de la Edad Media.

---

[90] En el razonamiento matemático ordinario, las variables cumplen una doble función. Algunas veces una variable se usa como un término singular para denotar un objeto específico, pero no especificado (o arbitrario). Por ejemplo, un matemático podría comenzar una derivación: "Sea x un número natural primo". Las variables también se usan para expresar generalidad, como en la afirmación matemática de que para cualquier número natural x, existe un número natural y, tal que $y > x$ y y es primo (Shapiro 2017: sección 2).

4.2.2.3. Recuperando la inocencia

Hace algunos años Barwise y Perry nos instaban a recuperar nuestra *inocencia semántica*, perdida luego de años de entender la lógica bajo conceptos fregeanos; era un llamado a recuperar la idea de que las oraciones refieren a situaciones más que a valores de verdad. Creo que en el caso de la interpretación de las variables ha sucedido algo similar: el paradigma fregeano nos lleva a considerar que utilizamos las variables para indicar generalidad, identificándolas con un lugar vacío, que puede llenarse (ser ocupado) con un nombre. Esta es nuestra manera-fregeana.

Pero existe otra interpretación –por cierto conocida e intuitiva– de las variables, que, según creo, es la que le concedieron los medievales. Tomemos un ejemplo para mostrar tanto las limitaciones del enfoque fregeano como la interpretación alternativa[91]: Si razonamos acerca de la aritmética de los números reales, podemos asegurar que la expresión, $x=y \rightarrow y=x$ no significa que los números x e y se refieren a $x=y \rightarrow y=x$; en el ejemplo las variables actúan más bien como pronombres (esto, eso), refiriendo al objeto por el que están.

Se extraen del ejemplo dos conclusiones:

a) Aquí las variables no operan como lugares vacíos a ser completados por un nombre, ya que no todo número real tiene un nombre que pueda sustituir a x o a y.

b) En este caso, x e y actúan más como la referencia de *esto* y *eso*, en el sentido de que los objetos de los que se habla pueden variar según el contexto.

Confundir estas dos maneras de operar de las variables sucede (según Epstein 2012: 45) porque confiamos en que el contexto siempre aclare cuando tomamos la oración *x es un perro* como indicando la presencia de un predicado, o (como la formalización) de *esto es un perro*. En otras palabras, la opción es entre una proposición acerca de todas las cosas, o una referencia para *esto* en orden de obtener una proposición. Sostendré que los medievales tomaron la segunda interpretación para sus (pronombres) variables; esto es, no en el sentido de lugares vacíos, lectura que les puede adjudicar algún historiador desprevenido, por ser la propia del paradigma fregeano con que nos

---

[91] Lo tomamos de Epstein, 2009.

criamos. Esto quedará aún más claro cuando agreguemos consideraciones semánticas (5.6.3.1 y 5.6.3.2).

Resumiendo: los pronombres son variables, pero los medievales no entienden las variables como lugares vacíos a ser llenados para obtener una oración. Los interpretan como una manera de señalar un solo objeto por el que el término predicado está suponiendo. No hay que olvidar este punto a la hora de identificar e interpretar las categorías lingüísticas de su lenguaje lógico.

Resumen

- Las expresiones nominales –desde la perspectiva de la lógica– son aquello que une la cópula;

- Pueden estar formadas por una palabra o más de una palabra (complejas o incomplejas). Se dividen en: i) las que designan solo un objeto; ii) las que designan más de un objeto; iii) las que no designan objeto alguno (Henry 1972: 17).

- Además de las expresiones nominales, los pronombres, *esto, eso, ese*, forman parte de los primitivos del lenguaje lógico. Pueden operar como término de una oración, en el sentido de cumplir la función de una expresión nominal con la restricción de ocupar –siempre– el lugar del sujeto.

- Los pronombres demostrativos fueron interpretados como una manera de señalar uno y solo un objeto por el que el término predicado está suponiendo.

4.2.3. Términos sincategoremáticos que componen el lenguaje lógico

4.2.3.1. La cópula "es"

La cópula es uno de los signos lógicos más importantes de la lógica de la Edad Media. Es de fundamental importancia para entender ideas semánticas fundamentales, la teoría de la verdad, la cuantificación, y las caracterizaciones modales temporales.

El papel lógico de la cópula es fundamental, ya que es la encargada de constituir lo que, desde el punto de vista lógico, configura una fórmula bien formada. Así, su función principal no tiene que ver ni con la verdad ni con la realidad, aunque a menudo se le ha dado esta interpretación: el papel de la cópula, su rol fundamental, es generar una aserción (Khan 1986: 7)

Como la cópula configura una oración cuando une términos, configura la estructura interna de las proposiciones, por lo cual no es un elemento de un lenguaje proposicional, sino de un lenguaje de primer orden. Puede ser interpretada como un signo de identidad o de predicación y, por lo mismo, es incompatible asimilarla con los operadores proposicionales, porque los operadores proposicionales unen –según la definición que veremos abajo– dos oraciones categóricas, no dos términos, y la cópula une términos. La cópula forma parte de la estructura interna de las oraciones de la lógica de la Edad Media.

Sin embargo, *es* es un término equívoco: significa distintas cosas según la oración dónde aparezca. Estos diferentes usos y significados que comporta la cópula dentro de la misma teoría lógica muchas veces no parecen haber sido bien entendidos o señalados. Haremos más adelante una distinción de los diferentes roles que cumple la cópula *es* en el lenguaje de la lógica de la edad de oro, ya que aparece interpretada tanto como un signo de identidad, ya como un signo de predicación, ya operando como un *truthmaker* (sección 5.6.4.1 y 5.6.4.2).

¿Cómo entender ahora de manera elemental la naturaleza lógica de *es*? La respuesta es: esto dependerá del tipo de oración donde la cópula tome lugar. En las oraciones formadas por dos frases nominales unidas por *es* (*El cisne es blanco*), la cópula opera como un signo de identidad. En las oraciones formadas por un pronombre y una frase nominal unidas por *es* (*Esto es un cisne*), opera como un signo de predicación (secciones 5.6.3.1 y 5.6.3.2)

Si la cópula es utilizada como signo de identidad, debe ser interpretada como una constante de predicado, a la manera que se hace con el signo de identidad en nuestros lenguajes de primer orden que lo contienen: la cópula es un signo lógico (una constante) del lenguaje de la lógica de la edad de oro, que señala que los términos que se encuentran a izquierda y derecha del mismo están co-refiriendo por el mismo objeto. La representaremos utilizando el signo de identidad de nuestra lógica contemporánea: $\approx$. Si la cópula es interpretada como un signo de predicación, debe ser interpretada como una con el predicado que asigna la propiedad al único objeto señalado por el pronombre. Siguiendo la simbología de la lógica contemporánea *Esto es blanco* será simbolizado como $\exists!(x)\ Bx$ (sección 8.3).

Como puede verse, la cópula está vinculada con la predicación de identidad, la verdad, la constitución de afirmaciones y el establecimiento (por su relación con el lenguaje mental) de la forma lógica de las oraciones de la lógica. Estos vínculos ameritan proponer su análisis de la misma más extenso y vinculado con categorías de la metateoría que es lo que hacemos en las secciones 5.6 a 5.6.4.2.

4.2.3.2. Negaciones (y oraciones negativas)

A qué refiere la negación cuando es utilizada por los lógicos de cualquier época no resulta –la mayoría de las veces– lo suficientemente claro. La negación como operador se presenta una y múltiple, en tanto que determinada unívocamente sobre numerosos usos no-unívocos, los usos relevantes y la caracterización lógica ortodoxa (Sylvan 1999: 299). Los estudios de lógica medieval –según creo– no han dado aún a la negación la importancia que esta merece o, lo que es lo mismo, no han estudiado con la suficiente profundidad su naturaleza lógica y su capacidad operativa.

Los lógicos de la Edad Media distinguen entre proposiciones afirmativas y negativas (Sección 4.2.3.2 y 7.11), y para ser más fiel a la mayor parte de los textos habría que hablar de oraciones negativas de distinto tipo –según cuál sea el tipo de oración y qué parte de ellas serán afectadas por la negación– que de negación a secas. Las oraciones negativas se establecen en relación a las afirmativas, que son anteriores lógica y ontológicamente.

> La afirmación es anterior a la negación en cuanto al modo de la negación no es inteligible sino en orden a la afirmación; esta también es anterior en lo que se refiere a la *suppositio* y a la verificación, que se manifiestan, cuando son negativas, por la afirmación a la que se reducen (V. Muñoz Delgado 1964: 333).

Existen –desde la perspectiva sintáctica– dos tipos diferentes de categóricas negativas, que difieren en cuanto a la parte de ellas que la negación afecta y existen también oraciones hipotéticas negativas. La negación (o negaciones) pueden distinguirse ya por operar sobre términos, ya por operar sobre oraciones; en el lenguaje de la Edad Media, debiéramos decir, *dependiendo de cómo la negación sea distribuida*. Presentaremos cada uno de los casos desde un enfoque gramatical o sintáctico, dejando para el capítulo 7 las diferencias semánticas entre ellas que son la base de las distinciones.

4.2.3.2.1. Categóricas con negación negativa

Las proposiciones categóricas con negación negativa se forman a partir de la aplicación de la negación –el adverbio "no" – sobre la cópula (afirmativa) "es". El "es" de las categóricas está como un signo de identidad (sección 5.6.3.1), así, podemos decir que la negación está subordinada como concepto sincategoremático a la cópula, de la que niega la identidad que esta afirma (Klima 2001: xlii) Su función consiste, precisamente en destruir la fuerza de la cópula "es", esto es, indicar que sujeto y predicado *no* están por lo mismo (Moody 1953: 38). Buridán define este tipo de negación diciendo:

> Una negación negativa distribuye todos y cada uno de los términos comunes que la siguen y que sin ella no se distribuirían y no distribuirían nada que la preceda (Buridán 2001: 269).

Se ha señalado poco o nada, que esta manera de entender la función lógica de la negación en la proposición categórica *es muy diferente a la manera en que nosotros hoy entendemos la función lógica de la negación en una oración categórica.* Strawson (1983: cap. 5), suscribiendo posiciones de Anscombe y Geach opina –en lo que denomina *tesis de la asimetría*– que el papel de la negación en la oración categórica no es simétrico respecto de su aplicación sobre sujeto y predicado. La negación se aplica siempre sobre el predicado y nunca sobre el sujeto (esta es, precisamente, la asimetría) (Strawson 1983: 114-16). En los lógicos de la edad de oro esta asimetría no existe, sencillamente porque la negación no se aplica sobre el predicado (ni sobre el sujeto) sino sobre la mismísima cópula. Como dice Buridán,

> Ahora ya que estamos en este punto debemos señalar que la negación no afecta todo lo que la precede. Por lo tanto, una proposición puede ser negativa solo si la negación precede al verbo, que es la cópula, o involucra la cópula junto con él (2001: 34).

Dicho de otra manera: la negación negativa afecta el verbo (la cópula), no el predicado de la oración categórica. "Una proposición categórica negativa es aquella en la cual el verbo principal es negado" (Pablo de Venecia 1984: 124).

4.2.3.2.2. Categóricas con negación infinita

Un lógico medieval hubiera distinguido entre la construcción (1) "El hombre no es un asno" y (2) "El hombre es un no-asno", utilizando la regimentación del latín escolástico (Klima, 2001: xiii), porque en (2) opera otro tipo de negación: la negación infinita.

> Un término común se distribuye por una negación infinita, como cuando digo "Un animal es un no-hombre", pues de esto se sigue que "Por lo tanto, un animal es un no-Sócrates" y que "Por lo tanto, un animal es [un] no-Platón", y así sucesivamente para el resto. Del mismo modo, "[El] no-hombre es un animal; por lo tanto [un] no-Sócrates es un animal" y "Por lo tanto [un] no-Platón es un animal", se siguen, cada vez que la negación es infinita (Buridán 2001: 271).

Cuando la categórica tiene negación infinita, lo que sucede es que la negación afecta a uno de los términos categoremáticos que la componen generando así, otro término categoremático. En una habitación, una no-silla es un término que está por todas las cosas y nada más que por las cosas que no son sillas (Broadie 2002: 49). La negación infinita se aplica sobre un término consiguiendo que este oponga su sentido, pero la oración no deja de ser una afirmación; la afirmación afirma –luego de que opera la negación– otra cosa, pero afirma.

Podemos decir a manera de conclusión sobre como opera la negación en las oraciones categóricas, que cuando se aplica la negación negativa tenemos un sincategoremático –la negación– aplicada sobre otro sincategoremático –la cópula–. En la negación infinita, en cambio, lo que tenemos es un sincategoremático –la negación– aplicada sobre un categoremático –una frase nominal–.

Volviendo sobre las interpretaciones contemporáneas, digamos que acerca de (2) tal vez puede trazarse alguna analogía con la tesis de la asimetría (en los casos donde *no* se aplica sobre el predicado), pero de ninguna manera sobre (1), que es el caso que fue constituyéndose como canónico. Así, las mismas intuiciones en que se funda la opinión acerca de la naturaleza lógica de la negación son, en uno y otro caso (el contemporáneo y el medieval), diferentes. Esto amerita sin dudas una investigación acerca de lo que ello se puede inferir.

4.2.3.2.3. Oraciones hipotéticas negativas

Con las oraciones hipotéticas el asunto es más sencillo: solo se consideran las negaciones que afectan el signo sincategóremático que hace de nexo entre las categóricas. Así.

"Una proposición condicional negativa es aquella en la cual el signo de condición es negado; "no: si tú eres un hombre, tú eres un animal" (Pablo de Venecia 1984: 131)

Como puede apreciarse, la negación va por fuera de la oración, dejando en claro que se aplica sobre toda ella, o, lo que es lo mismo, sobre el sincategoremático que conforma la hipotética. Lo mismo se aplica para conjunción y disyunción.

"Una proposición conjuntiva negativa es aquella en la cual el signo de conjunción es negado; "no: tú eres un hombre y tú eres un asno" (Pablo de Venecia 1984: 132)

"Una proposición disyuntiva negativa es aquella en la cual el signo de disyunción es negado; "no: tú eres un hombre o tú eres una cabra" (Pablo de Venecia 1984: 132).

4.2.3.3. Operadores proposicionales

La misión de un operador proposicional es unir dos categóricas para formar una oración hipotética.

Los operadores proposicionales elegidos por los lógicos de la Edad Media para las proposiciones hipotéticas (recordemos el criterio pragmático mencionado en 4.2.1.2) son, en abrumadora mayoría, veritativo funcionales[92], los operadores que no lo son, van, con el tiempo, siendo descartados de la lista. Así, Ockham (1998: 189) incluye algunos que no lo son como el "porque", que caracteriza un tipo de molecular denominadas causales. En Buridán se presenta una reducción de este tipo de oraciones a alguna hipoté-

---

[92] Un operador veritativo funcional es aquel cuyo significado puede establecerse sabiendo el valor de verdad de las oraciones atómicas que componen la oración molecular de que es signo. Los operadores no-veritativo funcionales son los que carecen de esta característica, por ej. "porque" (GAMUT, 2002: 29).

tica clásica; así "Sócrates está en el mismo lugar que Platón", se transforma en "Sócrates está en un lugar y en el mismo lugar está Platón"[93].

Entre los conectores veritativo funcionales se encuentran la conjunción y la disyunción, en un sentido similar al que hoy le concedemos. La negación tiene algunas variantes de interés, y el condicional se corresponde en general con el condicional estricto que propusieron Diodoro Cronos y David Lewis. Como casi todos estos puntos corresponden a consideraciones semánticas, los desarrollaremos con detalle en el capítulo 7.

4.2.3.4. Cuantificadores

Los cuantificadores tuvieron una importancia lógica considerable, sobre todo para los lógicos nominalistas, debido a su vínculo con la noción de verdad. Para ver esta relación de manera clara debemos entender primero la noción de *suposición de un término* y la de *verdad* que desarrollaremos en el próximo capítulo. Daremos aquí un enfoque breve de su uso lógico-gramatical. También aclararemos que –si bien fundamental– el costado ontológico de la noción de cuantificación no aparece como problemático para los lógicos de la Edad Media, que parecen moverse en una ontología diáfana o al menos libre de los problemas que en la de nuestros lógicos ha provocado la noción de existencia (Henry 1974: 2).

Desde la perspectiva señalada, los cuantificadores fueron tomados (al igual que los operadores modales) como signos sincategoremáticos secundarios (los primarios fueron la cópula "es" y los operadores sentenciales). Guillermo de Shyreswood (S. XII) analiza nueve cuantificadores. En el siglo XIV, se intenta obviar los derivados de "algunos" y "todos", y analizar solo estos, que son reconocidos como los principales. En clasificaciones posteriores, como la de *Paulus Venetus*, una de las divisiones de las proposiciones categóricas es a raíz de su cuantificación.

Los lógicos medievales propusieron esquemas de "reducción a los singulares". Este método, basado en la equivalencia de las oraciones universales con la conjunción verdadera y las oraciones particulares con la disyunción verdadera, constituye un sistema para exhibir el modo en que las sentencias particulares y universales determinan, en virtud de su forma, dos distintas sucesiones de un conjunto de condiciones de verdad. La caracterización del signo particular y el signo de Alberto de Sajonia dice:

---

[93] Como notará el atento lector, cuando no son conectores veritativo funcionales, se trata de lo que después de Frege denominamos relaciones. Los medievales lidiaron con las mismas sin lograr una solución satisfactoria.

Un signo de la universalidad es un signo a través del cual, cuando se adjunta, denota de manera conjuntiva, cada uno de sus valores... ya en un sentido no cualificado, como cuando decimos "Todos los hombres corren", ya con alguna restricción, como cuando decimos "Cada hombre, con excepción de Sócrates, corre" o "Cada uno de estos dos hombres está corriendo" (Alberto de Sajonia 1933-69: 23).

Luego agrega:

Un signo de particularidad es aquel que está indicando que un término general está de manera disyuntiva, por cada uno de sus valores, como cuando decimos "Algún hombre está corriendo" (Alberto de Sajonia 1933-69: 23).

La relación entre cuantificadores y el operador sentencial "no" atrajo la atención de los medievales, quienes tratan de las equivalencias entre estos a través del conocido "cuadrado de oposición".

4.2.3.5. Operadores modales

En los primeros tratamientos de las modalidades, se tuvo por cierto que la cópula, al expresar un tiempo pasado o futuro, daba el modo de la sentencia, como en el caso de "será" y "fue"[94]. Las cópulas que expresan un tiempo que no es el presente fueron tratadas como partículas modales. Las condiciones de verdad para estas sentencias tuvieron que ser tratadas con reglas especiales que incluían nuevos instrumentos teóricos como la "ampliación" y la "apelación", que trataremos más adelante; baste decir aquí que "extienden el alcance" de la cópula. Con el correr del tiempo, al profundizar el tratamiento de las sentencias modales, se adoptará la definición: una sentencia modal será cualquier sentencia que posea un término modal. Esto es, los términos: verdadero, falso, necesario, contingente, posible e imposible (repare y recuerde el lector que *verdadero* y *falso* eran considerados modos).

---

[94] Tiempo, modalidad y existencia están, a lo largo de su historia, relacionados. Son tomados muchas veces como nociones de mutua dependencia (así lo que existió en el pasado, existe en el presente y existirá en el futuro, equivale a algo necesario). Los grados de esta relación varían. En el siglo XIV tiene características propias, como veremos en el capítulo dedicado a la modalidad.

A partir de Abelardo queda instalada la discusión respecto al significado de una oración modal según la ubicación de los términos modales en esa oración. Según el lugar que ocupa en la proposición, el operador afecta, ya a la sentencia toda, ya a las cosas nombradas en la sentencia. En *Es necesario: El Anticristo será humano* la modalidad afecta toda la oración. En *El Anticristo necesariamente será humano* afecta a los nombres que la conforman. Estas modalidades fueron conocidas, antes del siglo XIV, como modalidades *de dicto* y *de re* respectivamente.

En el siglo XIV el asunto continúa. La discusión de fondo atañe al tipo de lenguaje (lenguaje-objeto o metalenguaje) en que son formuladas las modalidades, y se ha dado, como sabemos, entre los lógicos contemporáneos. Las oraciones que llevaban el modo en medio de ellas, fueron caracterizadas como *de sentido dividido* (modales *de re*) y la modalidad afectaba a las cosas mencionadas en la sentencia. Las que lo llevaban precediendo la oración fueron llamadas d*e sentido compuesto* (*de dicto*) y la modalidad afectaba a la sentencia.

El análisis de los operadores modales basado en el lugar que estos ocupan en la sentencia es, como nos dice Bochenski (1966), una muestra del rigor formal con que se encara el tratamiento del lenguaje natural; y, por supuesto, nos muestra que fueron entendidos como signos sincategoremáticos, o signos lógicos. Al llegar al siglo XIV, la teoría de las modalidades *de dicto* va creciendo en popularidad, merced a que los lógicos –notando la analogía gramatical– comienzan a tratar del mismo modo que los operadores modales, términos epistémicos, tales como: creer, saber, conceder, etc. (Knuuttila 1992: 176).

Resumen

- La cópula es el elemento básico que constituye una oración.

- La cópula es un signo equívoco: en las oraciones formadas por dos frases nominales unidas por *es* (*El cisne es blanco*), la cópula opera como un signo de identidad. En las oraciones formadas por un pronombre y una frase nominal unidas por *es* (*Esto es un cisne*), opera como un signo de predicación.

- La conjunción y la disyunción se definen de manera veritativa y de la misma manera que en la lógica contemporánea.

- Parece haber dos tipos de negaciones actuando en la lógica de la Edad Media: lo que se conoce como negación por cancelación, que se aplica sobre las oraciones categóricas y la negación como contradicción que se aplica u opera sobre las oraciones hipotéticas.

- La caracterización del condicional corresponde al condicional estricto; un condicional que es verdadero si no es posible que el antecedente sea verdadero y el consecuente falso.

- Se buscó dar cuenta en el lenguaje lógico de muchos tipos de cuantificadores. A medida que nos acercamos al siglo XIV, lo análisis se centran sobre *todos* y *algunos*.

- Existen dos tipos de modalidad: las que afectan toda la oración y las que afectan sus partes. Los modos más conocidos fueron *verdadero, falso, necesario, contingente, posible*.

4.2.4. Proposiciones

Para los lógicos del XIV, las proposiciones que merecen tratamiento lógico son solamente las indicativas. "Una proposición es una expresión que significa algo verdadero o falso" (Buridán 2001: 21)[95].

---

[95] Imposible no asombrarse de la similitud con una definición no-formal contemporánea: "Una proposición es una sentencia declarativa la cual puede ser escrita o enunciada y sobre la cual acordamos que puede ser verdadera o falsa, pero no ambas" (Epstein, 1990: 3). Pero la

Se distinguen, entre los escolásticos, tres tipos de proposiciones importantes desde el punto de vista lógico:

a) Las *categóricas*, cuyo arquetipo es la conformada por sujeto, cópula y predicado, o, lo que es lo mismo, dos frases nominales unidas por la cópula[96]: *Sócrates es griego*;

b) Las *hipotéticas*, que están conformadas por dos categóricas unidas por los signos sincategoremáticos "y", "o", y "si... entonces": *Sócrates es griego y el Anticristo es humano*;

c) Las *modales*, oraciones categóricas donde figura un término modal *Es posible que Sócrates corra*.

La división de las proposiciones debe entenderse dentro del marco de rivalidad de las tradiciones lógicas que forjan la lógica del medioevo: la estoica y la aristotélica. La lógica de Aristóteles es lo que hoy denominamos una lógica de términos, mientras que la lógica de los estoicos es una lógica de proposiciones. Estas líneas, que hoy coexisten armónicamente en nuestros manuales fueron contempladas –por carecer de una síntesis como la que hoy tenemos– como rivales. En el comienzo fue Aristóteles, pero los medievales –sobre todo después de las prohibiciones de la obra del Estagirita– van haciéndose de la lógica de los estoicos. *La consecuencia más seria de todo esto es que la estructura interna de las proposiciones categóricas se explica haciendo uso de los conectores de la lógica proposicional*. La lógica de la edad de oro es, aunque se ocupe de las oraciones categóricas, al menos en parte, lógica proposicional. Guiarse por los índices de los manuales, donde aparece primero la oración categórica, es un error en que no podemos incurrir quienes nos dedicamos a la lógica; advertía sobre esto Moody hace más de medio siglo: "este orden fue dictado por la tradición más que por una prioridad lógica, ya que las conectivas fueron utilizadas para entender el significado de las oraciones categóricas" (Moody 1953: 40).

---

similitud más importante con nuestros medievales es la afirmación que precede la definición, donde Epstein declara: "El objeto de estudio básico de la lógica es la proposición".

[96] Como veremos en 5.2 al analizar los tipos de lenguaje, todas las oraciones deben reducirse a esta forma *X es Y* a los fines de preservar la forma lógica.

4.2.4.1. Proposiciones categóricas

Aristóteles define las sentencias categóricas como aquellas oraciones que dicen algo respecto de algo (*De interpretatione* 5 17a). Así, las proposiciones categóricas son –por tradición– las unidades primordiales del lenguaje y ellas, a su vez, están formadas por diferentes partículas. Las principales son el nombre, el verbo y la cópula.

> Una oración categórica es aquella que tiene un sujeto, una cópula y un predicado como sus partes principales, p. ej. "Un hombre es un animal" (Pablo de Venecia 1984: 124).

Estas partes pueden –a su vez– ser descriptas de la siguiente manera:

> Un sujeto es aquello de lo que se dice algo; un predicado es lo que es dicho de esa cosa, digamos, del sujeto (Buridán 2001: 25).

Las oraciones de la forma "X es Y", analizadas desde un punto de vista lógico y asumiendo lo dicho arriba para las frases nominales, revisten la forma "**a** es **b**", donde **a** y **b**, siempre que son instanciados por las expresiones correspondientes, generan una fórmula bien formada (fbf), ya que en lenguajes sin artículos como el latín, la cópula es resulta fundamental para constituir oraciones: como señalamos en la sección dedicada a la cópula, constituir una aserción es la tarea fundamental de la cópula.

Pero la presencia de la cópula está directamente relacionada también –y sobre todo en la tradición nominalista– con la posibilidad de predicar la verdad (o falsedad): las proposiciones básicas de la lógica medieval (*Esto es blanco*, por ejemplo) son aquellas oraciones categóricas (indicativas) de las que puede decirse que son verdaderas o falsas respecto de algún objeto del dominio. Las categóricas habituales (*Sócrates es blanco*, por ejemplo) serán semánticamente decodificadas a través de categorías (semánticas) de la lógica proposicional, cuya influencia crece hasta fundar la teoría de la consecuencia, centro neural de la lógica de la edad de oro (Muñoz Delgado 1964: 29-33).

La diferencia entre un tipo y otro de categóricas depende de dos cosas:

i) Del rol que cumpla *es* en la oración, ya que puede ser un signo de identidad o de predicación;

ii) De los términos categoremáticos que aparezcan a izquierda y derecha de *es*, como veremos enseguida.

Lo que sigue no se trata de una distinción hecha explícita por los medievales, sino una propuesta por mí, pero basada en el uso que hicieron de las oraciones categóricas, de su manera de entender la suposición y especialmente en relación con las condiciones de verdad de las mismas 7.3 y 7.7.

4.2.4.2. Distintos tipos de categóricas, establecido según los términos sincategoremáticos que la componen

Las oraciones categóricas pueden pensarse desde la perspectiva de los categoremáticos que la componen, distinguiendo distintos tipos de ellas. Las oraciones categóricas se dividen en (según Pablo de Venecia 1984: 124-25):

A) *Afirmativas* y *negativas*. Una proposición afirmativa es aquella en la que el principal verbo es afirmado, p. ej., "un hombre corre". Una proposición negativa es aquella en la que el principal verbo es negado p. ej., "un hombre no corre"[97].

B) *Verdaderas* y *falsas*. Una proposición verdadera es aquella cuyo significado primario y adecuado es verdadero, p. ej., "tú eres un hombre". La proposición "tú eres un hombre" es verdadera, porque es verdad que tú eres un hombre.

C) *Posibles* e *imposibles*. Son las proposiciones categóricas cuyo primario y adecuado significado, es posible ("tú corres"), e imposible ("un hombre es un asno").

D) *Contingentes* y *necesarias*; Son aquellas cuyo primario y adecuado significado es contingente ("tú estás en Roma"), o necesario ("Dios es"), respectivamente. Como es claro, si observamos la definición de verdad anterior, vemos que estas modalidades no son otra cosa que modos de ser verdadero, modos de la verdad.

---

[97] Existe una asimetría: las proposiciones negativas solo son consideradas en relación a las afirmativas que tienen carga existencial.

E) *Cuantificadas* y *no-cuantificadas*. Esta división será de mucho interés para nosotros, pues es necesario analizar con cuidado los tipos de proposiciones que se agrupan bajo este rótulo y sus distinciones. Entre las proposiciones cuantificadas se agrupan:

E1) *Universales*: son aquellas proposiciones que tienen por sujeto a un término común el cual es sometido a un signo universal; p. ej., "Todos los hombres corren".

E2) *Particulares*: son aquellas proposiciones en que un término común es sometido por un término particular; p. ej., "Algunos hombres corren".

E3) *Indefinidas*: son aquellas proposiciones en que el sujeto es un término común sin signo alguno; p. ej., "Los hombres corren".

E4) *Singulares*: son aquellas proposiciones que tienen como sujeto a un término discreto o a un término común con un pronombre demostrativo (este, esta) singular; e.g, "Sócrates corre" y "Este hombre disputa", respectivamente.

F) *No-cuantificadas*: son aquellas que no son universales, particulares, indefinidas o singulares. Fuera de estas categorías solo quedan dos tipos de proposición: las que exceptúan ("Todos los hombres, excepto Sócrates corren") y las exclusivas ("Solamente el hombre corre").

El vínculo de las categóricas con la verdad restalla en los *Exponibilia* (recordemos lo dicho en 3.6). Aquí se proponen distintas maneras de establecer las condiciones de verdad de distintas oraciones. Dicho de otro modo: cada oración tendrá su propia manera de establecer sus condiciones de verdad dependiendo del tipo de oración que se trate. El tipo de oración está directamente vinculado con la clasificación que acabamos de presentar. Entre todas las listadas las *Singulares* (E4), oraciones con un pronombre demostrativo (*este, esta*) singular como sujeto, conforman una categoría que tomará un rol fundamental a la hora de establecer la verdad del resto de las oraciones categóricas. Veremos estos métodos en el capítulo destinado a la semántica, aquí solo presentamos las distinciones en base a categorías sintácticas.

4.2.4.3. Proposiciones hipotéticas

Buridán define una proposición hipotética como "Aquella que tiene dos categóricas unidas por una conjunción o por un adverbio" (Buridán, 2001: 57). En Pablo de Venecia encontramos una generalización de esta definición y alguna especificidad respecto a qué signos deban ser tomados por conjunciones:

> Una proposición hipotética es aquella que tiene varias proposiciones categóricas unidas por el signo (*notam*) de un condicional, o de una conjunción, o de una disyunción, o equivalentes a estos (Pablo de Venecia 1984: 131).

Si, como se dijo en las sección dedicada a las oraciones categóricas, la categórica tiene como misión primaria el enunciar que algo existe o no existe (*aliquod esse vel non esse*), en la hipotética se presupone que el *aliquod esse vel non esse* está ya enunciado en sus partes, entonces, "la hipotética tiene como función primera significar la relación entre un *esse* a otro *esse*, el *esse* de un enunciado en orden al otro enunciado" (Muñoz Delgado 1964: 329), siempre según el signo que los une.

4.2.4.4. Proposiciones modales

Las proposiciones modales son –para los medievales de la edad de oro– aquellas que se distinguen por un signo sincategoremático vinculado a lo alético (también a lo epistémico e incluso lo deóntico)[98]. Esta distinción sintáctica salva de confundirlas con aquellas oraciones que predican alguna verdad necesaria (p. ej. 2 + 2 = 4).

> Hay que hacer una distinción entre una proposición asertórica (*de inesse*) que es necesaria, a saber, una que no puede ser falsa, y una proposición modal sobre la necesidad (*de necessario*), que hace que la afirmación de que el predicado necesariamente pertenece al sujeto, y la cual es falsa si el predicado no pertenece necesariamente al sujeto. (Klima 2001: XIV; también Spade 2002: 311).

---

[98] Sobre modalidades epistémicas y deónticas, véase Knuuttila 1993: capítulo 5.

Las proposiciones modales, son, entonces, proposiciones categóricas donde figura explícitamente un término (operador) modal alético, como "necesario", "posible", "contingente" (o epistémico, como "sabe", "duda", o deóntico, como "obligatorio").

> [L]as cuatro palabras de disposición que hacen que una proposición modal sea de esta manera son, a saber, "posible", "contingente", "necesario" e "imposible" (Burley 2000: 29).

Como ya vimos, el sincategoremático modal puede ir ubicado delante (o al final) de la proposición, afectando (u operando) sobre la proposición, formando lo que se denominó una proposición modal *de dicto* o de sentido compuesto. O puede ir ubicado en medio de la proposición, afectando a las cosas nombradas por los términos de la proposición, formando lo que se denominó una proposición modal *de re* o de sentido dividido. El lugar que ocupa el operador modal en la sentencia –precediéndola o en medio de ella– generó, desde el XII, largas discusiones acerca del sentido más propio de términos como "necesario" (Knuuttila 1993: 138-39).

4.2.5. Argumentos

Los medievales tuvieron una concepción de los argumentos que fue avanzando en su grado de generalidad: a) desde la identificación entre argumentos y silogismos a una noción más amplia que ve en la silogística y en cualquier forma de inferencia un subconjunto de las comprendidas en el estudio de la consecuencia; y b) desde solo reconocer como inferencias las inferencias válidas a señalar como inferencias todo paso (bueno o malo) de premisas a conclusión[99]. Así dice Pablo de Venecia:

> Una inferencia es el paso (*illatio*) adecuado a un consecuente desde un antecedente: p. ej., "El hombre corre; por lo tanto, el animal corre". Llamo antecedente a la proposición que precede el signo de inferencia (*notam rationis*); p. ej. "El hombre corre". Llamo consecuente a lo que sigue, p. ej. "El animal corre". Al signo de inferencia o dador lo llamo "por lo tanto" (*li ergo*) o "por consiguiente" (*li igitur*) (1984: 167).

---

[99] Desarrollamos estos puntos de manera detallada en el capítulo 6.

King (2001: 123) nos hace notar que el sentido general de antecedente y consecuente, el sentido que le da la Edad Media es este, lo anterior y lo posterior y no el de parte izquierda y derecha de una oración condicional, que es el que intuitivamente le adjudicamos nosotros. Los más escépticos la pueden contrastar con la definición de oración condicional del mismo texto: "Una proposición condicional es una en la cual varias proposiciones categóricas van unidas por un signo condicional" (Pablo de Venecia 1984: 131).

Otro punto a destacar es que el argumento está definido en términos de *pasar de esto a aquello otro*, dejando en claro la idea de proceso que subyace a su concepción psicológica intuitiva (Alchourrón 1995: 14). Así, mientras el argumento está presentado en términos de la concreción de una inferencia, el condicional está presentado simplemente como una oración.

Resumen

- "Una proposición es una expresión que significa algo verdadero o falso" (Buridán 2001: 21).

- Se distinguen tres tipos de proposiciones importantes desde el punto de vista lógico: a) Las *categóricas*, cuyo arquetipo es la conformada por sujeto, cópula y predicado, o, lo que es lo mismo, dos frases nominales unidas por la cópula: *Sócrates es griego*; b) Las *hipotéticas*, que están conformadas por dos categóricas unidas por los signos sincategoremáticos "y", "o", y "si... entonces": *Sócrates es griego y el Anticristo es humano*; c) Las *modales*, oraciones categóricas donde figura un término modal: *Es posible que Sócrates corra*.

- Las oraciones categóricas se dividen en (según Pablo de Venecia 1984: 124-25):
A) *Afirmativas* y *negativas*; B) *Verdaderas* y *falsas*; C) *Posibles* e *imposibles*; D) *Contingentes* y *necesarias*; E) *Cuantificadas* y *no-cuantificadas*.

- Entre las proposiciones cuantificadas se agrupan: E1) *Universales*; E2) *Particulares*; E3) *Indefinidas*; E4) *Singulares*.

- Las singulares tendrán importancia a la hora de establecer las condiciones de verdad.

- "Una proposición hipotética es aquella que tiene varias proposiciones categóricas unidas por el signo (*notam*) de un condicional, o de una conjunción, o de una disyunción, o equivalentes a estos" (Pablo de Venecia 1984: 131).

- Las proposiciones modales, son, entonces, proposiciones categóricas donde figura explícitamente un término (operador) modal.

- Una inferencia es el paso adecuado a un consecuente desde un antecedente.

5. NOCIONES METATEÓRICAS FUNDAMENTALES 1: SIGNIFICADO, VERDAD, CÓPULA Y SUPOSCIÓN

5.1. Metateoría

La segunda parte de este libro consta de dos capítulos. Cada uno de ellos está dedicado a tratar un conjunto de los conceptos metateóricos más importantes de la lógica de la edad de oro. Los dos que les siguen –capítulos 6 y 7– están dedicados a la estructura del lenguaje y a la lógica. Para dejar en claro los conceptos de esos capítulos –los dedicados a lógica y lenguaje– es menester, antes, abordar los conceptos metateóricos: significación, suposición, consecuencia, verdad, cópula, etc., todos ellos conceptos de lo que hoy denominamos *metateoría lógica*. La necesidad deviene, básicamente, de obtener una comprensión correcta de los mismos, que, en muchos casos difieren en su significado de los nuestros.

Parafraseando a Hunter (1981), podemos decir que las oraciones de algunos lenguajes –el latín escolástico regimentado, en nuestro caso– son aptas para expresar las verdades de la lógica. Así, podemos distinguir entre i) las verdades de la lógica de, ii) las oraciones que expresan las verdades de la lógica. La teoría de que nos servimos para explicar cómo funcionan las oraciones del latín escolástico regimentado capaces de expresar una verdad lógica, esto es, *la teoría acerca de las oraciones que expresan verdades lógicas, conforma la metateoría del latín escolástico regimentado*. En este sentido amplio de metateoría[100], la lógica medieval tiene una metateoría.

En este capítulo proponemos la primera de las aproximaciones a la metateoría, a través del tratamiento de cuatro de sus nociones más importantes: significado, verdad, cópula y suposición. Para que la idea no suscite confusión alguna: no estoy afirmando que los lógicos de la edad de oro hayan distinguido entre teoría y metateoría, pero sí que propusieron una formulación metalingüística de la lógica. Si algún historiador pregunta *¿Qué sentido tiene distinguir entre teoría y metateoría en la lógica medieval?* debiéramos responder: *Es una demanda de la manera en que los lógicos medievales procedieron*. Una de las características de la lógica medieval es su presentación en términos metalingüísticos (Moody 1975: 375; Dalla Chiara 1976: 27).

---

[100] Para tener una metateoría en *sentido estricto* es menester un lenguaje formal y simbólico. En un sentido estricto, la metateoría "[c]onsidera los lenguajes y los sistemas formales y sus interpretaciones como sus objetos de estudio, y consiste en un cuerpo de verdades y conjeturas acerca de esos objetos" (Hunter 1981: 24).

El desarrollo de la distinción entre niveles de lenguaje comienza con la incorporación de las *intentio* —*intentio prima* e *intentio secunda*— derivadas de la filosofía de Avicena. Cuando estas categorías se aplicaron sobre el lenguaje, derivaron en los conceptos de *términos de primera intención* y *términos de segunda intención* (sección 6.2.1.1). Ockham agregó soporte epistemológico a estas ideas. El *Venerabilis Inceptor* distingue claramente y en todo momento entre significado real y significado lógico; entre afirmaciones acerca de elementos del discurso y afirmaciones acerca de las cosas. Confundir estas dos categorías de objetos equivale a abolir la distinción —epistemológica— entre lógica y ciencia natural. Los términos de primera intención refieren a cosas, están por cosas (objetos reales); los de segunda intención, están por ideas (objetos lógicos) (Carré 1946: 115). Los objetos de la lógica son todos objetos de segunda intención; son términos que refieren a términos. La lógica es ciencia del lenguaje y, acorde con lo anterior, una ciencia de segundas intenciones. Pablo de Venecia lo pone de manera clara:

> Un término de primera intención es un término mental significando lo que no es un término: i.e., significando una cosa que no es un término, ya que debe existir. Así "hombre" significa Sócrates y Platón, ninguno de los cuales es un término mental, ni pueden ser términos. Un término de segunda intención es un término significando solamente un término o una proposición; p. ej., el término mental "nombre", "verbo", "participio", "proposición", "oración" (Pablo de Venecia 1984: 122).

La lógica es una ciencia cuyo objeto son los términos de segunda intención, que conforman, en virtud de su uso, un lenguaje de orden superior respecto del lenguaje con que hablamos de cosas.

Resumen

- La lógica medieval fue expresada en términos metalingüísticos.

- La lógica medieval es una ciencia cuyo objeto es el latín regimentado en el que se expresaron las verdades de la lógica.

5.2. Tipos de lenguaje

Durante la Edad Media "significar" no es –como en nuestros días– un concepto problemático. *Significar* está vinculado con entender, con saber. Tener el significado de una expresión es poseer el concepto que esa expresión nos presenta al entendimiento. En términos generales, el significado de una cosa es aquello en que esta nos hace pensar (Spade 2002: 63). Exploraremos enseguida la noción de significado (sección 5.3). Aquí solo haremos mención de ella; la razón es que está en la base de la definición de los distintos tipos de lenguaje que aceptaron nuestros lógicos, distinguidos según la manera en que significan en ellos las palabras.

La Edad Media reconoce tres tipos de lenguaje: el lenguaje hablado, el lenguaje mental y el lenguaje escrito. La idea del lenguaje mental proviene probablemente de Aristóteles[101], pero su inserción en la obra de los lógicos de la edad de oro es debida a Agustín quien define los signos como cosas empleadas para significar algo (*res... quae ad significandum aliquid adhibentur*):

> Hay otros signos cuya función completa consiste en significar. Las palabras, por ejemplo: nadie usa palabras excepto para significar algo. A partir de esto se puede entender lo que quiero decir con signos: aquellas cosas que se emplean para significar algo. Así que cada signo es también una cosa, ya que lo que no es una cosa no existe. Pero no es verdad que toda cosa sea también un signo (Augustín 1995: I, 5, 15).

Existen, por otra parte, signos naturales y signos convencionales. Los primeros significan naturalmente, los segundos, por convención. Todo lo significado proviene de lo que nuestros sentidos (en el sentido platónico que les confiere Agustín) captan y puede ponerse en palabras. Las palabras son, en su sentido básico, las habladas. El lenguaje escrito es un sistema de símbolos secundarios destinado a reflejar el lenguaje hablado y esto implicará una desvalorización del lenguaje escrito respecto del hablado (Meier-Oeser 2011: 2.1). En la idea de que ciertas palabras significan naturalmente, esto es, que de alguna manera su significado viene dado a todas las personas por igual, mientras que el lenguaje escrito puede conducir al error[102], se fun-

---

[101] "Lo que hay en la dicción son símbolos de las afecciones que hay en el alma" (Aristóteles 1995: 1, 16a, 5).
[102] "Hay dos razones por las que los textos escritos pueden no ser bien entendidos: su significado puede ser velado por signos desconocidos o los signos pueden ser ambiguos" (Agustín 1995: 2, 32, 71).

da la idea de que el lenguaje hablado es epistémicamente primero respecto del escrito.

Teniendo en cuenta estas distinciones, o asentado sobre ellas, se desarrolla la teoría de los tres tipos de lenguajes los lógicos de la edad de oro, desde Ockham hacia adelante (Kärkkäinen 2011: 753), pues es recién a comienzos del siglo XIV donde aparecerán *teorías* acerca de los tipos de lenguaje, que incluyen el mental y tendrán utilidad filosófica (Spade 2002: 89).

El lenguaje hablado y el lenguaje escrito significan por convención (*impositio*); el mental, no. El lenguaje escrito significa en relación al hablado, el hablado en relación al mental y el mental en relación al concepto que designa (Spade 2002: 60). Autores como Buridán proponen una suerte de jerarquía epistémica:

> Debemos tener en cuenta, por tanto, que una inscripción se dice que es una expresión, solo porque significa una expresión hablada y se dice que una expresión hablada es una expresión, solo porque significa una expresión mental (Buridán 2001: 13)[103].

En otros términos, podemos decir que el lenguaje mental es el que fija la interpretación correcta de las expresiones habladas y escritas, pero siempre (no debemos olvidar el fervor contextual de nuestros lógicos) en una determinada interpretación:

> Así, la correcta interpretación de un enunciado o inscripción es fijada por el concepto mental, al cual el enunciado o inscripción está en realidad subordinado en una ocasión particular de su uso (Klima 2009: 27).

En conclusión: el lenguaje mental y el lenguaje hablado son arbitrarios, en el sentido de que sus significados se establecen por convención (*impositio*). El lenguaje mental no es arbitrario, en el sentido de que sus significados se originan en conceptos presentados a la mente de modo natural (*naturaliter*) y para todas las personas (Teodoro de Andrés 1969: 99).

---

[103] Carnap —obviando el lenguaje mental— sostiene algo parecido: distingue entre el lenguaje hablado y el escrito, otorgándole primacía al primero, que es el más importante, porque sirve como base para aprender cualquier otro tipo de lenguaje. Señalo la coincidencia porque el fundamento de la distinción en ambos casos es epistémico (Carnap 1948: 3).

Ahora bien: ¿Qué es lo que hace interesante este tema para quienes lo vemos desde un punto de vista lógico? ¿Cuál es el vínculo entre *tipos de lenguaje* y lógica? Como sabemos, la idea de la universalidad de la lógica se basa en la convicción de que, a pesar de la inmensa diversidad de lenguas humanas, existen ciertas características invariables en nuestra manera de razonar que permiten la formulación lingüística de leyes lógicas universales. La actual notación simbólica devenida de *Principia Mathematica* pretende retener y reflejar estas estructuras que extraemos del lenguaje natural. Pero no es la única manera posible de hacerlo. Los lógicos medievales se procuraron esta suerte de transparencia de lo conceptual a la sintaxis a través de un latín artificial: el latín escolástico regimentado (Klima 2013: 59).

La manera canónica indica que toda oración debe ser presentada en términos de una oración categórica integrada por tres términos: el sujeto, la cópula y el predicado. Así, toda oración, para ser lógicamente analizable, debe ser transformada en una oración categórica. Por ejemplo, Sócrtaes bebe en *Sócrates es alguien que está bebiendo* y El alma no muere en *El alma es no-mortal*.

El fundamento de esta regla es epistémico: el lenguaje de la lógica debe acarrear esta forma porque es la forma de las oraciones en el lenguaje mental y –como vimos arriba– es el lenguaje mental quien significa de manera natural. Es el lenguaje donde los términos están por los conceptos (Klima 2009: 31). Como sabemos, la bondad de los razonamientos lógicos reside en captar las estructuras conceptuales del lenguaje en que se expresa el razonamiento (esta es la pretensión de nuestra actual lógica simbólica); el lenguaje del razonamiento es el lenguaje mental, y su forma es la forma de las oraciones categóricas. Podemos hablar sin oraciones categóricas, pero razonamos con ellas. Por ello la lógica debe reflejar esta estructura conceptual.

Más que ningún otro signo lógico, la cópula *es* es parte esencial de las oraciones que representan nuestra manera de razonar (Klima 2009: 124). Este es el vínculo entre lenguaje mental y lógica. Aprovechemos para señalar que el asunto anterior también debe dejarnos en claro un punto que desarrollaremos en detalle más adelante: el constitutivo principal o básico de una oración es la cópula *es*.

Resumen

- La Edad Media reconoció tres tipos de lenguaje: mental, hablado y escrito.

- El lenguaje mental significa naturalmente, los otros dos son convencionales.

- Epistémicamente los lenguajes se ordenan de menor a mayor, en: escrito, hablado y mental.

- Las oraciones del lenguaje mental son oraciones categóricas; las de los otros lenguajes, no necesariamente.

- Como el lenguaje mental es con el que razonamos, es el que refleja las estructuras conceptuales de la lógica; para hacer lógica, las oraciones de los otros lenguajes deben ser transformadas en categóricas.

5.3. Significación

Dos son las categorías principales de la semántica medieval: significación y suposición. El origen de esta distinción está ya en Boecio, quien va a distinguir entre el significado (*significatio*) de un nombre, por un lado, y las distintas maneras en que ese nombre puede estar por (suponer por) cosas (Henry 1972: 47). La significación está vinculada a la referencia, es "la descripción de los mecanismos en virtud de los cuáles la relación de referencia acontece" (Dutilh Novaes 2007: 17).

La significación fue tomada por los lógicos medievales, por ser una propiedad natural de la palabra, como el constituyente formal de todo tipo de significado (De Rijk 2008: 164). Este carácter básico, y no su función, es la que ubica la significación dentro del tratado de las propiedades de los términos, ya que, en rigor, la doctrina de las *propietates terminorum* pretende ofrecer una caracterización de los cometidos que las palabras o frases puedan desempeñar en tanto que funcionan como términos *dentro* de una proposición; la significación, por el contrario, es una propiedad de los términos cuando están *fuera* de la proposición.

Pero las proposiciones de la lógica medieval –interés supremo de los lógicos– son proposiciones categóricas, y las proposiciones categóricas están formadas por términos, y los significados fueron asociados a los términos:

Podemos observar que un término, en este sentido estricto, fue descrito de dos maneras: (1) como un signo que posee significado independiente; y (2) como un signo que, tomado significativamente o en el uso normal, puede ser sujeto o predicado de una proposición (Moody 1953: 18).

Por lo tanto, la significación es una suerte de pre-requisito para constituir el término sujeto o predicado de una oración. Los términos que solo establecen su sentido dentro de la proposición técnicamente *no significan*, por lo que es necesario saber qué se trata de significar para establecer qué términos toman sentido dentro de la oración y cuales no. En otras palabras: para arribar a la función de los términos en la oración es menester saber cuáles son los que no precisan de las oraciones para tener la suya. Así, la primera distinción es entre los términos que significan y los que no:

> Si un término significa por sí mismo (*per se*), representa algo, por ejemplo, hombre o animal. Si un término no significa por sí mismo (*per se*) no representa nada, por ejemplo, "Todos" (*omnis*) o "no" (*nullus*) (Pablo de Venecia 1984: 121).

Podemos decir, entonces, que todas las dicciones que representan de manera independiente, es decir, sin necesidad de estar conformando una proposición, *significan* (Beuchot 1991: 31).

La distinción anterior se corresponde con la que presentamos (sección 4.2.1.2) entre términos categoremáticos y sincategoremáticos[104]. La característica distintiva de un término categoremático ("hombre", "árbol", "blanco") *es su capacidad de operar con sentido dentro y fuera de la proposición*. Cuando el término se analiza en el contexto de una proposición (como formando parte de una proposición), entonces se analiza en términos de la teoría de la suposición. Cuando están solos, se ocupa de ellos la teoría de la significación. Así lo explica, apelando a la autoridad de Aristóteles y a una (para nosotros) extraña analogía entre razón y naturaleza, la siguiente cita:

> Como dice el Filósofo las cosas que pertenecen al arte de razonar son consideradas en relación e imitación de las cosas que pertenecen a la naturaleza. Ahora en lo que se refiere las cosas naturales, vemos que hay algunas que se adaptan de forma natural para llevar a cabo algo sin la ayuda de otra cosa, pero otros que no se adecuan a moverse a menos que hayan sido trasladados... La situación es si-

---

[104] Utilizando el vocabulario de la lógica contemporánea, denominamos signos no-lógicos a los categoremáticos y signos lógicos a los sincategoremáticos.

milar en cuanto a las cosas pertenecientes a la razón, especialmente en lo que se refiere a las palabras, porque algunas realizan su función, es decir, significan –sin la ayuda de cualquier otra cosa… y las palabras de ese tipo que se llama categoremáticas –esto es, significativas. Existen otras no significantes por sí mismas sino por estar en conjunción con otras. Estas son denominadas sincategoremáticas[105].

Un término significa si evoca algo en la mente de la persona que lo escucha o ve (Perreiah 1984: 19). Puede uno preguntarse: ¿Qué evocan los términos en la mente de las personas? La opción elegida está vinculada con la corriente metafísica –realista o nominalista– a la que el autor pertenezca y generó distintas respuestas[106]. Para autores como Shyreswood, las palabras o frases capaces de oficiar a título de términos han de poseer *significatio* en el sentido de expresar o presentar una determinada forma[107]. Con el ascenso del nominalismo, los significados de los términos evocan cada vez menos "una forma en la mente". Con el correr del siglo XIV los significados estarán por cosas. Para dejar esto claro, y como paso intermedio, lo que hay que entender es que –desde el siglo XIII– la opción de los lógicos fue reconocer el concepto en sí mismo como un signo (Read 2012: 901).

Cualquiera sea la opción metafísica que se abrace, la significación es una propiedad psicológica-causal de los términos. Esto deriva de la principal fuente para la noción de significación, que fue la traducción de Boecio de *De Interpretatione* 3,16b19-21. "Así, pues, dichos por sí mismos, los verbos son nombres y significan algo –pues el que habla detiene el pensamiento y el que escucha descansa–" (Aristóteles 1995: 40). Boecio traduce el pasaje anterior de la siguiente manera (según Spade 2008: 202):

> De hecho, los verbos, cuando son pronunciados por sí mismos, son nombres y significan alguna cosa. Porque el que dice [un verbo] establece un entendimiento y el que la oye descansa.

El punto clave es el *establece un entendimiento*. De allí que para significar deba mediar un entendimiento, algún tipo de operación epistémica. Pero esto no debe malentenderse: al igual que los filósofos que integran lo que Alberto Coffa (2005) ha denominado *La tradición semántica*, los lógicos de la

---

[105] Nicolás (de París?); citado por De Rijk 2008: 162.
[106] Por los vaivenes entre realismo y nominalismo vinculado con la lógica, véase Read 2016, sección 6.4.
[107] Se supone, por la utilización de la palabra *forma*, que la doctrina probablemente fue originalmente concebida para explicar términos generales como *homo*, y solo después extendida a términos particulares como "Sócrates".

edad de oro cuando hablan de representaciones no están refiriendo a estados psicológicos individuales. "Distinguir entre representaciones objetivas y subjetivas equivale a distinguir entre el significado y los procesos psicológicos" (Coffa 2005: 60). Los lógicos medievales no pensaron la representación como subjetiva; por lo tanto, cuando hablemos de representación, estaremos hablando de significado, no de procesos psicológicos individuales.

Pero la analogía entre la tradición semántica y los lógicos de la edad de oro puede ir aún más lejos: en los lógicos medievales "la significación (y demás nociones semánticas) son la vía para entender el trabajo intelectual de la mente" (Panaccio 2006: 53). Tengamos en cuenta que –según la opinión de Coffa– para Frege "una teoría del conocimiento presupone una semántica y hasta que no entendamos la última, no deberíamos tratar con la primera" (Coffa 2005: 120)[108]. En ambas posiciones se mantiene que las nociones semánticas son las que posibilitan entender cómo se conoce, y no la manera de conocer la que nos dicta la comprensión de los significados, como es el caso durante toda la modernidad. Esta manera de entender la vía para llegar a las cosas –cuyo origen contemporáneo Coffa atribuye a Bolzano– parece presente en autores como Ockham.

Para finalizar, transcribimos la definición de Parsons (2014: 96) –que resguarda la distinción entre términos comunes y nombres– de significación:

> *Significación*:
> Cada término común es un signo de un concepto que es, naturalmente, un concepto (o no) de algunas cosas. Cada término común significa en el tiempo t cada una de las cosas de la que es un concepto durante el tiempo t.
> Cada término singular es un signo de un concepto que es, naturalmente, un concepto de más de una cosa. Cada término singular significa en el tiempo t la cosa (si la hay) de la que el concepto es un concepto durante el tiempo t.

A medida que avanza el siglo XIV la teoría de la significación irá perdiendo peso dentro del corpus lógico de la Edad Media, de manera proporcional al crecimiento en importancia de la teoría de la suposición. Las causas de ello son, seguramente, dos a) Que los medievales prestaron poca atención al estudio de las palabras como unidades significativas aisladas y dieron mucho peso al contexto de proferencia donde eran emitidas (una vez

---

[108] Creo que soy el primero en llamar la atención acerca de esta analogía que debiera ser estudiada con cuidado.

más el fervor contextual guía el paso de los lógicos); y b) que la unidad significativa de la lógica medieval son las oraciones: "No es exagerado afirmar que para los medievales la unidad básica del lenguaje era la oración (o *propositio* como la llamaban) y no precisamente las palabras o términos" (Campos Benítez 2002: 308); (véase 6.2.2.1.).

Resumen

- En términos generales, el significado de una cosa es aquello en que esta nos hace pensar (Spade 2002: 63).

- Todas las dicciones que representan de manera independiente, es decir, sin necesidad de estar conformando una proposición, *significan* (Beuchot 1991: 31).

- La significación está vinculada a la referencia es "la descripción de los mecanismos en virtud de los cuáles la relación de referencia acontece" (Dutilh Novaes 2007: 17).

- Los lógicos medievales pueden inscribirse en la tradición semántica: "la significación (y demás nociones semánticas) son la vía para entender el trabajo intelectual de la mente" (Panaccio 2006: 53).

5.4. Suposición

La suposición es la noción semántica oracional más importante de toda la Edad Media. De ella depende entender conceptos fundamentales como los de *oración verdadera* y estructurar la base semántica de la lógica de este período. Es una teoría compleja por el tema que le toca abordar, pero nunca una teoría oscura o inconsistente. La trataremos en las próximas secciones.

5.4.1. Historia de la suposición

La *suposición* tomará lugar junto a la significación como primeras categorías del análisis desde el siglo XII y su importancia dentro de la lógica irá en permanente ascenso –de Shyreswood a Ockham– hasta convertirse en la noción central de la semántica. Incluso problemas de corte metafísico, como la problemática de los universales son absorbidos por esta parte de la teoría de las propiedades de los términos. Pero esto no fue así durante toda la Edad Media. A mediados del siglo XIII los medievales, fieles a sus intereses contextuales respecto del lenguaje, utilizaron el término apelación (*apellatio*) para dar cuenta de la manera correcta de entender un nombre en una oración. La denominación sin duda se deriva del término gramatical "*nomen appellativum*" (sustantivo apelativo) (De Rijk 2008: 165). Veremos enseguida en qué consisten (Sección 5.4.3).

El próximo paso en el desarrollo hacia la preponderancia de la teoría de la suposición fue dado al extender las apelaciones a los nombres, a fin de poder dar cuenta del uso de los nombres cuando operan –como diríamos hoy– mencionando, como en *Sócrates es trisílabo*, donde el término sujeto no está por una cosa sino por la palabra *Sócrates*.

La suposición –como la significación– es una propiedad de los términos en sentido estricto, es decir los términos denominados *categoremáticos*; dentro de los categoremáticos, se asoció –en el comienzo– con el término sujeto de la oración y solo con él. Esto parece estar relacionado con una distinción metafísica: la de sustancia y accidente, directamente relacionadas, a su vez, con las nociones de sujeto y predicado, respectivamente. El paso siguiente en el desarrollo de la teoría fue proponer que *todos los términos de la proposición suponen*; no solo el término sujeto, sino tanto sujeto como predicado y que *la suposición más que tratar acerca de los nombres lo hace acerca de los términos*. La génesis de esta idea corresponde al nominalismo de Ockham. A partir de aquí se constituye con la forma en la que terminará popularizándose en el siglo XIV.

Veamos con algún detalle los antepasados de la suposición. Estos –aclaremos– no desaparecen con el desarrollo de la teoría de la *suppositio*; más bien funcionan como la parte de la teoría de la suposición dedicada a la cuantificación, o, como sostiene Spade, son su versión sintáctica (Spade 2002: 277-281), aunque también tienen vínculos con las condiciones de verdad de las oraciones cuantificadas, lo que presenta sin dudas un costado semántico del mismo.

5.4.2. Naturaleza lingüística de la suposición y propósito de la teoría de la suposición

Hay discusiones entre los historiadores y filósofos de la lógica acerca de si la suposición tiene carácter sintáctico y semántico, solo semántico, o solo sintáctico. La opinión más común hoy es que lo que originalmente fue una relación de naturaleza sintáctica devino en una relación de naturaleza semántica. *Suppositio* fue una palabra originada en las cuestiones sintácticas propias de la gramática; que un término *suponga* señalaba que este ocurría como sujeto de un verbo. Pero gradualmente la suposición comenzó a ser utilizada para señalar una relación semántica: la que existe entre el término sujeto y la cosa por lo que sea que ese término está cuando está en esa posición de sujeto. Con el tiempo se extendió a una relación entre cualquier ocurrencia de un término y lo que sea por lo que este término aparezca (Parsons 2014: 96, nota 6).

A mediados del siglo XX, Moody la considera una relación sintáctica:

> La propiedad de la suposición se basa, no en la relación semántica de la designación, sino en la relación lógica o sintáctica de la predicación. La relación del significado de un término a su *designata*, no es ni verdadera ni falsa, y no implica ninguna "hipótesis" ni "suposición". Pero la relación predicativa, que se da entre un término y algunos otros términos, no envuelve una "hipótesis" o "suposición", tal que deba considerarse como verdadera o falsa. Es por esta razón que los lógicos medievales formularon su teoría de las condiciones de verdad sobre la base de la propiedad de la suposición, y no sobre la base de la propiedad de la significación o el sentido (Moody 1953: 23).

Poco a poco va ganando lugar la idea de que esta relación es doble, como la presenta Beuchot:

> La idea de que esta relación es doble (tanto sintáctica como semántica), admite que la suposición es una propiedad que tienen los términos en la proposición, que consiste en tener el lugar de la cosa representada, y es sintáctica en tanto permite conocer la cuantificación de las proposiciones a través de sus términos; y es también y sobre todo semántica, en cuanto permite discernir la verdad de las proposiciones a través de la referencia de sus términos (Beuchot 1991, 158).

Así, en una clasificación de suposiciones puede haber algunas con funciones semánticas y otras con funciones sintácticas

> Algunas suposiciones pertenecen con toda claridad al campo de la semántica: así las dos materiales y la personal; otras por el contrario,

como la simple y las subdivisiones de la personal, son como Moody agudamente ha observado, no funciones semánticas sino puramente sintácticas (Bochenski 1966: 172).

Las razones por las cuales la función de suposición puede verse ya como sintáctica o como semántica, se asientan en contemplarla ya como la relación de un término con un objeto físico (esto es, la relación de un objeto lingüístico con un objeto extralingüístico), ya como la relación de un término con un término; esto es, la relación de un objeto lingüístico con otro objeto lingüístico.

En interpretaciones como la de Dutilh Novaes, las reglas en que se expresa la suposición (ya sintácticas, ya semánticas) no constituyen ámbitos excluyentes, sino que se combinan para dar lugar a un resultado. Así, existen reglas sintácticas, cuasi-sintácticas y semánticas procediendo por turnos para determinar la suposición de un término (Dutilh Novaes 2007: 47-52). "Las reglas cuasi-sintácticas definen el tipo de suposición que un término tiene en un contexto determinado" (Dutilh Novaes 2007: 47) y no son por ello puramente sintácticas en el sentido mencionado arriba. En esta propuesta, teoría del significado y teoría de la suposición tienen iguales *inputs* –una oración–, pero distintos *outputs*. En el caso de la teoría del significado dada una oración nos devuelve un objeto, mientras que –dice Dutilh– *en el caso de la teoría de la suposición dada una oración nos devuelve el rango de todas sus posibles lecturas*. Suscribimos esta posición.

5.4.3. Apelación y Ampliación

Relacionado con la importancia de la cópula y la teoría de las propiedades de los términos se presenta el tratamiento medieval de proposiciones donde hay implicaciones modales y temporales. La apelación y la ampliación, como adelantamos en la sección anterior, fueron los instrumentos creados para dar cuenta de ellas.

La cópula "es", por su carácter verbal, es vista también como un operador temporal; por lo tanto, puede no solo ser de presente, sino también de pasado y futuro. Cuando decimos *Sócrates es griego*, el término sujeto supone por un singular, y nos dice que en ese momento (presente) hay una conexión entre las extensiones de *Sócrates* y *griego*. En casos como *Sócrates fue griego*, *El Anticristo es un hombre* o *El mundo puede terminar mañana*, el tiempo de la cópula no es presente, como en el primer caso; o excede el tiempo presente, como en el segundo; o manifiesta una posibilidad (puede ser), como en el tercero. Cuando la cópula es de pasado, futuro o indica un modo de posibilidad, la suposición del término sujeto es extendida o *ampliada*. Es decir, el término sujeto no está solo por cosas de actuales o presentes (en el momento de la formulación/proferencia de la oración), sino que abarca las de futuro, pasado o posibilidad y análogas. La ampliación, sin embargo, no anula la posibilidad de que el sujeto también este suponiendo por cosas del presente. La extensión se realiza en forma de disyunción con la formulación en tiempo presente. La oración *Algún hombre será el Anticristo* debe ser expresada así: *Para algún x, x es un hombre, o x será un hombre, y x será el Anticristo*.

La cópula de pasado, presente o posibilidad no opera del mismo modo con respecto al término predicado. El término predicado se dice que apela respecto al tiempo de la cópula, cuando la condición significada por él (el predicado), es puesta como verificable en el mismo tiempo o modo en que indica la cópula para el término sujeto. En un ejemplo: en la sentencia *Algo blanco será negro*, el predicado *negro* tiene apelación acorde al tiempo verbal en este sentido: si la sentencia es verdadera, habrá algún futuro en el cual una sentencia demostrativa en tiempo presente *Esto es negro*, será verdadera de lo que señalaba el término *Algo* de la primera sentencia. No es necesario, como espero haya quedado entendido, para que la condición de verificación se cumpla, que de la cosa de la que se habla en el ejemplo de arriba se puedan predicar en el mismo tiempo que es blanca y es negra. Es suficiente que algo que ahora es blanco o será blanco sea negro.

La ampliación *extiende* las cosas por las que estará el término sujeto del presente al futuro (al pasado, o a la posibilidad, según dicte la cópula). La apelación, en cambio, *transfiere* las cosas por la que está el predicado del presente al futuro (al pasado, o a la posibilidad, según dicte la cópula).

5.4.4. Suposición: significado del término

¿Cómo debemos entender la palabra "*suposición*"? Pocos hay –entre sus contemporáneos– que no se quejen de la deficiencia de la traducción. Roger Bacon (por mencionar un ejemplo ilustrativo) habla de significados epistemológico, onomástico, metafísico y gramatical de la suposición.

> Parece imposible encontrar en castellano una traducción de *supponere* que haga justicia a esta riqueza de matices, pero no hay razón para pensar que el vocablo latino pudiera conseguirlo a comienzos del siglo XIII, en cuyo caso la obra de Guillermo tendría el mérito de habernos hecho llegar noticia de todos ellos (Kneale y Kneale 1972: 235).

Así y todo, se acuerda en que "suponer" coincidiría más o menos con la idea de "estar (un término) por algo", "estar (el término) en lugar de una cosa o cosas (en una proposición)". El significado dado por los lógicos estaba basado no en el uso vulgar de "suponer", sino en el uso literal del término: "*sup-pono*" que etimológicamente significa poner algo en lugar de algo, reemplazar, substituir. La idea de substitución fue utilizada para señalar la sustitución lógica de un signo por lo que este significa (Boehner 1944: 27). Buscando dejar las cosas de la manera más clara posible, damos dos definiciones (Parsons 2014: 97) –que resguardan la distinción entre términos comunes y nombres– de suposición:

Suposición:

i) Los términos comunes suponen durante el tiempo t, por todas las cosas que estos significan durante el tiempo t, las cuales existen durante el tiempo t.
ii) Los nombres propios suponen durante el tiempo t, por todas las cosas que estos significan durante el tiempo t, las cuales existen durante el tiempo t.[109]

5.4.5. Objeto de la teoría de la suposición

Con la impronta metafísica que se le quiera dar, el significado señala algún tipo de relación causal[110] entre un término categoremático y una cosa (un concepto, una forma). Esta relación deja de ser causal o unívoca (como lo era en la significación) cuando el término se considera en el contexto de una oración, donde puede estar por una multiplicidad de cosas, o, dicho de otra manera, no está siempre por la misma cosa. Así, la diferencia más importante ente suposición y significación es que la primera solo sucede en el contexto de una proposición (Spade 2002: 248; Moody 1975: 18; Klima 2009: 177). Los términos solo suponen en la oración[111] y es obvio que no

---

[109] Sobre el requisito de la existencia, véase Secciones 5.5, 5.6, 5.6.4; también 7.3 y 7.4.
[110] Causal a tal punto que algunos autores (Duns Escoto o Lamberto de Auxerre) hablan de la transitividad como una característica de los significados (Spade 2002: 84-86).
[111] Algunos realistas como el mismísimo Pedro Hispano (sin cambiar esencialmente la idea de suposición) sostuvieron lo contrario. Esta opinión puede entenderse, pensando en los casos en que el término suponía por un término general (un universal), y la negativa filosófica consecuente a negar su realidad. De todos modos, luego de Ockham los términos suponen solo dentro de una oración.

siempre utilizamos las palabras, dentro de la oración, como refiriendo a su significado.

Tomemos un ejemplo: en *Oso tiene tres letras*, la palabra *Oso* no está por un animal, sino por una palabra; en *Fui perseguido por un oso*, *oso* está por un animal. *Oso*, considerada fuera de la oración, siempre *significa* lo mismo; dentro de la oración, no siempre *supone* por lo mismo. Nada más adecuado para satisfacer la pasión contextual de la Edad Media, que postula la oración como unidad semántica más relevante (Campos Benítez 2002: 308).

Hay que ser cuidadoso puesto que, asociando *significación, oración y referencia*, viene a la mente del lógico y filósofo contemporáneo el comienzo de *Los Fundamentos de la Artitmética*, donde Frege postula entre "los principios fundamentales a los que me he atado" el siguiente: "No se debe preguntar por el significado de una palabra aislada, sino en el contexto de una proposición" (Frege 1972: 113). No es esta la propuesta medieval. Recordemos que el significado de un término no es oracional; como vimos en 5.3, el significado de un término se establece fuera de la oración o, en otras palabras, es una función pre-oracional de los términos; la suposición describe la función (las posibles funciones) que tienen los términos dentro de las oraciones. Ambas funciones hablan de términos y cosas, pero la suposición intenta dar cuenta del uso de los términos más que su referencia. Lo explica de buena manera King (1985: 35):

> La suposición es una relación semántica, sosteniendo entre término(s) y cosa(s). La relación de significación, sin embargo, también es una relación de término(s) y cosa(s). Sin embargo, es una cuestión asignar ciertos términos a ciertas cosas, para que en primer lugar pueda establecerse un lenguaje; esta es la contribución de la significación. Es bastante diferente el asunto de utilizar realmente ese lenguaje para hablar de cosas; esto se explica por la suposición.

Así, la suposición viene a señalar la insuficiencia del uso exclusivamente referencial del lenguaje. "Los lógicos no han logrado advertir que los problemas del uso son más amplios que los problemas del análisis y del significado", decía Strawson (1983: 31) en 1950. Los lógicos medievales parecen haber sido conscientes de ello y utilizaron la suposición para dar cuenta de cómo el hablante utiliza un término en cierta situación. Por este vínculo con el uso es que la suposición está emparentada con la interpretación:

> Las teorías de la suposición tienen la intención de establecer la gama (o el rango) de posibles interpretaciones de un término en un contexto proposicional dado (Dutilh Novaes 2007: 17).

La teoría de la suposición es básicamente procedimental y nos da reglas para la interpretación. Por ejemplo:

> La tercera regla: En cualquier proposición cuyos extremos son términos de primera intención o imposición a los cuales no se ha agregado ningún signo material, tanto el sujeto como el predicado aparecen personalmente; p. ej. "El hombre es animal", "Sócrates corre". (Pablo de Venecia 1984: 145).

Como notará el lector, las reglas tienen (y este es uno de los sentidos en que decimos que todo se orienta hacia la teoría de la consecuencia) un carácter inferencial, esto es, son reglas del tipo *si el primer término es de tal tipo y el segundo término de tal otro, entonces sujeto y predicado están (suponiendo) de tal manera*. La naturaleza de los términos que componen la oración *implica* el modo de la suposición que tengan en la oración.

Así las cosas, podemos decir que el objeto primario de la teoría de la suposición es establecer la interpretación correcta de los términos dentro de toda la gama de posibilidades de utilización de los mismos dentro de una oración. Se trata, según la expresión de Dutilh Novaes, de una *hermenéutica algorítmica*. Pero este no es el único objeto de la teoría: como veremos en las secciones 5.5.2, la teoría de la suposición es el eslabón fundamental para conectar las oraciones con la verdad. La teoría de la verdad de la que se sirve la teoría lógica no puede ser entendida sin apelar a la suposición.

5.4.6. Distintos tipos de suposición

Hay muchos tipos de suposición, expresadas en diferentes clasificaciones. Realistas y nominalistas pueden identificarse según las que aceptan o rechazan. Luego de caracterizar la suposición en general, pasaremos breve revista a algunos tipos, en especial, las predominantes en el XIV.

Como dijimos, la suposición es la capacidad de un término de estar por alguna cosa. Muchas veces el mismo término puede estar en dos oraciones funcionando de distinto modo; "blanco", en las oraciones "Sócrates es blanco" y "Blanco es un adjetivo", por ejemplo. Es intuitivamente claro que deberá, por lo mismo, suponer de modo diferente en cada una de ellas. Como otras tantas veces entre los escolásticos, la solución está en la distinción. Señalar los "tipos de suposición" fue tarea de los lógicos. Entre las muchas y variadas distinciones existen rasgos comunes. En realidad, los tipos de suposiciones que para su caracterización, por una u otra razón implicaban planteos metafísicos u gnoseológicos, fueron los que dividieron aguas. En lo que atañe a las *más puramente lógicas*, se mantuvieron iguales criterios entre filósofos adversarios. Vamos a dar una lista de las más populares entre los lógicos de la edad de oro, haciendo la salvedad de que no todos comulgaron con la totalidad de las aquí presentadas.

La primera de las divisiones es entre **suposición propia** y **suposición impropia**[112].

Un término tiene *suposición impropia* si es utilizado en la oración de manera metafórica, equívoca, o en una figura literaria. Así en "Héctor es un león" el término "león" está suponiendo de manera impropia, ya que se aplica a un ser humano, obviamente, en alusión a su bravura. "La suposición es impropia cuando un término supone por algo por transumpción[113] o por algún uso en el habla" (Burley 2000: 80).

Un término tiene suposición propia cuando está por aquello que significa literalmente (Burley 2000: 80)[114].

La *suposición propia* puede ser de tres tipos: *suposición personal, suposición simple* y *suposición material*. Esta distinción –propuesta por Ockham (1974: 190-91)– es la más importante desde un punto de vista lógico[115]. La división de Burley, por su parte, dice que la suposición se divide en material y formal; a su vez la formal se divide en simple y personal (Burley 2000: 81). Esta última manera de tratar las cosas es consecuente con una posición realista en términos metafísicos.

La suposición *material* acontece cuando el término que supone está en lugar de un nombre o nombres del lenguaje del cual él es una instancia; es una expresión metalingüística: por ejemplo, "Sócrates" en "Sócrates tiene tres sílabas". Dice Buridán:

---

[112] Esta distinción no es aceptada por todos los autores. De hecho, en algunas explicaciones de la suposición –como la de Bochenski– es omitido. La incluimos porque está presente en la mayoría de los lógicos de la edad de oro.
[113] La palabra está tomada de las Refutaciones Sofísticas; es uno de los tres modos de la equivocidad.
[114] Recordemos –una vez más– que el significado conecta al término con una cosa determinada de manera casi causal.
[115] Se trata aquí de una división debida básicamente a los lógicos nominalistas (Teodoro de Andrés 1969: 237-58; Muñoz Delgado 1964: 221-31; Spade 2002; 251-57), por lo que citaremos a Ockham, padre de la misma.

> Pero una suposición se denomina "material" cuando supone por sí misma o por algo similar a sí misma o por su significado inmediato, que es el concepto acorde al cual se impone para significar, como el término "hombre" en la oración "El hombre es una especie, animal es su género" (Buridán 1985: 118).

Burley de manera más cercana a nuestra manera de expresarnos dice: "La suposición es material cuando la expresión que supone, supone por sí misma o por otra expresión" (Burley 2000: 81).

La suposición *simple* se da si el término que supone designa una clase, un conjunto de individuos, un universal; por ejemplo, "El hombre es una especie de los primates". Qué sea exactamente aquello por lo que supone el término en la suposición simple varía según la posición filosófica del que formula la clasificación[116].

> Yo digo que esa suposición es simple cuando un término común supone por su primer significado, o por todo lo contenido bajo su primer significado[117] (Burley 2000: 86).

La suposición *personal* acontece cuando el término que supone está en lugar de cosas para las cuales fue instituido como signo; indica que el término es una expresión del lenguaje objeto, por ejemplo, "Sócrates" en "Sócrates es griego".

> Un término posee suposición personal si está por la cosa por lo que el término significa, donde la cosa es algún tipo de entidad fuera del alma (Ockham 1974: 190).

En términos de Buridán,

---

[116] De hecho, es en este tipo de suposición donde se ven las mayores diferencias, ya que realistas y nominalistas no pueden mantenerse indiferentes a lo que admitan o rechacen como a la suposición de estos términos. Para un nominalista, "hombre" supone en el ejemplo dado, por una colección de individuos, ya que no hay otra cosa en el mundo por la que pudiesen suponer. Para un realista, estos términos generales están señalando una naturaleza común a todos los hombres. De cualquier manera, debe quedar claro que nunca hablamos de un nominalismo extremo, por lo que las diferencias son menos radicales de lo que puede suponerse. El rechazo al nominalismo extremo es una característica de la filosofía de Ockham (Carre, 1946: 113).

[117] Se refiere a todas las especies contenidas bajo este significado (Burley, 2000: nota 31).

La suposición es llamada "personal" cuando el sujeto o el predicado de la oración supone por su significado último, como el término 'hombre' supone por hombres en la oración "El hombre corre" (Buridán 1985: 118).

Volveremos sobre este punto, por tratarse de un tema de sumo interés lógico (sección 5.4.8); por el bien de hilo argumental, seguimos ahora con las distinciones

La distinción entre *suposición personal (formal)*, *suposición simple* y *suposición material* es la que nos interesa, desde un punto de vista lógico[118]. Son los tres tipos a los que atienden tanto los textos que se dedican a una exposición más histórica de la teoría de la suposición (véase: Teodoro de Andrés 1969, Cuarta parte: 219-69; Spade 2002, Cap. 8: 243-56; Dutilh Novaes 2007: Secciones 1.4-1.4.2), como los que están más centrados en una perspectiva sistemática (Broadie, 2002: 28-35). Nos parece un criterio adecuado, tanto más si lo que se pretende es entender la lógica medieval en general, más que la teoría de la suposición en particular.

De cualquier manera, completaremos con distintos cuadros que reflejan no solo la división ockhamista sino también la de Burley y Buridán, a quienes citamos arriba. Para quienes están alejados de los procederes medievales, estos cuadros debidos a Spade (2002, Suplemento D: 272-75) presentan una ayuda pedagógica importante, a fin de comprender y familiarizarse con las divisiones de la suposición.

5.4.7. Esquemas de divisiones de la suposición

La división de Ockham

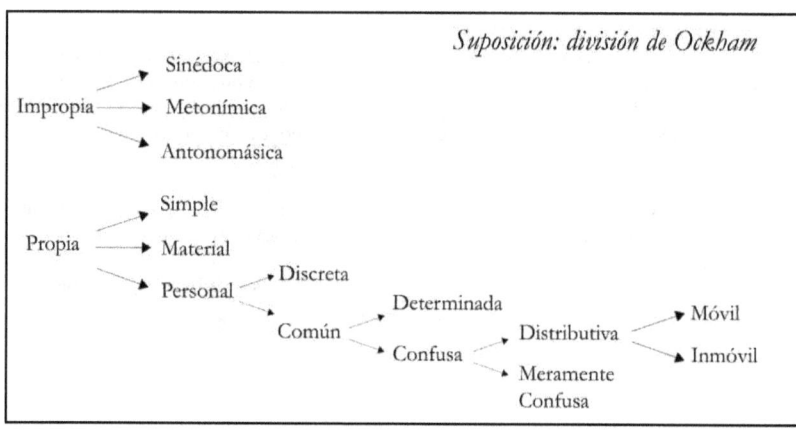

La división de Burley

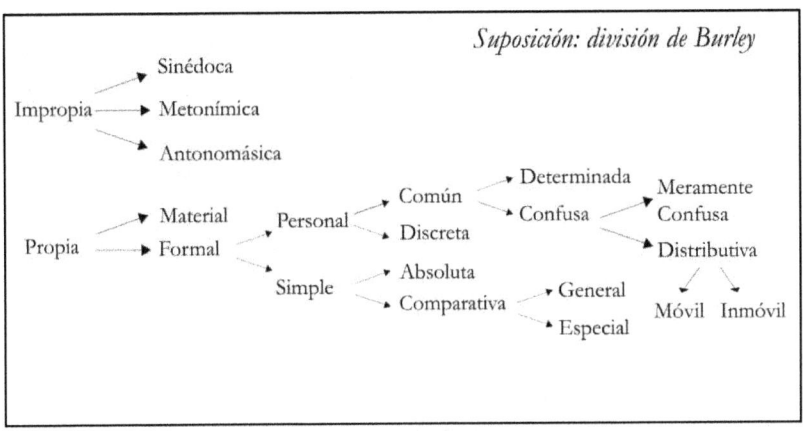

La división de Buridán

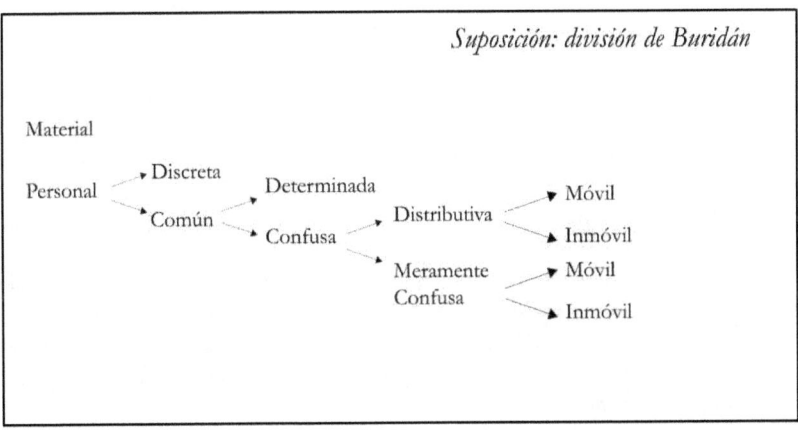

La división de Pablo de Venecia

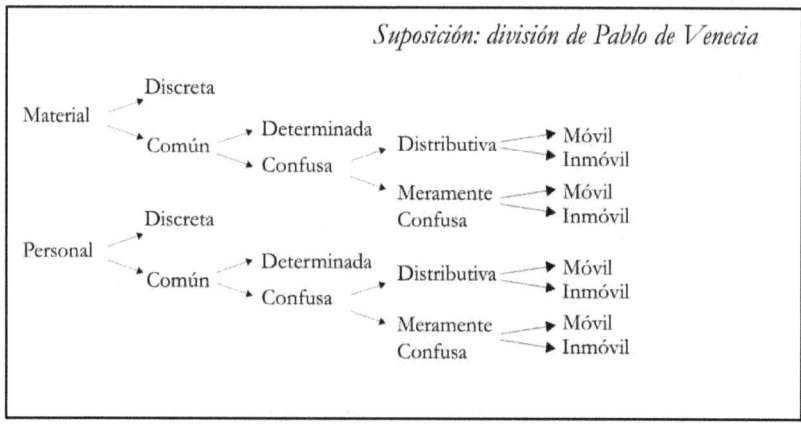

5.4.8. La importancia lógica de la suposición personal

Como vimos arriba, la suposición ha sido considerada –según su tipo– ya como semántica, ya como sintáctica. Existen, como también dijimos antes, tipos de suposición que comparten ambas categorías. La más importante de este tipo es la suposición personal, que puede ser considerada de ambas maneras y que es –a los fines lógicos– la más importante de todas. Lo es porque en la suposición personal el término que supone supone por objetos de un dominio (lo que los lógicos contemporáneos denominan *universo del discurso*). Es, por lo mismo, la parte de la teoría de la suposición que se vincula con la verdad de las oraciones.

A las maneras en que se divide la suposición personal se la ha denominado a veces *modos de la suposición* a fin de separarla conceptualmente de las *divisiones de la suposición*. En los lógicos de la edad de oro la suposición simple ha pasado a ser parte de la suposición personal; la denominan *suposición personal común*.

Existen distintos tipos de suposición personal; como puede comprobar el lector observando los cuadros de la sección anterior, la división más corriente (lo hacen todos los autores que hemos citado) consiste en aceptar que la suposición personal se divide en *Discreta* y *Común*; la Común, a su vez en *Determinada* y *Confusa*.

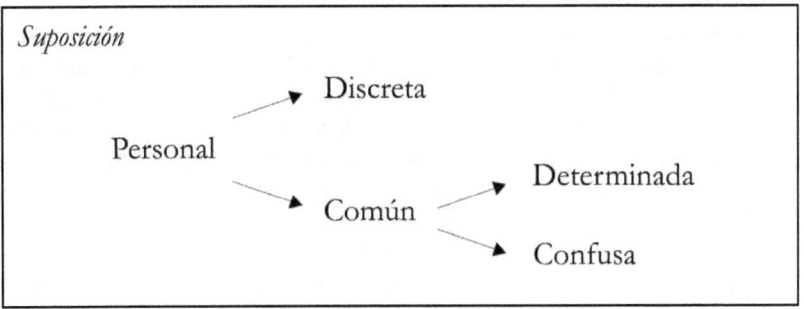

La *suposición discreta* es un tipo de suposición que mantienen los términos sujetos cuando figuran en una *oración singular* (analizamos con detenimiento los tipos de oraciones de la lógica medieval en la sección 7.6). Una oración singular es aquella que tiene como término sujeto a un término discreto (frase nominal) o a un término común con un pronombre demostrativo (*este, esta*) como en: *Sócrates corre* o *Este hombre disputa*. Así, el sujeto de cualquier proposición singular supone personalmente. La suposición discreta es lógicamente fundamental, en el sentido que las demás pueden reducirse a ella (Spade 2002: 279). Se trata de un tipo semántico de suposición, en el sentido de que vincula una frase nominal: *Platón, El discípulo de Russell, El Mediterráneo*, con objetos del dominio.

La *suposición común* opera en las oraciones que tienen como término sujeto a un nombre común como en: *El hombre es una criatura divina* o *Los mamíferos son vertebrados*. A esto se refería Alberto Moreno (1962: 252) cuando decía "Como la suposición tiene que ver principalmente con la cantidad de los términos, les interesa mucho la extensión o rango de los predicados con referencia a los individuos. Tiene, entonces, que ver con la moderna teoría de la cuantificación". La pregunta que buscan responder los medievales apelando a la suposición común es la siguiente. En oraciones como *Todos los filósofos son distraídos*, ¿Por qué supone *filósofos*?

De esto se encargó la teoría de la suposición personal común, ya que los cuantificadores, en la lógica medieval, no se aplican a todos los términos, sino solo a aquellos que poseen suposición personal (o suponen personalmente); esto es, no suponen por otro término sino por una cosa. En *Los hombres son racionales*, el término *hombre* –si supone personalmente– está por todos y cada uno de los objetos que tienen la propiedad de ser hombres, no por un término escrito (hombres), no por un concepto, no por una naturaleza mental (Spade 2002: 277).

Dicho de otra manera: los cuantificadores solo se aplican a términos que están por cosas. Esto deriva de considerar al sujeto y al predicado de la oración categórica como indicando las propiedades un conjunto (posiblemente unitario) de objetos, y a la cópula *es* como indicando la co-referencialidad de los mismos. En términos contemporáneos, diríamos que se trata de una interpretación objetual de los cuantificadores; una interpretación donde "los predicados son *verdaderos* de objetos. Un enunciado cuantificado es verdadero por la existencia de objetos que satisfacen sus predicados" (Díez Martínez 2005: 97).

Se trata de una interpretación sintáctica de la suposición en el sentido de que explica a qué tipo de términos remite otro; como filósofos *remite —cuando supone personalmente por—* Sócrates, Descartes, Bolzano, Russell, etc. en Todos los filósofos son racionales.

En esta caracterización sintáctica de la suposición (personal) común mediante reglas, los medievales propusieron esquemas de *reducción a los singulares* y también de construcción de términos generales. Este método se denominó de descenso y ascenso, respectivamente, y está basado en la equivalencia de las oraciones universales con la conjunción verdadera y las oraciones particulares con la disyunción verdadera. Constituye un método para exhibir el modo en que las sentencias particulares y universales determinan, en virtud de consideraciones sobre la suposición de sus términos, dos distintas sucesiones de un conjunto de condiciones de verdad.

El método valida inferencias como la del caso siguiente (de descenso): *Sócrates es un hombre, por lo tanto, este hombre es Sócrates o este hombre es Sócrates o este hombre es Sócrates...* y así para todos los objetos que sean el caso[119].

El caso del ascenso es menos popular, pero consiste en el requerimiento de poder ascender desde los particulares al universal: *Sócrates es este hombre, por lo tanto, Sócrates es hombre.*

La suposición confusa se caracteriza también apelando a este tipo de reglas; así en una suposición de este tipo es válido las inferencias de descenso, pero inválidas las de ascenso. Ejemplo: *Todos los hombres corren; por lo tanto, este hombre corre* es válida; *este hombre corre; por lo tanto, todos los hombres corren*, no lo es.

---

[119] La caracterización misma del signo particular y el signo universal están vinculadas con estas reglas; Moody nos ofrece la que debemos a Alberto de Sajonia: "Un signo de universalidad es uno tal que, cuando es agregado, denota, de manera conjuntiva por todos y cada uno de sus valores. Un signo de particularidad es uno tal que, cuando es agregado, denota, de manera disyuntiva por todos y cada uno de sus valores" (1953: 45).

Resumen

- Suponer es la capacidad de un término de estar –dentro del contexto de una oración– por una cosa o cosas.

- La diferencia más importante ente suposición y significación es que la primera solo sucede en el contexto de una proposición (Spade 2002: 248; Moody 1975: 18; Klima 2009: 177).

- La suposición estuvo pensada para dar cuenta del *uso* de los términos más que de su referencia. Es necesario asignar ciertos términos a ciertas cosas, para que en primer lugar *pueda establecerse un lenguaje*; esta es la contribución de la significación. Es bastante diferente el asunto de *utilizar realmente ese lenguaje para hablar de cosas*; esto se explica por la suposición (King 1985: 35).

- En el caso de la teoría del significado, dada una oración nos devuelve un objeto, mientras que *en el caso de la teoría de la suposición dada una oración nos devuelve el rango de todas sus posibles lecturas.*

- Desde un punto de vista lógico, los tipos de suposición más importantes son *suposición personal (formal)*, *suposición simple* (o *personal común*) y *suposición material*.

5.5. Verdad

La suposición es la noción semántica oracional más importante de toda la Edad Media. De ella depende entender conceptos fundamentales como los de *oración verdadera* y estructurar la base semántica de la lógica de este período. Es una teoría compleja por el tema que le toca abordar, pero nunca una teoría oscura o inconsistente. La trataremos en las próximas secciones.

5.5.1. ¿Cuál fue la naturaleza sintáctica de la verdad en la Edad Media?

La verdad es un concepto esencialmente semántico. Pero, si lo tratamos como una categoría aplicable a algún lenguaje, debemos primero aclarar su funcionamiento gramatical, esto es, su naturaleza sintáctica. En esta sección daremos cuenta del tratamiento de la verdad como categoría sintáctica para dar luego paso a su tratamiento semántico. Lo hacemos porque nosotros –hijos de Tarski– asumimos sin crítica que la verdad, enfocada sintácticamente, es un predicado, pero no fue así para nuestros lógicos de la edad de oro.

Para los medievales, cuando se aplica sobre oraciones, la verdad se entiende como *uno de los modos en que la oración puede ser,* y los modos no son predicados. Walter Burley dedica un capítulo de su *Puritate* a demostrar que los modos y los predicados son diferentes desde el punto de vista lógico (Burley 2000: 44-47). Nos advierte de no confundir unos con otros y brinda cinco pruebas en favor de su tesis; la idea básica es que si aceptamos que los modos son predicados, dejan de funcionar algunas leyes del silogismo y de la conversión; en otras palabras: si aceptamos la equivalencia, comienzan a fallar las inferencias. Cito solo la quinta prueba, a título de ejemplo:

> Quinto; pruebo la misma cosa de la siguiente manera: En oraciones contradictorias los términos deben ser los mismos; Pero 'Es necesario que todo B sea un A' y 'Es posible que algún B no sea un A' son contradictorios; por lo tanto, los términos son los mismos; Pero si el modo se predicara, no serían los mismos términos ya que «posible» y «necesario» no son los mismos términos; Por lo tanto, el modo no actúa como predicado en proposiciones modales. (Burley 2000: 47)

La modalidad no es un predicado. Pero, entonces, ¿qué es un modo? Los medievales reconocieron en principio seis modos y privilegiaron el tratamiento de los aléticos.

> En primer lugar, asumimos que, si bien existen muchos tipos de sentencias modales, los principales tipos son aquellos que trataron Aristóteles y otros Maestros; son las sentencias modales de posibilidad y de imposibilidad, de necesidad y contingencia y de verdadero y falso, razón por la cual, trataremos solo de ellas (Buridán 1985: 228).

"Verdadero" y "falso" son los modos principales o más básicos de la proposición. Sin embargo, no se hacen explícitos. Esto es, no se extraen conclusiones a partir de ellos utilizando el cuadrado de la oposición. En tratados como el de Pablo de Venecia, las proposiciones asertóricas están representadas por las características A, E, I, O. Las modales de sentido dividido (modales *de re*) están tratadas solo utilizando el modo "posible". Las modales de sentido compuesto (*de dicto*) están representadas por necesarias, imposibles, posibles y contingentes[120]. Los modos son presentados al comienzo de dos en dos; a la hora de hacer los diagramas los modos verdadero y falso desaparecen (no se hace un cuadrado que los represente). Las razones para no proponer un cuadrado con los modos verdadero y falso es "que no añaden nada al significado de la proposición asertórica, pues se indica lo mismo cuando se dice 'Sócrates corre' que (cuando se dice) "es verdad que Sócrates corre"; e igualmente: "Sócrates no corre" y "es falso que Sócrates corre". Con los otros cuatro modos no sucede esto, pues no se indica lo mismo cuando se dice: "Sócrates corre" o "Es posible que Sócrates corra" o "Es necesario". Por lo cual, vamos a dejar de lado (los modos) verdadero y falso y vamos a considerar los otros cuatro[121]" (Tomás de Aquino, citado en Bochenski 1966: 194-96). Esto tiene consecuencias interesantes. Si tenemos en cuenta que

a) Las proposiciones son, por definición, oraciones que son o bien verdaderas, o bien falsas[122].

b) Que *verdadero* y *falso* son modos.

c) Que las proposiciones modales, por definición, son aquellas donde aparece un modo.

    Se puede concluir que –en algún sentido importante– *todas las proposiciones de la lógica son proposiciones modales*. De no ser verdadera o falsa, dejaría de ser una proposición, por a) y si es verdadera o falsa, tiene un modo, por b), lo que la haría una proposición modal, por c).
    Por el contrario, en el nacimiento mismo de nuestra lógica modal se aparta a la verdad de los modos. Así en 1951 von Wright dirá:

---

[120] Pablo de Venecia 1984: 126.
[121] Imposible no remitirse a este pasaje de Frege: "Es digno de notar que la frase "estoy oliendo el aroma de unas violetas" tiene el mismo contenido que la frase "es verdad que estoy oliendo el aroma de unas violetas". Por lo que parece, pues, que no se añade nada al pensamiento si le adscribo la propiedad de la verdad". (Frege 1918) o en la propuesta de las teorías denominadas redundantes o deflacionistas acerca de la verdad: ""Es verdad" o "es falso" son expresiones superfluas o redundantes toda vez que decir, por ejemplo, "es verdad que la pipa está sobre la mesa" es lo mismo que afirmar "la pipa está sobre la mesa"...En otras palabras: "es verdad" y "es falso" nada agregan al contenido significativo de la aserción de la que se predican (gramaticalmente) (Rabossi 1967: 82).
[122] "Una proposición es una expresión que significa algo verdadero o falso" (Buridán 2001: 21).

Distinguiremos entre conceptos de verdad o categorías de verdad y conceptos modales o categorías modales. A la lógica de los conceptos de verdad la llamaremos lógica de la verdad, y a la lógica de los conceptos modales, lógica modal (von Wright 1970: 15).

Esta distinción es extraña a la lógica medieval, que incluye a verdad y falsedad entre los modos. Tenemos entonces que las proposiciones categóricas son –por su modo– verdaderas o falsas y que esta modalidad es por su naturaleza compatible con una teoría deflacionaria de la verdad[123].

Esta manera de enfocar la naturaleza sintáctica de la modalidad es diferente a nuestra manera de pensar las modalidades hoy. Un excelente manual de lógica modal de nuestros días nos dice al inicio que "la modalidad califica la verdad de los juicios" (Fitting – Mendelsohn 1998: 2). En la manera medieval, en cambio, *la modalidad no califica la verdad, ya que ella misma es una modalidad. La verdad es la modalidad más básica y lo que califica son oraciones*[124]. Para decirlo en dos palabras: los medievales de la edad de oro ostentan un enfoque más lingüístico que nuestros actuales (¿y más metafísicos?) lógicos modales, respecto de la naturaleza de las modalidades. Considerar la verdad como un operador modal en vez de (a la manera que nos resulta más familiar) como un predicado, no hace –en principio– diferencia alguna (Frapolli 2013: 21-22), pero es una diferencia sintáctica, por lo que modifica, cuanto menos, nuestra gramática lógica. Hasta aquí las consideraciones sintácticas.

5.5.2. Verdad: definiciones y regla

Las definiciones de verdad que marcaron los desarrollos lógicos de fines de la Edad Media devienen de las dadas por Aristóteles en el libro IV

---

[123] Por compatibilidades e incompatibilidades de la verdad como un modo y la teoría deflacionaria de la verdad, puede verse Frapolli 2013, secc. 2.3.

[124] El dato es relevante desde la perspectiva de la filosofía de la lógica, o la filosofía de la lógica modal. Por ejemplo, las Lógicas Híbridas (Blackburn 2000) vienen a solucionar el problema de los modelos de Kripke, de no poder decir –en el lenguaje objeto– que una oración p es verdadera en un mundo m. Esta asimetría (como la denomina Areces) tiene su base filosófica, según creo, en no considerar a la verdad incluida entre las modalidades y como tal, aplicada a las oraciones. Por supuesto que no estoy afirmando que los medievales utilizaron lógicas híbridas, solo las propongo como buenos vehículos para formalizar una propuesta en la que los mundos posibles son entidades familiares, como muestra Knuutilla (1993: 139-149) y la verdad es un modo sobre la oración en ese mundo. La simbología de las lógicas híbridas, donde "$@_m$, p" significa que la oración p es verdadera en el mundo m resulta –al menos en principio– harto adecuada.

de la *Metafísica* (Moody 1953: 102). La primera es la conocida: "Decir de lo que es, que no es, o decir de lo que no es, que es, eso es falso, y decir de lo que es que es y de lo que no es que no es, eso es verdadero" (Aristóteles: IV, 7, 1011b 26). "La verdad de un juicio afirma, donde el sujeto y el predicado de hecho se combinan y niega donde donde ellos están separados" (Aristóteles: VI, 4, 1027b 20).

También fue influyente la concepción neoplatónica-agustiniana de la verdad, que equiparaba la verdad al ser: *Lo verdadero es lo que es*, aunque la influencia aristotélica es la que impera, al menos desde el siglo XIII.

Posteriormente, la distinción entre *discurso teológico* y *discurso filosófico* (instaurada para salvar discrepancias entre la autoridad de Aristóteles y la de las Sagradas Escrituras) deviene en una liberación tanto de las concepciones bíblicas como aristotélicas de la verdad, que propician desarrollos verdaderamente originales y propios del siglo XIV (Dod 2008: 96). Esta nueva teoría está vinculada con la teoría de la suposición de los términos.

Los escolásticos extrajeron de las dos definiciones aristotélicas otras dos definiciones y una regla (Moody 1953: 102)

Def.V1 Una proposición es verdadera si, lo que quiera que esta signifique[125], eso es.

Reg. RV Es válida la consecuencia de una sentencia a otra sentencia en la cual el término "verdadero" es afirmado del nombre de la primera sentencia. Esto es formulado como una equivalencia lógica de esta manera:
$p \equiv V \text{ "}p\text{"}$
(donde p está por una oración; "p" por el nombre de esa oración, "$\equiv$" por el signo de equivalencia y "V" por el término "es verdadero"[126].)

Def.V2 Una proposición categórica afirmativa es verdadera si sujeto y predicado suponen[127] (están) por lo mismo.

La *Def. V1* se trata del punto de partida: expresa la naturaleza correspondentista y lingüística de la verdad. La *Reg. RV* es una regla que indica –mediante una implicación doble– la manera de comprender el predicado

---

[125] Tengamos presente el significado de "significado" propio de la Edad Media, sus características de vehículo de la correspondencia.
[126] Como postularemos más adelante, "V" es –estrictamente hablando– un modo (sección 5.5.1).
[127] "Suponer" alude –en el contexto de la teoría medieval de la suposición– a la capacidad de un término para estar por otra cosa o cosas; desarrollamos este concepto en las secciones 5.4 a 5.8.

verdadero cuando se aplica sobre oraciones. La *Def.V2* es una definición de la verdad para las oraciones categóricas (las oraciones básicas de la lógica medieval), una definición de verdad propia y original de los lógicos de la edad de oro, parte sustancial de su teoría lógica. Daré una breve explicación de cada una de ellas.

La *Def.V1* hace referencia a las ideas correspondentistas de la verdad que se desprenden de la definición aristotélica. En la Edad Media, la idea de la correspondencia aparece una y otra vez. La diferencia entre realistas y nominalistas pasa más por establecer con qué se corresponden las oraciones que por negar la correspondencia. Para los lógicos de la edad de oro, luego de los cambios ocasionados por Ockham, las palabras (sus significados) están por conceptos, pero estos conceptos son individuos, o, de manera más general, cosas. En esta concepción los conceptos son cosas y las palabras, cuando significan, están por ellos. En estas concepciones las palabras están ya por cosas, ya por conceptos que son cosas. Esto es más unánime en cuanto a los términos hablados y escritos que significan por convención (*ad placitum*) y "son aplicados (*impositio*) para significar los objetos; hablando con rigor los términos significan los objetos antes que los conceptos" (Muñoz Delgado 1964: 212).

Pero ser correspondentista no implica proponer una perspectiva metafísica. Consideremos,

1. Una proposición es verdadera si las cosas son como significa que son.

2. Una proposición es verdadera si significa que las cosas son como son.

(1) y (2) son nociones correspondentistas de la verdad; pero (1) refleja una posición metafísica y (1) una posición semántica (Dutilh Novaes 2011: 1341). Existen posiciones intermedias, como la de Ockham, que pueden presentarse como una especie de realismo lingüístico (así lo denominan autores como Teodoro de Andrés, 1969). No todas las posiciones respecto de la verdad son correspondentistas. La línea platónico-agustiniana no es de este estilo y las definiciones de verdad más vinculadas a la teoría lógica (fundadas en la suposición) tampoco lo son. *Def.V2* es un caso de verdad no correspondentista, como veremos enseguida. Antes analizamos la Regla *RV*.

La *Def.V1* está conectada con la equivalencia expresada por la Regla *RV*. La oración categórica verdadera, *Los hombres son mortales* "es verdadera cuando su significado primero y adecuado es verdadero" (Pablo de Venecia 1984: 124). Por otra parte, el *significado primero y adecuado* de una expresión alude a cómo las cosas de hecho son; es decir, cuando es el caso que los hombres son mortales; lo anterior podría ser expresado, según Perreiah (1983: 27), de esta manera:

"S es P" es verdadera, si y solo si S es P.

Esta manera de hablar, en términos de oraciones categóricas y sus nombres, seguramente hará pensar al lector contemporáneo en el esquema T debido a Tarski, lo que constituye un anacronismo. No estamos –estrictamente hablando– ante el esquema T, pero sí ante algo anterior y que lo funda: lo que Tarski concibió como la condición de adecuación de toda (buena) teoría de la verdad y lo que Moretti (1996) denomina el *núcleo mínimo* de todas las teorías de la verdad; el que deviene de entender el uso normal del predicado veritativo. Este uso "expone, implícitamente, el núcleo mínimo del concepto de verdad tal como fue culturalmente forjado" (Moretti 1996: 14). De esto se sigue que RV es el inicio de cualquier teoría de la verdad: el establecimiento del núcleo mínimo, fundamental para establecer una teoría adecuada acerca de la verdad. El núcleo que reclama que, "cualquier hablante competente que acepte la oración p, aceptará sin problemas que 'p es verdadera'" (Moretti 1996: 15). $p \equiv V$ "p" es el inicio del camino[128] que tomaron nuestros lógicos de la edad de oro en búsqueda de una teoría de la verdad.

En coincidencia con lo dicho arriba, Epstein (1992: 154), quien elabora una teoría de la verdad basada en la solución de Buridán a la paradoja del mentiroso, extrae de ella ocho principios básicos para una solución formal de la paradoja. El principio 6, dice:

Principio 6: Si A es verdadera, entonces cualquier proferencia posterior de "A es verdadera" es verdadera. Coloquialmente: si A es verdad, entonces "A es verdad" es verdad; y la conversa, si "A es verdadera" es verdadera, entonces A es verdadera (1991: 154).

Sin dudas se trata de una buena formulación o paráfrasis de la regla RV.

5.5.3. Teorías de la verdad

---

[128] Históricamente este bicondicional compatible con la concepción deflacionaria de la verdad aparece en Abelardo (Dutilh Novaes, 2011: 1342).

La Edad Media –donde lógica, semántica, teología y filosofía fueron partes importantes del cuerpo de conocimiento de la época– el tema de la verdad fue ampliamente discutido. Pueden distinguirse también distintos enfoques o perspectivas acerca de la misma: coexistieron en la Edad Media nociones de verdad semánticas, nociones de verdad metafísicas y nociones de verdad bíblicas; por nuestros intereses solo tomaremos en cuenta las vinculadas con la lógica, esto es, la concepción metafísica y la concepción semántica.

Cada una de estas concepciones –la metafísica y la semántica– postula distintas entidades (portadores de verdad) sobre las cuales poner énfasis para caracterizar la verdad: la concepción metafísica considera sus portadores de verdad a las propiedades y los estados de cosas; la concepción semántica considera como portadores de verdad a las oraciones. De cualquier manera, lo que hace que se mantenga una u otra de estas concepciones no pasa por saber qué es lo que se considere, en cada caso, un portador de verdad, sino más bien por identificar qué tipo de hechos son las causas de esa verdad: en la verdad metafísica son hechos metafísicos los causantes de la verdad; en la verdad semántica, ciertos hechos semánticos son los responsables de la verdad de una oración (Dutilh Novaes 2011: 1341).

Las teorías semánticas acerca de la verdad fueron de dos tipos: a) las correspondentistas (donde una oración es verdadera porque se corresponde con hechos semánticos y que vimos arriba) y b) las vinculadas con la teoría de la suposición.

La teoría de la verdad que más se utilizó en lógica es de cuño semántico y no-correspondentista: está basada en la teoría de la suposición (y la presentaremos en las siguientes secciones). Es una teoría propia de los lógicos medievales, e inteligible solo en los términos de su teoría lógica.

El siguiente cuadro presenta de manera clara las distinciones que acabamos de mencionar:

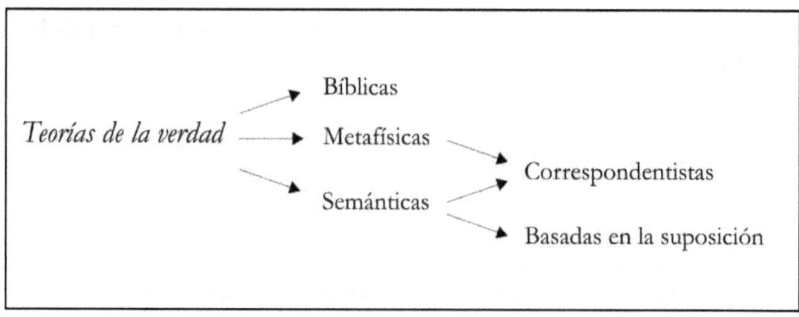

5.5.4. Verdad y suposición

Si bien todas las teorías de la verdad son compatibles con lo dicho arriba, algunas de ellas, las más adentradas en la teoría lógica del período que desarrollamos en el libro, tienen su base en la teoría de la suposición. Este es el caso de la *Def.V2*, *Una proposición categórica afirmativa es verdadera si sujeto y predicado suponen (están) por lo mismo*. Se diferencia de la *Def.V1* en que no tiene ninguna connotación correspondentista, al menos en el sentido metafísico del término. Se trata –este es su primer rasgo distintivo– de una concepción semántica de la verdad.

Estos enfoques no son forzosamente disyuntos. Pablo de Venecia no considera excluyentes los enfoques metafísicos y semánticos de la verdad. Propone una visión unificada de ambos en virtud de su relación con distintas categorías lingüísticas: la parte de la teoría lógica que se vincula con una noción de verdad metafísica está asociada con la propiedad de la significación (propia de los términos cuando operan *fuera* de la oración). La parte de la teoría lógica que se vincula con una noción de verdad semántica está asociada con la propiedad de la suposición (propia de los términos cuando operan *dentro* de la oración).

Def.V2 afirma que el modo *verdadero* indica, cuando la proposición categórica es afirmativa, que *el sujeto y el predicado de la proposición categórica suponen por lo mismo*. ¿Qué quiere decir que sujeto y predicado supongan por lo mismo? Quiere decir que una oración es verdadera si se da la identidad de sus *supposita* (de aquella entidad por la que suponen). La teoría de la suposición sirvió para dar forma a una teoría recursiva de las condiciones de verdad, sobre la base de la verdad de proposiciones más fundamentales, a saber, las singulares cuyo sujeto es un pronombre demostrativo y cuyo predicado es uno de los términos –sujeto o predicado– de la proposición (sección 7.6.1). Es un método general, descrito de manera admirable por Buridán:

> Suposición es tomar un término en una proposición por alguna cosa o cosas, tales que, cuando esa cosa o esas cosas son señaladas por el pronombre "esto" o "estos" o su equivalente, entonces ese término es verdaderamente afirmado de ese pronombre con la mediación de la cópula (Buridán 1977: 50[129])

---

[129] Citado por Broadie de la edición de los *Sophismata* de T. K. Scott.

La definición funciona para dar cuenta de la verdad tanto de oraciones como *Sócrates es trisílabo* sujeta a la verdad de la conjunción *Esto es trisílabo* y *Esto es Sócrates*, donde *Sócrates* supone materialmente (esto es, por el término *Sócrates*), como de la oración *Sócrates es griego*, sujeta a la verdad de *Esto es griego* y *Esto es Sócrates*, donde Sócrates supone personalmente (esto es, por una cosa).

La teoría de la suposición –de aquí su importancia en este punto– permite vincular *Def.V1* con *Def.V2* (esto no suele ser expresado en la mayoría de los estudios sobre lógica medieval). Veamos. Sabemos que la manera en que se entendió *verdad* –en el sentido que arriba denominamos metafísico– sistemáticamente mapea las significaciones de las proposiciones sobre los objetos, o sobre los objetos significados por esas proposiciones (Perreiah 1986: 27). Lo que nos muestra la teoría de la suposición, los que nos habilita a hacer es considerar distintos tipos de objetos. En el caso particular de la suposición personal, los términos están por cosas. En otras palabras: la suposición personal –una de las maneras en que puede suponer un término– señala la relación entre un término y un objeto del dominio de una manera similar a la que acontece en nuestra lógica de primer orden, y solo las oraciones que suponen personalmente entran en la consideración de la verdad. Dice Ockham:

> Hay que señalar que una proposición no se denomina indefinida o particular, excepto cuando su término sujeto supone personalmente, entonces las indefinidas y las particulares son intercambiables (Ockham 1998: 91).

La verdad de una proposición en que los términos suponen de manera personal depende de que sea satisfecha en el dominio por algún objeto del universo del discurso. Una oración indefinida como *El hombre es racional*, si *hombre* y *racional* suponen personalmente, requiere para su verdad que todos los objetos del dominio tengan la propiedad de ser hombres y ser racionales.

Las oraciones verdaderas o falsas (las oraciones de que se ocupa la lógica) acerca del mundo son aquellas que suponen de manera personal y, por ende, sus términos están por cosas. Así, con un vocabulario más actual podríamos parafrasear *Def2* diciendo: una oración es verdadera si el objeto sobre el que cuantifica satisface –en el dominio del que se está hablando[130]– las características a las que co-refieren el sujeto y el predicado.

---

[130] Podríamos agregar *y durante el tiempo en que se está hablando*, pero –aunque muchos medievales lo consideran importante– hemos dejado el tiempo de lado para evitar complicaciones

La oración falsa *El hombre es un asno* lo es en virtud de no cumplir los requisitos de esta definición de verdad, que puede parafrasearse en la jerigonza contemporánea de la siguiente manera: *El hombre es un asno* es falsa porque no existe en el dominio un objeto que posea la propiedad de ser asno y la propiedad de ser hombre. No hay en el dominio un solo objeto que satisfaga ambos conceptos.

Resumen

- La verdad es –desde la perspectiva sintáctica– una modalidad.

- Durante la Edad Media existieron teorías de la verdad semánticas.

- Las teorías semánticas acerca de la verdad fueron de dos tipos: a) las correspondentistas; y b) las vinculadas con la teoría de la suposición.

- La definición de verdad propia de los lógicos de la edad de oro dice que "Una proposición categórica afirmativa es verdadera si sujeto y predicado suponen (están) por lo mismo".

- Cuando los términos suponen personalmente, una oración es verdadera si el objeto sobre el que cuantifica satisface –en el dominio del que se está hablando– las características a las que co-refieren el sujeto y el predicado.

5.6. Al decir *es*

En 1936, al hablar de los términos informales a los que la lógica da significado preciso (i.e. las constantes lógicas), Tarski enumeró: ""no", "y", "es", "cada", "algún" y otras varias" (1985: 41), incluyendo la cópula *es* entre los signos lógicamente interesantes que conforman el lenguaje lógico.

La polisemia de *es* se conoce desde la antigüedad y el mérito del lógico consiste en no confundir sus usos y significados. Muchas veces esta polisemia se asume como una verdad de perogrullo; otras, es tomada seriamente y deviene, por ejemplo, en los análisis (algunos de los cuales citamos aquí) que componen *The Logic of Being* (Hintikka y Knuuttila 1986). Una mirada contemporánea del asunto suele no darnos una respuesta acerca de cómo interpretar esta partícula del lenguaje lógico. Priest, por tomar un ejemplo, nos dice respecto de los significados de *es* que

> Los lógicos llaman al primer uso de *es* el *es del predicado*; y al segundo uso, *es* de la identidad. Como tienen propiedades diferentes, en el lenguaje simbólico actual se expresa la predicación como "Pa", mientras que la identidad como "p=a" (Priest 2006: 92).

Esta versión del asunto suele ser la versión contemporánea y simplificada del tema: en ella la la cópula es vinculada solamente a estos dos significados (predicación e identidad) y su ambigüedad es solucionada con la utilización del simbolismo adecuado. Pero en trabajos como los de Haaparanta (1986) se señala que la interpretación de *es* por parte del propio Frege es esencialmente ambigua. Existe entonces en Frege una lectura esencialmente ambigua de *es*; el refundador de la lógica habría entendido la cópula en al menos cuatro significados distintos: i) como predicación, ii) como identidad, iii) como existencia, iv) como inclusión de clases (Haaparanta 1986: 270).

Podemos asumir entonces que la cópula ha sido entendida, a lo largo de la historia de la lógica, de diferentes maneras: ya vinculada a su función de decir algo de otra cosa, en la teoría de los predicables o las categorías propuestas por Aristóteles, ya vinculada con la verdad cuando opera como signo de identidad. Estas dos distintas maneras de funcionar de la cópula han sido habitualmente confundidas a lo largo de la historia, a tal punto que –según Angelelli (1980: sección 9)– esto es lo habitual desde Aristóteles a Kant y hasta llegar a Frege. La conocida paradoja de la predicación no es otra cosa que el fruto de esta confusión[131].

En la lógica medieval la cópula *es* es el signo sincategoremático más importante de todos. El primer motivo para detenernos en su interpretación es historiográfico: dependiendo qué interpretación de la cópula adjudiquemos a nuestros lógicos, será la lógica que entenderemos. Esto no ha sido suficientemente señalado. Pongamos un ejemplo.

En el texto de Moody de 1953 la cópula es entendida como un signo de identidad; *X es Y* signfica que X e Y suponen por el mismo objeto del dominio; la cópula es identidad extensional entre los términos sujeto y predicado; esta identidad, a su vez, es entendida como la conjunción de dos

---

[131] La misma se puede expresar de la siguiente manera: "decir que S es P, es falso, ya que S es distinto que P. Si no queremos equivocarnos, debemos decir que S es S, y como esta afirmación es trivial, la paradoja de la predicación se expresa en la siguiente alternativa: Si un juicio no es trivial, es falso, y si es verdadero, es trivial" (Moro Simpson 1975: 13).

oraciones cuantificadas: El resultado es una reconstrucción de la lógica en términos de nuestra lógica proposicional.

En el texto de Henry de 1972 *es* es interpretado como un signo (no-unívoco) de inclusión y como un signo (no-unívoco) de identidad, que vincula clases: el resultado es una reconstrucción de la lógica en términos de la mereología de Lesniewski.

De lo anterior se sigue que la interpretación que adjudiquemos a la cópula *es* tendrá repercusión directa sobre el tipo de lenguaje, el tipo de ontología y el tipo de lógica que mantenga nuestra reconstrucción racional de la lógica de la Edad Media.

5.6.1. La cópula desde la perspectiva gramatical: constitutivo de las proposiciones

Los trabajos en torno al *status* lógico de la cópula *es*, funcionando como constituyente de la oración, se remontan por lo menos a Abelardo[132] (Ebbsen 1986: 123). Desde esta perspectiva, la función verbal general de la cópula es ser el lazo proposicional o marca de aserción; lo que nosotros, siguiendo Abelardo, llamamos la cópula es simplemente la expresión canónica de esta función en una oración de la forma X es Y (Khan 1986: 5).

La cópula posee una relevancia sintáctica difícil de exagerar, que pasa por ser el componente básico de las oraciones atómicas de la lógica de la Edad Media. En los manuales de la edad de oro puede verse claramente en las definiciones (de cuño sintáctico) de *oración categórica*:

> Primero: Una oración categórica es aquella que tiene un sujeto, una cópula y un predicado como sus partes principales, p. ej. "Un hombre es un animal" (Pablo de Venecia 1984: 124).

Así, la función gramatical de la cópula es *realizar la conexión necesaria para que se constituya una proposición.*

Sintácticamente, la cópula o la terminación del verbo sirve para generar una oración gramatical a partir de dos términos que de otro modo solo formarían una lista: Juan y corriendo. Por lo tanto, indi-

---

[132] Algunos historiadores lo consideran el primero en introducir esta idea, otros, como Kneale, aseguran que de lo que el propio Abelardo cuenta se desprende que ya antes había habido discusiones acerca del papel del verbo "ser" en las proposiciones categóricas.

ca no solo tiempo, modo y persona, sino algo más fundamental: una sentencia (Khan 1986: 6).

5.6.2. La interpretación gramatical de *es* a fines del siglo XIV

El origen de las teorías semánticas acerca de *es* derivan del interés medieval por la naturaleza de la predicación (Jacobi 1986: 162). El problema que da origen a los debates –propios del siglo XII– es que la cópula *es* puede suceder en una proposición de dos modos:

a) solo acompañando un sujeto (*secundum adiacens*), como en "Sócrates es". El verbo "es", cuando aparece solo acompañado por un sujeto es un segundo componente;

b) Uniendo sujeto y predicado, es decir como tercer componente (*tertio adiacens*), como en "Sócrates es blanco".

Se plantearon dos teorías respecto de este hecho sintáctico. La primera predicaba que la cópula tiene contenido existencial y este es su único significado. Esto es claro cuando *es* sucede como segundo componente, y se sostiene que esta carga existencial sigue presente cuando *es* ocurre como tercer componente; según esta posición, la cópula es –siempre– un cuantificador existencial.

La segunda teoría dice que, si bien la cópula tiene la función de un cuantificador existencial cuando sucede como segundo componente, no significa de la misma manera cuando sucede como tercer componente, ya que allí adquiere otro significado: la cópula tiene significado equívoco (Jacobi 1986: 163-66). Como segundo componente *es* es un cuantificador existencial; como tercer componente *es* es un signo de identidad. Según la teoría de la identidad, en una proposición afirmativa se afirma que el término sujeto y el término predicado están por el mismo individuo (o individuos); por lo mismo, ambos términos se interpretan extensionalmente.

Durante el período que estamos analizando los lógicos toman como lógicamente más relevante la interpretación que asocia a la cópula con la identidad:

La teoría de la identidad de la cópula, adoptada por prácticamente todos los lógicos del siglo XIV, fue un intento de expresar el significado de las afirmaciones categóricas de una manera formal y extensional. Si ambos términos, sujeto y predicado, se toman en extensión, la fuerza de la cópula es la de postular la identidad extensional de los valores de los términos, en la manera determinada por la forma de la proposición" (Moody 1953: 36).

Pero, además, los lógicos de fines del siglo XIV propondrán una manera de quedarse solo con esta interpretación de la cópula. En pocas palabras, eliminan la consideración del *es* como segundo componente. El argumento se basa en consideraciones referidas a la naturaleza del lenguaje mental.

Vimos en 5.2 que las oraciones del lenguaje mental son las que tienen la forma lógica que deben preservar las oraciones de la lógica y son oraciones de la forma X *es* Y. Como la inferencia descansa en la forma, todos los otros tipos de formas oracionales deben ser reducidas a esta forma canónica (X es Y) en pro de preservar la obtención de inferencias correctas. Las oraciones donde la cópula sucede *secundum adiacens* no son la excepción:

> Un verbo tiene que ser analizado tomando el verbo 'es' como tercero adyacente, siempre que la proposición es afirmativa [*de inesse*] y en el tiempo presente [*de praesenti*], y tomando ese verbo en participio, como, por ejemplo, "Un hombre corre" debe ser analizado en "Un hombre es un corredor", y similarmente, "Un hombre es" en "Un hombre es un ser" (Buridán 2001: 23)

Otro de los hechos que probablemente haya colaborado en esta manera de enfocar el punto es que la oración categórica donde sucede el verbo *es* como tercer componente puede verse como explicativa respecto de una oración con igual significado donde este no aparezca. Esta posición –descrita, aunque no aceptada por Abelardo– puede haber influido en la decisión de nuestros lógicos. Así, si bien *Sócrates corre* y *Sócrates es corredor* son equivalentes, la segunda explica la primera.

Se sigue de lo dicho arriba que, desde el punto de vista lógico, no hay más que oraciones categóricas (de la forma X *es* Y), en la gramática lógica de la edad de oro; oraciones cuya forma lógica –su constitución misma como oraciones– depende, básicamente, de la acción de la cópula *es* operando como tercer componente.

5.6.3. La cópula como un signo de identidad y de predicación

La cópula fue entendida –dentro de la teoría de la predicación– de dos maneras diferentes. Según la teoría de la inherencia, el término predicado debe ser entendido intencionalmente: Se afirma que la "naturaleza universal" (la forma) significada por el término predicado está (de manera inherente) en al menos uno (o en todos) los individuos denotados por el término sujeto, o, para decirlo de otra manera, que los individuos denotados por el término sujeto son de la forma universal significada por el término predicado (Jacobi 1986: 167).

Según la teoría de la identidad –como ya dijmos– sujeto y predicado están extensionalmente por el mismo objeto.

Voy a sostener que la cópula tuvo dos interpretaciones distintas según el tipo de oración categórica donde apareciera: en las categóricas que denominamos comunes (o simplemente *categóricas*), donde la cópula une dos expresiones nominales, la cópula operó como un signo de identidad. Pero en las oraciones categóricas demostrativas (o simplemente *demostrativas*), donde la cópula une un pronombre demostrativo con una frase nominal, operó como signo de la predicación, pero, además, un tipo de predicación especial: la predicación de una cosa universal a una cosa particular[133]. Las interpretaciones básicas de la cópula –identidad y predicación sobre un particular– ya están bien distinguidas en Tomás de Aquino, quien distingue entre una predicación *del tipo de la identidad* (*per modum identitatis*) de una predicación en la cual una cosa universal es predicada de un particular (*sicut universale de particulari*)(Weideman 1986: 183)[134].

Desde un punto de vista lógico hay que agregar el marco donde fueron presentadas a finales del siglo XIV: la teoría de la suposición y la teoría de las condiciones de verdad.

5.6.3.1. El *es* de identidad

La interpretación habitual que los historiadores y filósofos de la lógica han hecho de la cópula –a fines del siglo XIV– es la que la presenta como un signo de identidad (Moody 1953: 36). Es difícil pensarlo de otra manera cuando uno encuentra pasajes como el que está al comienzo del tra-

---

[133] Hasta donde sé, puedo considerarla una tesis original; no conozco otro autor de textos sobre lógica medieval que haya señalado este punto.

[134] Según Angelelli "la condición principal o característica de la predicación clásica, es que dados dos universales P, Q, si suponemos que todos los Qs son Ps, entonces P es predicado de Q de la misma manera en que P se predica de cada individuo que es Q" (1980: 105). La predicación fregeana se diferencia básicamente de la clásica por aplicarse solo sobre individuos. En este sentido la distinción de Tomás de Aquino es realmente novedosa.

tamiento de la suposición en el capítulo 5 del *Tratado sobre las consecuencias* de Buridán:

> Ahora, en el quinto capítulo, establezco además que una proposición afirmativa significa que los términos suponen por lo que es lo mismo, o lo que fue o será lo mismo, dependiendo del tipo de proposición. Así, si digo "A es B" estoy significando que A y B son lo mismo y si digo "A fue B" estoy significando que A fue lo mismo que B, y así (Buridán 2015: 69)

Señalemos que, como notará el lector, es menester acompañar cualquier apreciación de la teoría de la identidad de *es* con consideraciones acerca de la suposición. En segundo lugar, es menester aclarar si la cópula señala identidad, sobre qué cosas dice que son idénticas: si se trata de identidad de objetos o se trata de identidad de signos. La utilización de "=" como un signo mediando entre objetos nos arroja a la paradoja (como señaló Frege). La solución habitual es entender a "=" como

> un signo que se puede colocar entre dos términos s y t para indicar que si se somete a ambos a la misma *interpretación* entonces ambos se convierten en *dos designadores distintos para el mismo objeto* (Lungarzo 1986: 254).

Y de esta manera fue, a grandes rasgos, entendido en la edad de oro de la lógica medieval. Si queremos ser aún más estrictos, diremos que es un signo que afirma la co-referencia de sujeto y predicado de una oración categórica.

5.6.3.2. El *es* de la predicación

Para entender como opera la cópula en su función de inherencia, en el caso particular del *sicut universale de particulari* y diferenciarla de su aplicación para establecer la identidad (*per modum identitatis*), es útil la sugerencia de Weideman: la primera predicación se puede caracterizar por la pregunta: ¿Qué es…?; para el segundo tipo de predicación la pregunta es: ¿Existe algo así como…? . Esta manera de contemplar el asunto esta estrechamente vinculada con "los modernos análisis de las oraciones existenciales en términos del cuantificador existencial" (Weideman 1986: 182)

Teniendo en cuenta lo anterior, es menester que antes recordemos algunos puntos:

a) la eliminación de los términos singulares: en la lógica de la edad de oro sujeto y predicado son simétricos respecto a *es*, ya que la cópula se comporta como la identidad; dicho en otros términos: ambos pueden operar como predicados (sección 4.2.2.1).

b) Los pronombres demostrativos funcionan como sujeto de oraciones categóricas básicas y son nuestro análogo de las variables (sección 4.2.2.2).

c) Los pronombres demostrativos señalan —en la lógica medieval— uno y solo un individuo.

d) La oración *Sócrates es blanco* se descompone —a los fines de encontrar sus condiciones de verdad— en *Esto es blanco* y *Esto es Sócrates* (sección 4.2.4.2 y 7.6).

En las dos categóricas que componen la conjunción *Esto es blanco* y *Esto es Sócrates* el sujeto es un pronombre, o lo que es lo mismo, una variable. Si tenemos en cuenta lo afirmado en a)-c), se sigue que, en este caso, la cópula está actuando para generar una predicación y no para establecer la identidad, y que esa predicación se da sobre un individuo (y no es entre clases).

A esta conclusión llega Quine, luego de —o a raíz de— proponer la eliminación de los singulares. Esta cita, aunque extensa, lo explica de manera clara:

> Así se analiza la ecuacion «x = a» como una predicacion «x = a» en la cual el verbo es «= », la «F» de «Fx». La cosa puede contemplarse también así: lo que en la formulación verbal era «x es Sócrates» y en la simbolica «x = Sócrates», sigue siendo verbalmente «x es Socrates», pero el «es» no se trata ya como un término relativo separado, «=». El «es» se trata ahora como una cópula que, al modo como se presenta en «es mortal» y «es un hombre», no sirve más que para dar a un término general la forma de un verbo y adecuarlo así para una posición predicativa. «Sócrates» se convierte en un término general, verdadero precisamente de un solo objeto; pero es general, porque a partir de ese momento se trata de tal modo que resulta gramaticalmente admisible en posición predicativa y no en posiciones adecuadas para variables. El resultado es que desempeña el papel de la «F» de «Fa», y no puede ya desempeñar el de la «a». Ese nuevo análisis se basa en un teorema de la confiabilidad de los términos singulares

a la posición «= a». Pero el teorema se aplicaba solo a los usos puramente referenciales de los términos (Quine 2010: 188).

Esta misma conclusión es válida para la lógica de la edad de oro. La cópula, en las oraciones demostrativas –por el hecho de poseer un pronombre como sujeto– se comporta como parte de la predicación. Parafraseando la anterior diríamos: en *Esto es Sócrates* el *es* no se trata ya como un término relativo separado, como en el caso de las categóricas comunes. El *es* se trata ahora como una cópula que, al modo como se presenta en *Es mortal* y *Es un hombre*.

En conclusión, la cópula *es* es un término equívoco, pero no confuso o ambiguo: funciona como signo de identidad en las categóricas del tipo *Charles Bukowski es un animal racional* y como predicación en *Esto es un animal racional* y *Esto es Charles Bukowski*. Es verdad que la primera o más intuitiva interpretación de la cópula es como signo de predicación, pero sabemos que fue intencionalmente dejada de lado por los lógicos de la edad de oro. Autores como Buridán "prefieren interpretar la comprensión de la función de la cópula como un 'primer principio indemostrable' a pesar de su obvio conocimiento del análisis alternativo de la 'teoría de la inherencia de la predicación' proporcionado por la Vía Antiqua" (Klima 2001: xliii).

Todo esto quedará más claro aún cuando analicemos el vínculo entre cópula, verdad y existencia.

5.6.4. Aserción, existencia, verdad y predicación

Junto con las oraciones categóricas aparece el tema de la existencia. ¿Tiene (o no) la cópula implicaciones existenciales? El asunto de la existencia se conecta con la verdad, ya que si se afirma la existencia de algo que tiene una propiedad, y si ese algo existe y tiene la mentada propiedad, entonces la oración es verdadera. Si la cópula no tiene connotaciones de predicación, el camino de la verdad debe ser abordado de otra manera.

Este tema está vinculado con la predicación y la identidad. Cuando la función de la cópula es predicativa la verdad tiene que ver con la existencia del objeto y su propiedad; cuando la función de la cópula es la identidad, la cópula no connota existencia. De cualquier manera, existe una función primera de la cópula que consiste en constituir una aseveración.

Así, el papel de la cópula, su función principal, no tiene que ver ni con la verdad, ni con la realidad, aunque a menudo se le ha dado esta interpretación: el papel de la cópula, su rol fundamental, es generar una aserción (la extensión de la cita siguiente está justificada por la inmejorable explicación de lo dicho arriba por parte de Khan):

> Esta función asertiva básica de la cópula –más precisamente la íntima conexión entre la cópula y la función asertiva de la oración– aparece cuando subrayamos el verbo en la pronunciación: "te lo digo: ¡Margarita *es* inteligente!" "Después de todo, el gato *está* en el tapete". Este papel semántico de la cópula como signo de la afirmación de verdad sentencial nos permite entender uno de los usos especiales más importantes del *einai* en griego, el llamado verídico, donde el verbo por sí mismo (tanto en la tercera persona indicativa como en el participio) expresa las nociones de verdad y realidad. Si perdemos de vista esta conexión entre la cópula y la afirmación de la verdad que es fundamental para todo discurso declarativo, el hecho lo que *ser* significa en griego, la realidad se convertirá en una misteriosa anomalía, independiente de la función predicativa de los verbos, por lo que los filólogos a menudo han tendido a pasar por alto el uso verídico o confundirlo con lo existencial, a pesar de las diferencias fundamentales en la estructura de la oración; este es el apoyo principal a mi afirmación de que el uso de la cópula es fundamental, ya que el uso verídico o existencial pueden explicarse uno sobre la base del otro, pero ambos pueden entenderse sobre la base de la cópula (Khan 1986: 7).

Así, a pesar de que la cópula no cumple cuando media entre sujeto y predicado el papel de cuantificador existencial, "la categórica tiene como misión primaria el enunciar que algo existe o no existe (a*liquod esse vel non esse*)" (Muñoz Delgado 1964: 329). Pero esta enunciación de la existencia es a partir de su vínculo con la verdad más que con la cuantificación. La verdad —como vimos en 5.5.3 y veremos en 7.4— demanda algo así como lo que hoy denominamos una interpretación en términos de asignaciones sobre un universo del discurso, por lo que no puede pensarse sin individuos.

Esta conexión con la verdad es lo que hace que la cópula tenga injerencia sobre los compromisos ontológicos de las oraciones categóricas sin actuar como un cuantificador. Cuando la cópula está formando una proposición categórica, actúa como *truthmaker*. Sin entrar en detalles, digamos que los *truthmakers* son "aquello en virtud de lo cual algo es verdadero" (MacBride 2016). Aceptado esto, veamos cómo funciona la cópula en sus funciones no básicas y vinculadas con la verdad: la identidad y la predicación.

5.6.4.1. Verdad, cópula e identidad

El verbo *es* no implica, actuando como cópula (tercer componente), ningún tipo de predicación de existencia. Abelardo recalca que el *"est"* es un enlace intransitivo, esto es, un enlace mediante el que algo se relaciona solo consigo mismo. Para decirlo de en dos palabras, interpreta la cópula como un signo de identidad. Esto significa que sujeto y predicado –extensionalmente entendidos– están por lo mismo.

En el caso de las oraciones categóricas, además de identidad (o a partir de ella) hablamos de verdad[135]. Esta relación (oración categórica-verdad) debe comprenderse de una de las maneras en que –con ciertos matices– lo entienden nuestros contemporáneos; esto es, como una relación intralingüística; lo explica Frapolli:

> Las similitudes de la identidad y la verdad se pueden elaborar de una manera que respete el significado de los términos y sus funciones en el lenguaje. Una forma reveladora de comprender el papel de la verdad como una función intra-lingüística es considerándola como una instancia de un operador de identidad de segundo orden. La mayoría de las veces, la relación estándar representada por el signo "=" no es la identidad, sino la co-referencialidad. La co-referencialidad es una relación metalingüística que representa la circunstancia de dos expresiones que denotan una y la misma entidad (2013: 34).

En otros términos; sucede que, estrictamente hablando, la cópula no es un signo de identidad sino un signo de co-referencia. Esta es la manera más apropiada de describir cómo entendieron el vínculo de las oraciones categóricas con la verdad los medievales de la edad de oro. En las categóricas, *es* representa la identidad de la referencia. La variación a mencionar es que, en lugar de hablar de *referencia*, los lógicos medievales hablaron de *suposición personal*.

Por supuesto, es menester, para que esto funcione que i) tanto sujeto como predicado tengan la capacidad de estar por propiedades y, ii) que se hable de cosas, lo que está garantizado en el caso que nos ocupa por la función de los términos *cuando suponen de manera personal*.

Completando lo que vimos en la sección anterior, podemos sostener que cuando afirmamos con verdad *a es b* estamos diciendo que *a* y *b* su-

---

[135] Recordemos la definición de verdad dada en 5.2: una oración es verdadera si sujeto y predicado suponen por lo mismo.

ponen personalmente por un mismo y único objeto. En la jerigonza de nuestra lógica, escribimos:

$$\exists(x)\ \forall(z)\ ((A(x) \wedge B(x)) \wedge (A(z) \wedge B(z) \to z=x))$$

o, mejor aún, apelando a la terminología de Russell:
$$(\iota x)((A(x) \wedge B(x))$$

5.6.4.2. Verdad, cópula y predicación

Como hemos sostenido, la cópula también sirve para predicar, pero este es el caso solo en las oraciones básicas: las categóricas con un pronombre como sujeto. La diferencia de uso de la cópula entre estos dos tipos de oraciones queda clara en el siguiente fragmento, donde Buridán define la suposición:

> Suposición es tomar un término en una proposición por alguna cosa o cosas, tales que, cuando esa cosa o esas cosas son señaladas por el pronombre "esto" o "estos" o su equivalente, entonces ese término es verdaderamente afirmado de ese pronombre con la mediación de la cópula (Buridán 1977: 50[136]).

Es claro que la función de la cópula aquí es predicar y la del pronombre, sustituir al objeto; no olvidemos que tanto el sujeto como el predicado suponen y esto permite eliminar los términos singulares en favor de los predicados. La comprensión de las oraciones categóricas fuera de la teoría de la suposición propone diferencias semánticas entre sujeto y predicado. Strawson, por ejemplo, analizando la estructura de estas oraciones, nos dice que "El predicado es verdadero de (o falso de) aquello por lo que el sujeto está. (Strawson, 1974: 8)"; esto es, el término sujeto refiere, mientras que el predicado señala una propiedad del objeto al que el sujeto refiere. La teoría medieval de la verdad (o falsedad) de las oraciones categóricas se asienta –en cambio– en la suposición de los términos que componen una oración categórica (tanto sujeto como predicado y de la misma manera) y en entender a *es* como una predicación (y no en la relación de referencia y predicación como solemos entenderla nosotros hoy en día). Al momento de suponer, para los medievales, sujeto y predicado se comportan –digámoslo así– simétrica-

---

[136] Citado por Broadie de la edición de los *Sophismata* de T. K. Scott.

mente. Para ello se eliminan los nombres o términos singulares en favor de la predicación; el resultado no difiere del que proponía Quine, al eliminar los términos singulares:

«Sócrates» es ahora un término general que se considera empíricamente verdadero de un solo objeto; «Pegaso» es ahora un término general que, como «centauro», no es verdadero de ningun objeto. La posición de «Pegaso» y de «Sócrates» en «(∃x) (x es Pegaso)» y «(∃x) (x es Sócrates)» es ahora ciertamente inaccesible a variables y, desde luego, no es una posición puramente referencial; pero esto es muy natural, porque ha dejado de ser una posición para términos singulares; «x es Pegaso» y «x es Sócrates» tienen ahora la forma de «x es redondo» (Quine 2010: 189).

Comprender este punto es crucial para la buena comprensión de la semántica de los lógicos de la edad de oro. La verdad de *Esto es Sócrates* sucede en el caso de que aquel objeto al que refiere el pronombre tenga la propiedad de ser Sócrates.

Resumen

- En la lógica medieval *es* es el signo sincategoremático más importante de todos.

- La función gramatical de la cópula es realizar la conexión necesaria para que se constituya una proposición.

- No hay más que oraciones categóricas (de la forma *X es Y*), en la gramática lógica de la edad de oro. La forma lógica depende de la cópula *es* operando como tercer componente.

- En las categóricas que denominamos –sección 4.2.4.2– comunes (o simplemente *categóricas*), donde la cópula une dos expresiones nominales, la cópula operó como un signo de identidad. Pero en las oraciones categóricas demostrativas (o simplemente demostrativas), donde la cópula une un pronombre demostrativo con una frase nominal, operó como signo de predicación.

- Actuando como signo de identidad la cópula afirma la co-referencia de sujeto y predicado de una oración categórica.

-En las oraciones demostrativas –por el hecho de poseer un pronombre como sujeto– *es* se comporta como parte constitutiva de la predicación.

- La cópula está vinculada con la afirmación de la verdad, que es fundamental para todo discurso declarativo.

- La verdad de una categórica (*Sócrates es blanco*) es co-referencia de sujeto y predicado; la co-referencialidad es una relación metalingüística que representa la circunstancia de dos expresiones que denotan una y la misma entidad.

- La verdad de una categórica demostrativa (*Esto es Sócrates*) depende del hecho que el objeto señalado por el pronombre tenga la propiedad mencionada por el predicado.

6. NOCIONES METATEÓRICAS FUNDAMENTALES 2: CONSECUENCIA Y MODALIDAD

6.1. Consideraciones filosóficas sobre el rol de la consecuencia lógica y la inferencia

El eje temático de la lógica contemporánea es la noción de consecuencia. De esto se sigue que la lógica nos enseña cuándo es el caso de que una premisa se sigue de otra (y nos dota de un método para averiguarlo). Según muchos de los mismos lógicos que sostienen la tesis de arriba, aprender sobre la consecuencia puede ayudar no solo en lógica, sino también en la vida diaria, ya que nos movemos en un espacio social donde todo el tiempo intentamos convencer a otros (mostrar que nuestras conclusiones se siguen de nuestras premisas), y otros intentan persuadirnos a nosotros respecto de algo (Barwise 1999: 5).

La visión anterior es realmente optimista. En realidad –al menos la mayor parte de las veces– los alumnos que asisten a un curso de lógica estándar (un curso de lógica de primer orden) se ven sorprendidos de cómo una disciplina dedicada al estudio de los argumentos se presenta tan lejana a la práctica argumental. Desde mediado de los 70' lo que tenemos es una lógica casi absolutamente olvidada de dar cuenta de qué sucede cuando argumentamos en un ámbito cotidiano como el de la confrontación argumental, y con ello de los razonamientos prácticos (Woods et al. 2002: 4 y ss.). La lógica se ha constituido como una disciplina abstracta, alejada de las prácticas más caras a nuestras maneras de vérnoslas con el mundo. ¿Cuál es la causa de este alejamiento? Desde la perspectiva de algunos lógicos y filósofos –que no escrutaremos en este trabajo– en la base del asunto está el antipsicologismo propugnado por Frege y Husserl a comienzos del siglo XX[137]. De aquí en adelante, la lógica se ha alejado más y más de un ideal de representación, sustituyéndolo por uno normativo. Así, la lógica (y su noción de consecuencia), en la actualidad se estudian desde:

    i) un enfoque semántico/sintáctico/algebraico;
    ii) una teoría normativa;
    iii) formada por leyes abstractas;
    iv) formulada en lenguaje formal;

---

[137] Pelletier et al. 2008: Sobre todo secciones 1.1. y 1.2.

v) sin vínculo alguno con la psicología;
vi) insensible a datos del contexto.

Existe hoy un resurgimiento del psicologismo basado en un interés por modelar *cómo razonan de hecho* los agentes racionales (Leitgeb 2008: 1-2). Tampoco vamos a entrar en detalles sobre el punto; simplemente queremos presentar lo que esta lógica vinculada a los razonamientos del sentido común y amigada con la psicología empírica y el naturalismo dice acerca de la agenda lógica de este siglo: la lógica tiene como objeto de estudio las invariantes que subyacen a los procesos informativos; el marco donde opera es el mismo mundo, o mejor, las actividades sociales que los agentes con inteligencia desempeñan en él. Los procesos sociales de intercambio de información nos acompañan desde la antigua tarea de cazar un mamut y se manifiestan hoy, de manera más compleja, en los debates legales (van Benthem 2010: 5).

Pueden pensarse dos misiones diferentes para las dos concepciones de la lógica que hemos delineado arriba. Para la primera, la misión de la lógica es el estudio de los argumentos para trazar una línea que divida las inferencias (deductivas) en buenas y malas, a través de un método diseñado para tal fin. La posición enfatiza el análisis normativo de un *producto* de la actividad humana, los argumentos. Se trata de lo que Alchourrón (1995: 19) denomina paradigma Tarski-Carnap. Para la segunda perspectiva, que propone una lógica de (y para) los agentes, la opción anterior no es errónea, sino incompleta. "Argumentar" indica tanto proponer un producto acabado (para su análisis), una pieza argumental, como su construcción. "Argumentar", también indica *la actividad de argumentar* y es esta *actividad* de la que debe dar cuenta la lógica para completar el panorama.

Desde el enfoque de agentes, los razonamientos se estudian desde

i. un enfoque semántico/sintáctico/ algebraico;
ii. una teoría que aspira a ser descriptiva;
iii. puede estar formada (también) por leyes empíricas;
iv. atiende al lenguaje natural;
v. tiene en cuenta los datos de la psicología;
vi. es esencialmente contextual.

Presentar estas dos concepciones de la naturaleza, el objeto y la misión de la lógica tiene como único fin preguntarnos: ¿más cerca de cuál de ellos ubicaríamos la lógica medieval? La lógica medieval se ocupa de la noción de consecuencia lógica, pero el fin de ellas es aclarar las disputas argumentales (como veremos, la noción de consecuencia emerge más basada en los *Tópicos* que en los *Analíticos*). La actividad de argumentar, la argumentación como actividad parece ser el marco natural de la consecuencia medieval. Los procesos de información tampoco le resultan extraños ya que, como veremos, existen nociones de consecuencia definidas no en términos de verdad, sino en términos epistémicos (tal el caso de Buridán o Pablo de Venecia). Pero la lógica medieval es normativa y no pretende ser la compilación de leyes psicológicas.

Podríamos seguir aquí marcando distancias y proximidades con ambas concepciones. Se trata solo de un ejercicio que tiene como fin *hacernos conscientes de que la lógica que heredamos de Frege no es el único contraste posible*. Tal vez la noción de consecuencia medieval tenga algo que decir sobre temas de actualidad, temas abiertos, temas de debate.

De cualquier manera, Según Dutilh Novaes (2012: 2), las características de la consecuencia tarskiana, preservación de la verdad y sustitutividad –reflejen o no fielmente los rasgos básicos del concepto de consecuencia medieval– tienen por lo menos la ventaja de guiar un análisis conceptual apropiado. Tal vez entonces la diferencia a considerar incluya al tipo de argumento que estamos considerando; Wood et.al. (2002: 12) nos dicen que la diferencia fundamental entre lógicas pasa por las que consideran argumentos prácticos *versus* las que consideran argumentos estrictos. Esto parece marcar un punto de partida interesante para diferenciar la consecuencia contemporánea de la de los medievales. En el la lógica del paradigma Tarski-Carnap lo que se pretende, en última instancia, es que la intuición no aparezca como justificación de ninguna de las premisas que componen una cadena inferencial cuya conclusión es un teorema (Haaparanta 2009: 276). En la lógica de la Edad Media se pretende dar cuenta de inferencias prácticas, inferencias propias de las disputas.

6.2. La consecuencia como noción capital de la lógica de la edad de oro

"La teoría de la consecuencia es una invención genuina de la lógica medieval" (Dutilh Novaes 2008: 467). La afirmación no es menos fuerte que cierta. La justificación histórica es que no existen elementos anteriores –si bien desde Aristóteles se habla de implicación entre proposiciones– que presenten este enfoque (original) del tema, ni fueron tan prolíficos en sus desarrollos, ni sistematizaron con el mismo rigor que los medievales. Los lógicos medievales de la edad de oro dieron a la consecuencia lógica el centro de la escena. Habrá que esperar hasta los trabajos de Tarski y Carnap para encontrar análogos.

Trataremos en este capítulo, además de la noción de consecuencia lógica, la noción de modalidad, uno de los componentes básicos de la noción de consecuencia lógica.

En ambos casos, nos acercaremos a nociones originales; nadie antes que nuestros medievales puso a la consecuencia lógica como centro de la teoría lógica; nadie antes que nuestros medievales propuso un enfoque semántico de la modalidad.

6.3. La importancia de la consecuencia lógica en la lectura de las *Sumas*

Como reza cualquier buen manual de lógica de nuestros días, "El objeto central de la lógica es la relación de consecuencia o, dicho de otro modo, el concepto de argumento correcto" (Badesa, Jané, Jansana, 1998: 121). Un lógico medieval de la edad de oro suscribiría el *slogan*. Nos interesa destacar aquí la importancia de esta idea como guía para la lectura de las obras lógicas escritas desde 1323 en adelante. No solo el orden de las Sumas, sino los temas de cada uno de los tratados que las componen, deben entenderse desde la noción de consecuencia. Quiero decir con esto, que facilita la lectura y la correcta interpretación de las fuentes directas entender que la teoría de las *consequentiae* funda los demás tratados que componen la lógica moderna: *Insolubilia, De Obligationibus* y *Exponibilibus, Suppositio*: Así, los medievales entendieron las paradojas –tratadas en los *Insolubilia*– *como el estudio de un tipo de inferencia extraña*; entendieron las disputas –tratadas en *De Obligationibus*– *como el estudio del tipo consecuencias que podían darse por buenas* en una discusión; entendieron las condiciones de verdad de una oración hipotética –tratadas en *Exponibilibus*– *como el estudio del tipo de oraciones atómicas que se podía inferir que la conformaban*; entendieron la suposición de los términos *como el estudio de la interpretación que puede inferirse para un término en una oración determinada*.

Esta es la importancia de la noción de consecuencia en tanto que guía heurística para los lectores de lógica medieval.

6.4. Consecuencia lógica y oración condicional

Considerado desde el plano etimológico, *consequentia* provine de la traducción que hace Boecio de la expresión aristotélica ακολουθησις, que aparece frecuentemente en el *Hermeneia*; aquí, sin embargo, no posee un sentido técnico y exacto, y más bien denota una sucesión completamente general. El mismo sentido tiene la palabra, si bien restringida a las relaciones lógicas de los términos, en Abelardo, y en parte también, todavía, en Kilwardby y Pedro Hispano (Bochenski 1966: 201). Para Moody la palabra ya se encuentra en Cicerón, que, al igual que Boecio, la toma de los lógicos griegos post-aristotélicos. El término "consecuencia" se deriva en latín del verbo "seguir" (*sequi* o *consequi*).

Ahora bien ¿qué designa la palabra "consecuencia", tratada no ya en el sentido anterior, sino como término técnico de la lógica? Si bien en la tradición latina medieval esta concepción genérica de *consecuencia* fue retenida, el término consecuencia llegó a ser utilizado técnicamente para designar frases de forma condicional.

> Los lógicos medievales posteriores tendían a considerar todas las formas de deducción válida, incluyendo el silogismo, como formas de 'consecuencia' y por lo tanto como equivalentes a las proposiciones condicionales. De esta manera, toda la teoría de la deducción se organizó como un desarrollo de las normas que rigen la validez de las sentencias condicionales[138] (Moody 1953: 64-5).

Esto no es de extrañar; parece incluso la manera natural de proceder, cuando se ha tratado de manera veritativo–funcional a los condicionales. Veamos lo que dice Etchemendy cuando habla de la noción de consecuencia tarskiana:

---

[138] Los lógicos de la Edad Media discutieron, de modo no menos activo que los estoicos, acerca de la naturaleza de los condicionales. Como vimos arriba, la primera caracterización de la consecuencia es la que la define como un enunciado condicional, por lo que, en la mayoría de los casos discutir acerca de la naturaleza de los enunciados condicionales era discutir acerca de la naturaleza de la noción de consecuencia. Para Guillermo de Shyreswood, no es necesario que las dos partes del condicional sean verdaderas; sí, que si el antecedente es verdadero, lo sea también el consecuente. Para Pedro Hispano, el antecedente no puede ser verdadero sin que lo sea el consecuente; caracteriza además los condicionales verdaderos como necesarios, y los condicionales falsos como imposibles. Para nuestros lógicos del siglo XIV, seguidores de la caracterización de Pedro Hispano, un condicional verdadero tiene como condición la imposibilidad de que su antecedente y su consecuente puedan formar una conjunción en la que el primero sea verdadero y el segundo falso.

¿Cómo debemos definir consecuencia lógica? Una de las rutas que se podría considerar como atractiva es una simple reducción de esta noción a la de verdad lógica. Ciertamente, si una oración S es una consecuencia lógica de un conjunto de oraciones K = {K1,..., Kn}, entonces la sentencia condicional cuyo antecedente es la conjunción de los miembros de K, y cuyo consecuente es S, debe ser lógicamente verdadera. Es decir, S será una consecuencia lógica de K si y solo si la oración
Si K1 y… y Kn. entonces, S
es lógicamente verdadera" (Etchemendy 1999: 47).

Así, una manera *natural* de pensar la consecuencia lógica, será pensarla en términos de condicionales. Tenemos —en los días del principio de nuestra lógica— maneras de expresarse que denotan esto claramente:

> Si todos los fundamentos veritativos que son comunes a un número de proposiciones son, al mismo tiempo, fundamentos veritativos de una determinada proposición, entonces decimos que la verdad de esta, se sigue de la verdad de aquella. En particular, la verdad de una proposición "p" se sigue de la verdad de otra "q", si todos los fundamentos veritativos de la segunda los son también de la primera (Wittgestein 1997: 5.11).

En la segunda parte de la cita, en el caso particular, se habla de *una oración que se sigue de otra*: q que se sigue de p, lo que da lugar a pensar más en oraciones condicionales que en consecuencia lógica. La primera parte de la cita es, sí, muy clara.

Por supuesto, una cosa es pensar la consecuencia en términos de condicionales y otra —por cierto muy diferente— confundirla con los enunciados condicionales. Los medievales de la edad de oro no cometieron este error. Si bien algunos de los lógicos del siglo XIV propusieron —siguiendo al Pseudo Escoto— una caracterización de la consecuencia como enunciado condicional, esto no implica que no estuvieran ya embarcados en la evolución conceptual, que no siempre fue abrazada por la evolución terminológica, más ceñida a la tradición.

Incluso cuando los lógicos cesaron de concebir las *consequentiae* como proposiciones hipotéticas, continuaban hablando por regla general de antecedente y consecuente de las mismas, más bien que de sus premisas y su conclusión. Se trata de un detalle relativamente nimio, pero no carece por entero de importancia. Veremos en seguida, por ejemplo, que el Pseudo-Escoto y otros autores posteriores trataron de aplicar la denominación de *consequentiae* a argumentos con más de una premisa; más, ya que continuaban hablando de *consequentiae* en el contexto de los enunciados condicionales, formularon a veces sus reglas generales acerca de la transitividad y la posibilidad de contraposición de modo tal que solo resultaban aplicables a *consequentiae* con una única premisa (Kneale 1972: 257-58).

Solapamientos terminológicos mediante, el sentido de *consequentia* en el siglo XIV fue homogéneo: consecuencia quiere decir inferencia[139]. Aunque fue considerada en los albores de la lógica medieval solamente como una proposición hipotética, adquiere más tarde el sentido de argumentación en general, y no es ya, como la proposición condicional hipotética, verdadera o falsa, sino correcta o incorrecta (*bona vel mala*), válida o inválida. En la obra de Buridán –seguramente el lógico más capaz de la edad de oro– no existe pasaje donde se hable seriamente de la verdad o la falsedad de las inferencias, cuyo defecto se designa con la palabra *reputari*, e implica que la inferencia es inválida o mala; sí se afirma que el defecto de una oración condicional es su falsedad (King 2001; 122). En otras palabras, existen palabras indicadoras que señalan que estamos en presencia de una inferencia: *bona*, *valet*, o *tenet*, se aplican solo sobre este tipo de relación y no sobre oraciones condicionales (Aho 2011: 229).

Como prueba definitiva agregaremos las consideraciones sintácticas de Pablo de Venecia respecto de consecuencias y condicionales, que no deja lugar a dudas:

> Una *inferencia* es "el paso (*illatio*)[140] adecuado a un consecuente desde un antecedente: p. ej., "El hombre corre; por lo tanto, el animal corre". Llamo antecedente a la proposición que precede el signo de inferencia (*notam rationis*); p. ej. "El hombre corre". Llamo consecuente a lo que sigue, p. ej. "El animal corre". Al signo de inferencia o dador lo llamo "por lo tanto" (*li ergo*) o "por consiguiente" (*li igitur*) (1986:167).

---

[139] En general, los estudiosos de la lógica medieval prefieren hablar de *inferencia* antes que de *consecuencia*. Como ejemplos Spade (2002), King, Boh y Read (2001); lo tratamos en la sección 5.5.

[140] Por supuesto que la objeción inmediata es que "illatio" es un término mental, pero aquí no tiene efecto. Definir la consecuencia en términos de conceptos epistémicos es una característica de la línea de autores británicos, como ya veremos.

Una *oración condicional* es "una en la cual varias proposiciones categóricas van unidas por un signo condicional" (Pablo de Venecia 1984: 131)[141].

Consideradas semánticamente, consecuencia y condicional tienen el mismo significado: aunque en un caso se habla de *verdad* y en el otro de *solidez*.

Para la verdad de una afirmación condicional es necesario y suficiente que el opuesto del consecuente sea repugnante al antecedente (Pablo de Venecia 1984: 131).

Una inferencia sólida es aquella en la cual el opuesto del consecuente resulta repugnante al antecedente (Pablo de Venecia 1984: 167).

Para King la muestra más clara de que las nociones fueron distinguidas es la ausencia de la búsqueda de condiciones de verdad para las consecuencias (2001: 121 y secciones 1 a 5). Como veremos con detalle en la segunda parte de este libro, Pablo de Venecia nos brinda, en la sección dedicada a las proposiciones hipotéticas (capítulo 2 de la *Logica Parva*), las condiciones de *verdad* de las proposiciones hipotéticas y en la dedicada a la *consequentia* (capítulo 3) las reglas para la *validez* de la inferencia –lo que indica de manera clara que distingue entre ambas (1984: cap. 2-3).

La diferencia fundamental entre consecuencia y condicionales es la misma que en nuestros días: la definición de consecuencia (se verá claramente en las definiciones de las secciones 6.13) posee un componente modal del que carece la definición de oración condicional; la consecuencia es buena si y solo si es imposible para el antecedente ser verdadero cuando es falso el consecuente (Aho 2011: 230).

6.5. Consecuencia y consecuencia lógica

En los días del nacimiento de la lógica contemporánea fue olvidada la distinción que existe entre consecuencia lógica y buena inferencia. El olvido de la distinción obedece a que los padres de nuestra lógica han solapado uno y otro concepto, de modo tal que toda inferencia válida es un caso de consecuencia lógica. Así lo vemos en el Wittgenstein del *Tractatus*: "Si p

---

[141] Otro argumento en esta línea es derivado de la estructura de la Summa de Ockham: las consecuencias son tratadas en la Parte III, dedicada a los argumentos, y no en la Parte II, dedicada a las proposiciones (Dutilh Novaes, 2008: 472).

se sigue de q, entonces puedo *deducir* p de q; *inferir* p de q". (Wittgestein 1997: 5.132; el énfasis es mío).

Inferencia y deducción, son, en el caso de arriba, sinónimos. Pero bien sabemos que no todos los buenos argumentos lo son en virtud de su validez lógica. Así, el argumento

Olivia tiene el pelo castaño claro
Olivia ayer vino a la escuela con el pelo castaño claro
Olivia hoy vino a la escuela con el pelo rojo
Por lo tanto, Olivia se ha teñido el pelo.

Es habitualmente aceptado como un buen argumento, aunque *la verdad de sus premisas no es garantía absoluta de la verdad de su conclusión* (como demanda la validez lógica). Debemos, pues, asumir entonces que existe una noción de consecuencia más amplia o general que denominaremos *consecuencia simpliciter*.

Una buena pregunta entonces será: ¿Cuál es la extensión de la noción de consecuencia lógica? O, en otros términos: ¿Qué relación guarda la noción de consecuencia lógica respecto de la noción de consecuencia *simpliciter*? Los lógicos suelen proponer tres opciones:

a) la consecuencia *simpliciter* se identifica con la noción de consecuencia lógica;
b) la noción de consecuencia *simpliciter* debe reducirse a la de consecuencia lógica; o,
c) la noción de consecuencia lógica es un tipo de (está incluida en) las consecuencias *simpliciter*.

Nuestros medievales aparentan haber tomado la opción b) ya que procuraron dar cuenta de las consecuencias propias de los debates, dentro del corpus lógico o, como dice Uckelman (2009: 9), una de las líneas de trabajo del siglo XIV consiste en explicar los elementos no demostrativos (no silogísticos) de la lógica de Aristóteles bajo la noción de consecuencia. O, como afirma Read, lo que hicieron los lógicos medievales fue extender la teoría aristotélica de los silogismos a una teoría general de la consecuencia (2012: 912). Esto no significa que los lógicos de la edad de oro hayan pretendido *reducir* los demás tipos de inferencia a la consecuencia lógica, sino más bien que *procuraron dar cuenta* de los demás tipos de inferencia en términos de la consecuencia lógica.

6.6. Consecuencia lógica e inferencia

Para nosotros –los lógicos contemporáneos– es común identificar *inferencia* y *deducción*: por ejemplo, un manual de lógica dice en el capítulo "Inferencia Lógica":

> Se empieza con conjuntos de fórmulas que se denominan *premisas*. El objeto del juego es utilizar las reglas de inferencia de manera tal que conduzca a otras fórmulas que se denominan *conclusiones*. El paso lógico de las premisas a la conclusión es una *deducción*. La conclusión que se obtiene se dice que es una *consecuencia lógica* de las premisas si cada paso para llegar a la conclusión está permitido por una regla. La idea de inferencia se puede expresar de la siguiente manera: *de premisas verdaderas se obtienen solo conclusiones que son verdaderas* (Suppes y Hill 1988: 44).

Las nociones sin embargo deben, en pro de la claridad, ser distinguidas. En un artículo dedicado a esta tarea, Sundholm nos dice que, a fin de conseguirlo, "es menester mirar el trabajo de los medievales en los tratados *De Consequentiis*, en orden de obtener visiones genuinamente relevantes de la consecuencia" (2009: 945). Sostiene, que los medievales buscaron unificar cuatro relaciones –para nosotros diferentes– buscando sus principios comunes. Cada una de ellas puede distinguirse por la utilización de diferentes palabras indicadoras. Las presenta en el siguiente cuadro (Sundholm, 2009: 947):

Palabra indicadora	Ejemplo	Análogo moderno
Si (Si)	Si A, entonces B	Condicional
Sequitur (Se sigue de)	De A se sigue B	Consecuencia
Quia (Porque)	B porque A	Causalidad
Igitur (Por lo tanto)	A, por lo tanto B	Inferencia

Estas diferencias son las que no están presentes en la teoría de nuestros lógicos contemporáneos o directamente están negadas[142].

---

[142] Veamos por ejemplo el caso de la relación de causalidad en Wittgenstein (1997: 5.135 a 5.1361):
"Del darse efectivo de un estado de cosas cualquiera no se puede, en modo alguno, deducir el darse efectivo de otro enteramente distinto".
"No hay nexo causal que justifique tal deducción".
"No podemos inferir los acaecimientos del futuro a partir de los actuales".

Hoy distinguimos entre enunciados condicionales (como oraciones verdaderas o falsas), consecuencia lógica (como una relación entre proposiciones que puede ser válida), relaciones de causalidad (como una relación que puede obtenerse entre estados de cosas) e inferencia (como la acción – que puede ser válida– de pasar de un juicio a otro).

Un primer punto a tener en cuenta, entonces, es que la noción de consecuencia medieval no debe identificarse con la deductividad. Sabemos sí que los medievales mantuvieron que la lógica trata con argumentos, que los argumentos son válidos si siguen reglas válidas y si lo hacen, se obtendrá una consecuencia válida[143]. Por lo que puede decirse que buscaron entender el concepto de consecuencia en términos del de inferencia (King 2001: secc. 3).

Nos resta solo aclarar cómo entendieron el término *inferencia*, ya que *inferencia* no carece de ambigüedad. Jaroslav Peregrin (2014: 139-140) señala tres sentidos básicos del término, que es necesario desambigüar para evitar errores conceptuales. Inferencia puede referirse a:

i. Los actos de inferir llevados a cabo por personas concretas en circunstancias concretas;
ii. La relación de inferencia correcta ya que de los actos de inferencia (razonamientos) con que las personas se comprometen decimos que son buenas o malas inferencias.
iii. Un tercer sentido puramente lógico, donde *inferencia* puede ser utilizado para referirse a una forma arbitraria de relación definida de manera abstracta, generalmente generada por un sistema de inferencia bajo normas relacionadas con una lengua artificial.

En los planteos lógicos contemporáneos es común explicar (ii) en términos de (iii), dejando de lado (i). En la Edad Media ninguno de los tres sentidos de *inferencia* está afuera del alcance de los intereses lógicos: el objeto es echar luz sobre (i) utilizando los criterios desarrollados en (ii) en base a un sistema de reglas al estilo de (iii), solo que no expresado en un lenguaje artificial (ni tratado jamás en términos algebraicos). En este sentido hay que comprender *inferencia* en el contexto de la lógica de la edad de oro.

"La creencia en el nexo causal es la superstición".
La causalidad –como verá el lector– está absolutamente fuera del ámbito de la inferencia.

[143] Una prueba de la X a partir de K que apela exclusivamente a las reglas de inferencia de N es una deducción formal o prueba formal" (McKeon, 2010: 25).

6.7. Las fuentes medievales para la construcción del concepto de consecuencia

Como casi siempre, al rastrear el origen de la noción en estudio, el tema de las fuentes plantea interrogantes y esta no es la excepción. Al encontrar similitudes con el tratamiento de las sentencias condicionales "surge inevitablemente la pregunta acerca de si los autores medievales que trataban el tema de las *consequentiae* recibieron de hecho alguna inspiración de sus predecesores megáricos y estoicos. No hay, hoy por hoy, posibilidad de respuesta satisfactoria[144]", opinaban los Kneale (1972: 260), hace más de 40 años; la situación al respecto no parece haber cambiado demasiado. Así, el origen de la idea de consecuencia, sus fuentes, y el desarrollo de sus sucesivas caracterizaciones, como tantos otros elementos de la lógica del medioevo, aún no es del todo claro. Como la pretensión histórica de este trabajo es modesta (y teniendo en cuenta que el problema de las lagunas históricas respecto de la consecuencia no se ubican en el siglo XIV) podemos trabajar solo con los datos admitidos por todos: La teoría de las consequentiae se construyeron a partir de –al menos– cuatro fuentes: a) Los *Tópicos*; b) Los *Primeros Analíticos*; c) los antiguos comentaristas de Aristóteles y d) Las doctrinas megáricas y estoicas (Dutilh Novaes 2012).

La influencia megárico-estoica no parece sobrepasar, con mucho, la transmitida por Cicerón y Boecio, siendo este último –inequívocamente– el de mayor importancia al respecto. La influencia propia más fuerte de Boecio es el tratado sobre los silogismos hipotéticos, del que se sigue, por su originalidad, que el mismo Boecio no tuvo –al menos en los temas vinculados con la consecuencia– un conocimiento directo de los textos megárico-estoicos (Martin 2009: 67).

Sabemos que fueron los *Tópicos* con su teoría de la inferencia entimemática los que convocaron la atención de los medievales y que fueron absorbidos –desde finales del XIII– por la teoría de la consecuencia, al punto que de allí se derivan algunas de sus reglas más importantes (Stump 2008: 294)[145].

Otro argumento en favor de considerar esta obra (los *Tópicos*) como la base a partir de la cual se construye la teoría de la consecuencia son las

---

[144] Kneale nos señala la injerencia de los Bosquejos pirrónicos, de Sexto Empírico, conocidos, aproximadamente, desde el siglo XII. Muñoz Delgado menciona a *De Philosophia Rationali sive Peri Hermeneias*, tratado del siglo II, atribuido a Apuleyo; el *Institutio logica* o Introducción a la Dialéctica, atribuido a Galeno y las traducciones y obras de Mario Victorino.

[145] "De lo necesario se sigue cualquier cosa y de lo imposible nada se sigue" son derivadas por Burley de los Tópicos.

noticias del interés y el entusiasmo que despertaron entre los medievales las obras dedicadas a las inferencias conversacionales, como la *Refutación de los Sofistas*. Los *Tópicos* buscaban caracterizar las inferencias socráticas y este es un dato curioso para un lógico contemporáneo (mejor decir, fregeano) pues muestra que la clasificación de las consecuencias medievales tiene, como punto de partida, la disputa más que la prueba. Los intereses de este texto encajaban perfectamente con sus ideales pedagógicos y proponían, por otra parte, una obra incompleta, abierta, mucho menos acabada que las que trataban acerca de la silogística. Por lo mismo, la mayoría de los esfuerzos de lo lógicos se volcaron hacia ellas[146].

En cuanto a los *Analíticos* –considerados como fuente– jugaron un rol de contralor conceptual respecto de las consecuencias. Teniendo en cuenta que los *Analíticos* se dan cuenta de la inferencia silogística (distintas de las conversacionales de los *Tópicos*), la evolución del concepto puede dividirse en tres partes sucesivas: en la primera, el concepto de consecuencia y el de inferencia silogística son disyuntos: cada uno de ellos va por su camino; en la segunda, el concepto de consecuencia busca subsumirse en el de silogismo (mayormente durante el siglo XIII); en la tercera, las inferencias silogísticas serán incluidas dentro del concepto más amplio de consecuencia (desde mediados del siglo XIV) (Dutilh Novaes 2012: sección 3.1). Hacia finales del XIV "la consecuencia llega a ser la instancia superior de todas las operaciones lógicas, precisamente aquello que da validez a la inferencia, el objetivo de toda la lógica; y por esto mismo, es la innovación más importante de la lógica escolástica" (Beuchot 1991: 144).

Entre las fuentes propias de la lógica medieval que propiciaron el desarrollo de la teoría de la consecuencia, debe señalarse la teoría de las propiedades de los términos. Ya que –como señalamos en las secciones 3.1 y 3.7– el estudio de las propiedades de los términos se da para –en busca de– establecer la naturaleza y significado de la oración. Estos estudios, de cuño inferencial, propusieron pensar el significado de la oración considerando: a) en cuanto a la relación inferencial que mantiene consigo misma (de la que derivan los tratamientos de las paradojas de auto-referencia) y b) en cuanto a la relación inferencial que mantiene con otras proposiciones, esto es, la relación de inferencia argumental.

---

[146] Como ya dijimos, los medievales consideraron a la lógica como una ciencia en desarrollo y sus esfuerzos se volcaron siempre hacia las áreas más problemáticas o menos desarrolladas. Su posición epistémica ante el estado de la lógica después de Aristóteles, es exactamente inversa, como dijimos, a la posición kantiana.

6.8. Caracterización de la noción de consecuencia: reglas

La teoría de la consecuencia comienza por distinguir entre las consecuencias para cuya verdad se necesitan de una premisa adicional y las que no. Esta manera de enfocar el asunto no es extraña en el panorama actual de las concepciones filosóficas de la consecuencia lógica, ya que para nuestros lógicos toda noción de consecuencia puede reducirse a la noción de consecuencia lógica; así, en "Sócrates es un hombre, por lo tanto, Sócrates no vuela", "Sócrates no vuela" es consecuencia lógica de "Sócrates es un hombre", en cuanto procedemos al agregado de las premisas verdaderas adecuadas; o, dicho de otra manera, la inferencia puede ser reconstruida en términos de consecuencia lógica (Gómez Torrente 2000: 16-19).

Este punto de vista fué el de los lógicos de la edad de oro (o, al menos, muy parecido) y esta es la razón de su interés por los *Tópicos*, lugar donde se trata la inferencia entimemática.

La noción de consecuencia se puede caracterizar mediante un esquema definicional, o mediante la enumeración de propiedades (Alchourrón 1995: 36). La lógica medieval intenta ambos caminos; y pone más énfasis en el segundo que en el primero. Una de las maneras de enumerar las propiedades que se le atribuyen a la noción de consecuencia es dar reglas que las caractericen. Los medievales tomaron este camino: "La lógica medieval es una lógica de reglas, en el mismo sentido que lo son los sistemas de Gentzen o Jaskowski" (King 2001: 117).

Las lógicas caracterizadas mediante reglas permiten dar cuenta – utilizando este medio– tanto de la consecuencia como del significado de los signos lógicos. Así, el significado de cada uno de los conectores está dado en base a las reglas que lo identifican. Por ejemplo, el significado de la conjunción está dado por las reglas:

$$\frac{A \wedge B}{B} \quad \frac{A \wedge B}{A} \quad \frac{A \quad B}{A \wedge B}$$

Esta posición es denominada inferencialismo y está basada en las posiciones de Brandon (1994-2000) que a su vez lo funda en Sellars (1949-1953-1954), (Peregrin 2014: 4); también pueden pensarse como una reconstrucción de la idea wittgesteiniana de que el significado es uso y el uso está emparentado con seguir una regla. El punto aquí es que esta manera de entender se presenta más amigable como marco donde reconstruir la posición de los lógicos de la edad de oro ya que, como hemos visto, toda la lógica de este período tiene una impronta semántica.

En lo que a la consecuencia refiere, la idea es definir la noción de consecuencia en base a reglas. Los medievales, a diferencia de Aristóteles y los estoicos, no utilizaron variables para lograr un esquema de las formas lógicas por las cuales se interesaban. Ellos formularon reglas mediante descripciones generales. Así, cada una de estas reglas especiales acostumbraba a ser un enunciado en que se establecía que, de cualquier antecedente de una determinada forma lógica a cualquier consecuente de otra determinada forma lógica relacionada con la anterior, *valet consequentia* o *est bona consequentia formalis* (Kneale 1972: 272).

Existe una formulación actual de este tipo de enfoque en Wojcicki (1984). Digamos brevemente, que la definición del cálculo en este enfoque, pasa por caracterizar las conectivas en términos de un conjunto de reglas de inferencia, para luego postular la operación de consecuencia de dicho cálculo como la más débil de todas las operaciones de consecuencia consistentes con dichas reglas de inferencia, denominada también *base deductiva*. (Palau 2002: 30-34). Este modo de caracterizar la operación de consecuencia *se basa en una concepción los cálculos lógicos como conjunto de inferencias válidas* (y no como conjunto de verdades lógicas).

Debemos aclarar que, a fin de reflejar fielmente la noción medieval de consecuencia, las de reglas de inferencia son tomadas con un sentido más amplio que en la tradición Frege-Hilbert. Serán consideradas reglas de inferencias la que permiten derivar fórmulas a partir de fórmulas, como inferencias a partir de inferencias (como en los sistemas de Gentzen, cuya similitud con la lógica medieval señalábamos arriba).

Como los distintos tipos de consecuencia válida consideradas por los medievales se definen mediante reglas, así como los conectores lógicos, atender a cuáles fueron estas reglas nos proporcionará una caracterización de cada una de las nociones de consecuencia que validaron.

Por último, digamos que la noción de consecuencia se establece sin apelar a la estructura interna de las oraciones que componen el antecedente y el consecuente, por lo que estamos ante una noción de consecuencia para oraciones no analizadas, o, en otros términos, una noción de consecuencia proposicional (Aho 2011: 230).

6.9. Definición general de consecuencia lógica

La caracterización general de la consecuencia durante la edad de oro es afín con lo que hoy denominamos noción intuitiva o pre-teórica de consecuencia lógica: hay buena consecuencia si es imposible para la conclusión ser falsa cuando es el caso que las premisas son verdaderas. Con matices, es esta la base de la caracterización de consecuencia lógica (Dutilh Novaes 2008: 472). Verdad y modalidad son, al igual que en nuestra lógica, los componentes distintivos de la noción de consecuencia lógica. Ahora bien, para los medievales esto constituyó el tronco común de la definición, su forma más general, pero la consecuencia medieval es más amplia o tiene un rango de acción mayor que la que hoy consideramos una buena inferencia, al menos desde el campo de la lógica clásica. Las *consecuencias materiales*, o las *consecuencias para ahora* (sección 6.11) escapan a la noción contemporánea.

A pesar de la noción pre-teórica que comparten, y por estar expresadas en un lenguaje no del todo unificado, existen distintas versiones particulares, algunas más familiares a nosotros que otras; presentamos tres:

> 1) "En toda buena inferencia simple, el antecedente no puede ser verdad, sin que lo sea el consecuente" (Burley 2000: 3).

> 2) "Una proposición es antecedente de otra si esta es de tal modo que es imposible que las cosas sean por completo diferentes a lo que ellas significan juntas, sea lo que esto fuere, a menos que ellas tengan otro significado cuando se proponen conjuntamente, sea lo que esto fuere" (Buridán 2015: 67)

> 3) "Una inferencia es sólida cuando el opuesto del consecuente es repugnante al antecedente" (Pablo de Venecia 1984: 167)

La idea de agregar lo modal en relación con la verdad proviene de Aristóteles, donde el componente modal es, cuanto menos, condición necesaria para definir la consecuencia lógica (Gómez Torrente 2000: 15-16). La partícula modal en Burley está presente a través del *no puede ser*; en Buridán es el *imposible*, definido en el sentido de que estas oraciones no pueden ser verdaderas al unísono. En el caso de Pablo, la imposibilidad es expresada por la palabra *repugnante*, término que también expresa inconsistencia, ya que *repugnante* quiere decir *lógicamente incompatible* (King 2001: 182)

La estrategia de definir la buena inferencia a través de la inconsistencia puede resultar extraña a quien haya tomado un curso de lógica en nuestros días, donde seguramente se involucró con caracterizaciones al estilo de "Una fórmula α es consecuencia lógica de un conjunto de fórmulas Γ, en símbolos, $\Gamma \models \alpha$, si y solo si toda asignación que satisface Γ hace verdadera a α" (Badesa et. al. 1998: 158). Sin embargo, la idea es menos extraña a nuestros días de lo que imaginamos. En *Introduction to Logical Theory* (1952), Strawson toma este camino: señala primero que *inconsistencia* (junto con *y* y *no*) es una palabra importante dentro de la teoría lógica y mantiene que

> un argumento es válido si no es inconsistente (o contradictorio en sí mismo) aceptar las premisas mientras se niega la conclusión; o, en otras palabras, solo si la verdad de las premisas es incompatible con la falsedad de la conclusión (Strawson 1952: 2).

Más adelante, al hablar de razonamientos, definirá la consecuencia lógica de manera análoga a nuestros medievales:

> S_1 implica S_2" puede ser definido como "S_1 y no-S_2 es inconsistente" (1952: 20).

Como dijimos, los medievales distinguieron de modo claro entre condicionales y consecuencia-inferencia, pero no entre consecuencia e inferencia, aunque parecen estar más cercanos a la segunda (sección 6.6). Al comienzo de la edad de oro –e incluso hasta Buridán– *consecuencia* y *consecuencia válida* (o buena) son sinónimos; esto es, no existe la consecuencia inválida (o mala). Al final del período, en autores como Pablo de Venecia, ya se habla de dos tipos de inferencia, buena y mala: "la primera división de la inferencia es entre sólida (*bona*) y no-sólida (*mala*)[147]" (Pablo de Venecia 1984: 167).

6.10. Consecuencia y modalidad

Dijimos arriba que *verdad* y *modalidad* son los componentes básicos de la definición de consecuencia medieval y de la noción pre-teórica de consecuencia lógica; ya hablamos de la verdad en el capítulo anterior. Dedicaremos ahora unas líneas a la noción de modalidad.

Lo primero a destacar es que el agregado modal definido en los términos semánticos de imposibilidad de la verdad de las premisas y falsedad de la conclusión es propio de la noción de consecuencia medieval. En

---

[147] La lógica ha sido sinuosa respecto a incluir en su estudio los razonamientos malos. Stuart Mill decía con tono persuasivo en 1882: "La filosofía del razonamiento, para ser completa, debe comprender tanto la teoría del mal como del buen razonamiento" (2011: 711), en el comienzo del capítulo dedicado a las falacias.

Aristóteles, la noción de consecuencia es definida en términos de una necesidad no explicitada; leemos en los *Primeros Analíticos*:

> Una deducción es un discurso en el que después de haber sido supuestas ciertas cosas, algo diferente de esas cosas supuestas deviene de ellas por necesidad, porque estas cosas son así. (PA 1.1)

Son los lógicos medievales los que interpretaron esto en clave modal, sosteniendo que un argumento es bueno si y solo si no es posible[148] que todas sus premisas sean verdaderas cuando su conclusión es falsa (Parsons 2014: 18).

6.10.1. Dos concepciones de las modalidades

Habida cuenta de lo anterior, una buena pregunta es: ¿cuál fue la naturaleza conceptual de las nociones modales? El tema es largo y tiene aristas lógicas, metafísicas, gnoseológicas y semánticas[149]. Solo señalaremos que existe un derrotero conceptual que parte de una noción extensional y diacrónica de las modalidades –identificada con autores como Tomás de Aquino– que se define en términos temporales y basada en ideas aristotélicas, hasta llegar a una noción intensional y sincrónica de la modalidad debida a Duns Escoto y fundada en la semántica (Knuttilla 1993: caps. 3 y 4).

Como los mismos lógicos medievales se plantearon, para saber que es una sentencia modal, necesitíaramos saber que es un modo: entonces –quien pertenezca a la línea extensional– nos dirá: Un modo es una determinación *de la cosa*. El punto aquí es decidir *cuál* es la primera determinación de la cosa (lo que tiene, desde nuestra perspectiva, importancia lógica). La primera determinación de la cosa es, para esta corriente, la existencia. Así, todo aquello que existe existe de alguna manera; si lo hacen desde siempre y para siempre, tienen una existencia necesaria.

La metafísica de Duns Escoto, como la de Avicena –de la cual se nutre en este punto–, rechaza de plano la distinción entre esencia y existencia. Las esencias no son de suyo ni particulares ni universales: para que sea universal es necesario que el intelecto la "ensanche" y para que sea particular es preciso que algún principio de determinación la "contraiga" para transformarla en un singular (Gilson 1989: 552). ¿Qué ser le corresponde a estas

---

[148] El término *posible* ingresa a través de la traducción que Mario Victorino hace del término griego *dynaton* al ocuparse del *Peri Hermeneias* (Knuttilla, 2008: 531).
[149] El lector interesado puede remitirse a Knuuttila (1993).

naturalezas? En su determinación más general y básica es *todo aquello para lo cual el ser no resulta repugnante* y este es el estado en que se encuentran en el intelecto divino. Las esencias en el intelecto divino tienen ya la característica de ser un posible. Todo aquello a lo cual el ser no resulta *repugnante* tiene algo significativo y distinto: es posible. Se diferencia así de la pura nada. La primera determinación del ser es como un inteligible; puede luego ser o no ser un existente. Lo posible es pues lo inteligible, no lo realizable. Lo que determina la posibilidad o no de una noción es la contradicción. Las nociones contradictorias no son posibles. A las nociones no contradictorias el ser no les resulta repugnante.

El intelecto de Dios es caracterizado como una actualización de lo que es potencialmente un objeto de pensamiento; contiene todo lo que pueda pensarse sin contradicción. Las cosas, por ser posibles en sí mismas, son pensadas por Dios. No es que Dios por pensarlas las haga posibles. Esta visión implica que el infinito contenido de un ser inteligible puede ser el mismo para cualquier intelecto omnisciente. Puede reconocer el mismo dominio de posibilidades regidos por la relación de composibilidad[150], sobre diferentes estados de cosas. La actualización intencional es causada, pero las posibilidades e imposibilidades están presentes por sí mismas. Son posibles o imposibles para cualquier intelecto capaz de contemplar (o realizar) la actualización de los potenciales objetos del pensamiento. Las posibilidades, *qua* posibilidades son independientes de Dios en la visión de Escoto.

Escoto critica duramente la visión que toma como criterio de lo genuinamente posible la actualización en el tiempo de una cosa. El criterio de lo que es posible es: todo lo que puede ser pensado sin contradicción como tomando lugar en algún estado de cosas. Esta es la definición de "lógicamente posible" que nos brinda Duns Escoto (que por otra parte es el primero en utilizar el término)[151].

Lo dicho anteriormente lleva a Escoto a proponer que las alternativas sincrónicas deben ser el punto de partida para la definición de la modalidad. La consideración de estados de cosas posibles (contingencia sincrónica) lleva a nuestro autor a negar el argumento aristotélico de la necesidad de acción de la causa primera. El acto creador de Dios solo es libre si puede elegir entre alternativas genuinas, es decir que realmente puedan hacer que

---

[150] La relación de composibilidad es equivalente a la consistencia (de cada estado de cosas). Dos proposiciones son composibles si no son contradictorias entre sí.
[151] La idea de "lógicamente posible", es acompañada de la de "lógicamente contingente"; Para apreciar el *status* epistémico de cada una, podemos considerar que las leyes de la naturaleza son consideradas lógicamente contingentes; "El fuego es caliente" es contingente, ya que la omnipotencia divina podría hacer que el fuego fuera frío. Lo lógicamente posible, en cambio, conserva su independencia y objetividad siempre.

las cosas sean de otro modo del que son. Esto choca directamente con la tesis aristotélica acerca de la necesidad del presente. El dominio de los seres inteligibles abarca todos los individuos pensables, sus propiedades y las relaciones entre ellos. Como muchas de las posibilidades son mutuamente excluyentes entre sí, el dominio de los posibles estados de cosas se estructura en *mundos posibles*. Un singular no puede ser, desde la perspectiva de Escoto, actual y no-actual. Es por esto que los divide en dos grupos, dependiendo de que su existencia actual sea, o no, un elemento del concepto singular. Hasta aquí llegamos con la exposición de los aspectos de la metafísica de Duns Escoto, que están relacionados con la modalidad. Damos una somera idea de los principales elementos que este aporta para la construcción de un nuevo paradigma modal. Estos son:

- La eliminación de la idea (aristotélica) de la necesidad del presente.
- La idea de un modelo de alternativas sincrónico.
- La concepción de lo posible como estados de cosas, conectados por la relación de composibilidad.
- La idea de que la posibilidad es un inteligible y no posee ningún modo de existencia.

6.10.2. Un enfoque semántico

Desde un punto de vista lógico, lo esencial es el paso de nociones modales de cuño ontológico a nociones modales de cuño semántico. El término que funda la posibilidad es el término *repugnante*; solo son posibles aquellos seres al que el ser no les resulta repugnante y los seres, son, en su primera determinación, posibles. Así la primera noción metafísica es una noción modal y esa noción modal es una noción semántica. El resultado es que la posibilidad lógica es fundamentalmente una noción semántica (que tiene que ver con el significado y la verdad) en lugar de una ontológica (que tiene que ver con el ser y sus categorías). Escoto señala a esta conclusión de manera explícita en *Lect. 1 d. 7 q. unica n. 33*:

> "la potencia [lógica] no dice qué es algo ni con lo que está relacionado con (*nec dicit quid nec ad aliquid*), sino simplemente la no-incompatibilidad y la composibilidad de términos". Es decir, la posibilidad lógica no lo hace referirse a cualquier cosa en el mundo, ya

sea sustancia o de la relación; se trata de propiedades semánticas, no metafísicas" (King 2001: 183)[152].

Este enfoque semántico y sincrónico de las modalidades es el que alienta la lógica de la edad de oro.

6.11. Divisiones más conocidas de la consecuencia

Mientras que la condición modal se mantiene constante, lo que varía es la manera en que puede darse esa condición de necesidad y cuál sea el tipo de necesidad que se establece. Es decir, se distingue cuando la necesidad viene dada por la forma, de cuando no, de cuando se presenta en un determinado contexto, de cuando es general, etc. En base a estas consideraciones se establecen las múltiples divisiones de la consecuencia lógica.

Cabe distinguir las que, por su valor teórico y por ser consideradas importantes por los propios lógicos medievales, se repiten en la mayoría de las clasificaciones. Son cuatro, presentadas de a pares: la consecuencia formal y la consecuencia material; la consecuencia simple y la consecuencia para ahora. En este apartado presentamos una definición de cada una de ellas (tomadas de fuentes primarias) así como una breve explicación de cada una.

Consecuencia Formal: Una consecuencia es formalmente válida cuando es válida en virtud de su forma. Dice Buridán:

> Una consecuencia es llamada formal si es válida en todos los términos que retienen una forma similar. O si deseas ponerlo de manera explícita, [p. 23] consecuencia formal es una donde toda proposición similar en forma que pueda ser formada será también una buena consecuencia, por ejemplo, "Lo que es A es B, por lo que es B es A" (Buridán 2015: 68).

---

[152] Señala el mismo King que este texto es demasiado semántico, incluso para Escoto: "esto no es del todo correcto referido al pensamiento de Escoto. Mientras que sí es correcto señalar que la posibilidad lógica es una característica de las proposiciones, seguramente no es la relación semántica de la no-incompatibilidad que hace cosas posibles; las relaciones semánticas deben reflejar o ser fundadas en hechos metafísicos respecto de lo que es realmente posible" (2001: 183).

La idea es, pues, que los argumentos que presentan la misma estructura que los hace válidos en virtud de la ubicación de sus términos sincategoremáticos, son todos ellos válidos. En nuestros términos, diríamos que una consecuencia es formal si y solo si satisface el Principio de Sustitución Uniforme[153] (King 1985: 61).

Consecuencia Material: Una consecuencia es materialmente válida si y solo si no es formal. Dice Buridán:

> Una consecuencia material, sin embargo, es una en la cual no sucede que todas las proposiciones similares en cuanto a la forma pueden ser buena consecuencia. O como es dicho habitualmente, no es válida para todos lo términos reteniendo la misma forma. p. ej. "Un humano corre; por lo tanto, un animal corre" pues esta no es válida con estos términos: "Un caballo corre; por lo tanto, un bosque corre" (Buridán 2015: 68).

La validez de la consecuencia material depende de su reducción a una consecuencia formal. Esto se logra a través del agregado de una premisa que la transforma en un razonamiento formal. En el caso de *Un humano corre; por lo tanto, un animal corre*, lo que hay que agregar es la premisa *Todos los humanos son animales*. Como el mismo Buridán ve con claridad, se trata de una consecuencia entimemática.

Consecuencia Simple: La consecuencia simple es aquella consecuencia que es válida de manera general, o, lo que es lo mismo, sin mediar en la consideración de su validez el tiempo o fuera del tiempo. Dice Burley:

> Una inferencia simple es aquella que es válida para todos los tiempos. Por ejemplo "Un hombre corre; por lo tanto, un animal corre" (Burley 2000: 3)

Más adelante agrega que la inferencia simple coincide con la noción de consecuencia general, esto es, la consecuencia cuya conclusión no puede ser falsa cuando las premisas son verdaderas.

---

[153] La formulación de Epstein: ⊨A(p) entonces ⊨A(B), donde A(B) es el resultado de sustituir de manera uniforme a p por B en A (Esto es, B remplaza todas las ocurrencias de p en A). (1990: 32)

Consecuencia Para-ahora: Una inferencia para-ahora es una inferencia que es válida en el tiempo que es formulado el argumento, pero puede dejar de serlo, o, dicho de otra manera, su validez es temporal. Dice Burley:

> Una inferencia para-ahora es una inferencia válida para determinado tiempo, pero no por siempre. Por ejemplo, "Todos los hombres corren; por lo tanto, Sócrates corre", no es válida siempre, sino solamente mientras Sócrates sea un hombre (Burley 2000: 3).

Este tipo de inferencias tienen un carácter temporal o contextual. Si queremos pensarlas modalmente, podemos decir que son válidas en todos lo estados del tiempo en que la verdad de la conclusión se da junto con la verdad de las premisas.

Para terminar, digamos que el orden que siguieron estas divisiones no es parejo y el orden manifiesta diferencias conceptuales. Para Burley la división formal-material se da sobre (es una subdivisión de) la consecuencia simple (que se distingue de la para-ahora). Para Buridán, en cambio, la consecuencia simple y la consecuencia para-ahora se dan solo sobre (como una subdivisión de) la consecuencia material (que se distingue de la formal) (Novaes 2008: 478).

6.12. Dos líneas teóricas referidas a la consecuencia: París y Oxford

Uno puede distinguir dos puntos de vista en relación con *consequentia* y su validez en la tradición lógica medieval:

> (i) la teoría de la contención (o restricción epistémica) que fue bosquejada por Abelardo y propugnada por los lógicos "ingleses" en Padua desde 1400 en adelante;

> (ii) la teoría de incompatibilidad, que es de origen estoico y fue defendido por los lógicos de París alrededor de 1400. (Sundholm 2012: 947)

Esto no es extraño. Sabemos bien que la definición general de la consecuencia lógica puede tener más de una manera de ser interpretada. Específicamente el paso necesario de la verdad de las premisas a la verdad de la conclusión puede ser entendido de más de una manera. Para nosotros –y por obra de Tarski– está fundado en la forma (además de la modalidad), pero esto no tiene porque ser necesariamente así. Otra manera conocida – históricamente familiar– es la que considera un argumento como

> Pedro es hijo del hermano de la madre de Gregorio.
> Por lo tanto, Pedro es el primo de Gregorio.

Como un argumento válido, en el sentido antes presentado. Sucede en estos casos que la verdad de la conclusión se funda en la comprensión de los conceptos involucrados. Uno no necesita saber nada acerca de la identidad de Pedro, el primo de Gregorio, para saber que, si acepta la verdad de la premisa, acepta la verdad de la conclusión. Hay quienes pensaron que este es un tipo de argumento válido, aunque no sea formalmente válido (Beall y Restall 2014: Secc. 1), mientras que otros lo rechazan como tal, habida cuenta de que su validez no depende solo de la forma del argumento. Uno y otro caso parecen haberse propuesto en la edad de oro como la base de las distintas teorías de la consecuencia presentadas arriba.

Para la Escuela de París, encarnada en Buridán, la consecución de la verdad de las premisas en la conclusión se debe a la forma. Para la Escuela de Oxford, bien representada por Pablo de Venecia, la consecución de la verdad de las premisas en la conclusión parece deberse a la comprensión de los conceptos involucrados en la inferencia:

> La principal diferencia doctrinal en cuestión es que mientras la tradición parisiense vinculaba la noción de validez formal a la preservación de la verdad bajo todas las sustituciones de términos, la tradición inglesa (en línea con la tradición parisina anterior al siglo XIV) requirió un principio de restricción, a menudo descrito en términos psicológicos (requiriendo que la comprensión del antecedente deba involucrar la comprensión del consecuente) (Klima 2016: 318).

6.13. Distintas concepciones de la consecuencia

Los lógicos medievales del siglo XIV dividieron las consecuencias en distintos tipos (por ejemplo, "consecuencia formal" y "consecuencia material"). En algunos casos, las clasificaciones son diferentes desde su denominación; en otros, con los mismos nombres, dos autores señalan conceptos distintos. El caso paradigmático es el que se da con los términos "formal" y "material", usados por casi todos (si no todos) los lógicos de este siglo y que raramente son entendidos del mismo modo. Estas diferencias pueden explicarse si leemos sus afirmaciones como perteneciendo a distintas corrientes, que, desde el siglo XIV se desarrollaron respecto de la consecuencia (Dutilh Novaes 2012: 470-71; King 2012). La primera parte del siglo escapa a la línea del tiempo que hemos trazado; es una etapa aún no sistemática. Las etapas que conciernen a este trabajo son:

a) La sistematización;
b) La escuela de París;
c) La escuela de Oxford;

Se avanza de una etapa más bien crítica en los primeros trabajos, donde se trata la noción de consecuencia planteando problemas y alternativas (como en Buridán) a tratados donde se da una definición sin rastros de polémica (como en Pablo de Venecia). Estas corrientes estuvieron expresadas respectivamente por los trabajos de:

a´) Guillermo de Ockham y la etapa del *De Puritate* de Walter Burley;
b´) Buridán y el Pseudo-Escoto;
c´) Rodolfo Strode, Ricardo Ferrybridge y Pablo de Venecia.

Las diferencias que ostentan son considerables y, además, se puede apreciar que una cosa es tener la idea de que el término "consecuencia" señala una partícula inferencial (una relación entre argumento y conclusión) y otra –siendo consecuente con lo dicho arriba– es utilizar una definición particular para el desarrollo de una lógica y dar las divisiones y las reglas para la consecuencia. Seguiremos pues el esquema propuesto por Dutilh Novaes que divide los desarrollos acerca de la consecuencia en cuatro etapas, de las cuales obviaremos la primera, vinculando cada una de ellas con uno o más autores; luego daremos las definiciones y distinciones de al menos un autor representativo de cada una de las corrientes[154].

---

[154] No tomaremos exactamente los mismos autores que señala Dutilh Novaes.

6.13.1. Guillermo de Ockham y el Walter Burley del *Puritate*

Walter Burley y Guillermo de Ockham, que hemos puesto juntos en este apartado, fueron, sin embargo, rivales intelectuales. Burley divide su *Sobre la Pureza del Arte de la Lógica* en dos tratados separados en el tiempo; el *Tratado más breve* (primero en el tiempo) y el *Tratado más largo*. El primero está destinado al estudio de las reglas generales de la inferencia y los sincategormáticos. Luego abandona el proyecto y en medio de su retiro de la lógica es que Ockham escribe la *Summa*. El *Tratado más Largo* está destinado a presentar una semántica distinta y enfrentada con la propuesta ockhamista (Spade, 2000: xxii). Ambos están ubicados en un vórtice epocal de donde contemplan, participan y asumen los cambios en la doctrina lógica, aunque no lleguen a dar cuenta de modo claro, y por lo mismo, de todas las transformaciones[155].

Para Ockham las *consequentiae* –a diferencia de los silogismos– son todas ellas entimemas. Las condiciones de validez de estas, al menos en primera instancia –es decir, cuando son consideradas como entimemas– es la posibilidad de reducción a una forma silogística. El Franciscano formula una distinción entre las consecuencias que se hacen valer *per media intrinseca* y *per media extrinseca*. *Medium* es introducido por primera vez en este contexto, en tanto que *media intrinseca* y *media extrinseca* son tomados de la terminología de los Tópicos (Kneale y Kneale 1964: 268). Podemos entenderlos de la siguiente manera:

Por *media intrinseca*: es el tipo de consecuencia válido por conformarse con términos contenidos en la propia consecuencia. p. ej., "Sócrates corre, entonces un hombre corre" que debe su validez al *medium* "Sócrates es un hombre".

Por *media extrinseca*: es el tipo de consecuencia que tiene que ver con una regla general que puede estar con los términos de la consecuencia como con cualesquiera otros, p. ej., "Solo un hombre es un asno, luego todo asno es un hombre" cuya validez se debe a la regla "Una proposición afirmativa excluyente equivale a una proposición universal afirmativa con los términos traspuestos".

---

[155] La ordenación cronológica de los tratados ya es definitiva. En la obra de M. y W. Kneale, Ockham, infieren, es posterior al Pseudo Scoto. Hoy no hay dudas al respecto (véase, Spade, 2000, Dutihl Noves, 2008).

Es importante señalar que, aparentemente, Ockham considera a los silogismos válidos *per media extrinseca* y a las consecuencias válidas *per media intrinseca* (aunque toda consecuencia válida *per medium intrinseca*, puede transformarse en válida *per media extrinseca*, por el agregado de premisas). Lo que nos hace ver que, hablando con rigor, no es esto una división de las consecuencias acorde con la definición de consecuencia que el mismo Ockham nos proporciona más arriba, ya que las consecuencias *por media extrinseca* no son entimemas y todas las consecuencias lo son, según lo dicho arriba.

Burley, quien –en palabras de Bochenski– es el primero que propone un trabajo de lógica en el que aparece por primera vez "la lógica formal realmente *pura*" (1966: 162, cursivas en el original), propone (antes de definir) comenzar por una división, lo que nos da la pauta de que ve aquí dos nociones distintas de consecuencia; la distinción es general y sobrevuela todas las demás. Esta distinción también es aceptada por Ockham.

División: En primer lugar, las consecuencias se dividen en *consecuencias simples* y *consecuencias para ahora*: "Por lo tanto, en primer lugar, asumo una cierta distinción, a saber, la siguiente: Un tipo de inferencia es simple, otro tipo es "a partir de ahora". Una inferencia simple es una que es válida para todos los tiempos. Por ejemplo: "Un hombre corre; Por lo tanto, un animal corre". Una inferencia "a partir de ahora" es válida durante un tiempo determinado y no siempre. Por ejemplo: "Todo hombre corre; Por lo tanto, Sócrates corre". Porque la inferencia no es válida siempre, sino solo mientras Sócrates es un hombre" (Burley 2000: 3). Ockham también señala esta distinción como primitiva.

Como puede notar el lector –a partir de los ejemplos– la consecuencia de la que están hablando tanto Ockham como Burley es el tipo de consecuencia considerada, más tarde, consecuencia material; esto es, una consecuencia basada más en el significado de los términos que en la forma del argumento. Pero debe entenderse correctamente: los medievales vincularon las consecuencias materiales con las entimemáticas, ya que el agregado de premisas la transformaría en una consecuencia formal, aunque pensaron que, sin estar presentes las premisas faltantes, no deja de ser una consecuencia válida.

La distinción formal-material será, con el correr del tiempo, la primera en cuanto a las consecuencias. Aquí no está formulada sino más bien asumida. La evolución conceptual la hará explícita. Tampoco está formulada de manera clara; así, cuando trata de esta división Ockham incluye dentro de las formales no solo las válidas *per media extrinseca*, sino también las válidas *per media intrinseca*, o por las condiciones generales de la proposición. Los ejemplos que cita para ejemplificar este género (consecuencia formal), son los mismos dos del parágrafo anterior. Bajo el rótulo de consecuencia material solo se exhiben los ejemplos: "Un hombre corre, luego Dios existe" y "Un hombre es un asno, luego Dios no existe" (en el primer caso el consecuente se supone necesario, y en el segundo el antecedente se considera imposible, que no son más que aplicaciones de la segunda y tercera regla que presentamos de Burley). Simplificando; Ockham considera formales a las consecuencias si y solo si estas envuelven un tipo de conexión necesaria entre premisas y conclusión. Las consecuencias materiales, por otra parte, son aquellas que envuelven argumentos paradójicos; no envuelven para nada *media extrinseca*, excepto aquéllas que refieren al *status* genérico de las proposiciones (como la regla que de una proposición imposible se sigue cualquier otra) (Kneale 1966: 267- 69).

¿Cuál es la naturaleza de la consecuencia para nuestros autores? El concepto ockhamista de consecuencia está formulado en un conjunto de reglas (once)[156], que dan cuenta de los principios básicos de la teoría, reglas que se repetirán infinitamente en los posteriores textos de lógica. Estas son:

1. Lo falso nunca se sigue de lo verdadero;
2. Lo verdadero puede seguirse de lo falso;
3. Si una consecuencia es válida, la negación de su antecedente se sigue de la negación de su consecuente;
4. Cualquier cosa que se siga del consecuente se sigue del antecedente;
5. Si el antecedente se sigue de cualquier proposición, el consecuente se sigue de lo mismo;
6. Lo consistente con el antecedente es consistente con el consecuente;
7. Lo inconsistente con el consecuente es inconsistente con el antecedente;
8. Lo contingente no se sigue de lo necesario
9. Lo imposible no se sigue de lo posible;
10. De lo imposible se sigue cualquier cosa;
11. Lo necesario se sigue de cualquier cosa.

Burley, por su parte, nos brinda una definición (siempre a través de reglas):

---

[156] Las tomamos de Kneale y Kneale 1964: 269.

Definición: "La primera regla de inferencia es esta: en toda buena inferencia simple, el antecedente no puede ser verdadero sin que lo sea el consecuente" (Burley 2000: 3).

De esta regla se siguen otras dos. La primera es: en una inferencia simple lo imposible no se deduce de lo contingente. La segunda es: lo contingente no se sigue de lo necesario. La razón para esto es que lo contingente puede estar sin lo imposible, y lo necesario sin lo contingente (Burley 2000: 4).

Podemos ver cómo, desde las primeras conceptualizaciones de la edad de oro, para definir la consecuencia lógica aparecen los dos conceptos propios de la caracterización intuitiva o pre-teórica y que utilizamos en el paradigma Tarski-Carnap: verdad y modalidad; aunque, por supuesto, entendidos a la manera explicadas en las secciones 5.5, 5.5.4 y 6.10.1, 6.10.2.

6.13.2. El Pseudo-Escoto y Buridán

Por ser Buridán un lógico al que vale la pena dedicar toda nuestra atención y que además presenta una noción de consecuencia que requiere desarrollo y explicaciones, presentaremos estos dos autores de a uno por vez.

El Pseudo-Escoto

La definición y división de la consecuencia debida al Pseudo-Escoto dice:

Definición: "La consecuencia es una proposición hipotética (compleja) compuesta de un antecedente y un consecuente, relacionados por un condicional o conectiva racional, la cual denota que es imposible que el antecedente sea verdadero y el consecuente sea falso. Entonces, si es el caso como denota el conectivo la consecuencia es válida; y si no, entonces es inválida" (Pseudo-Escoto, Qu. X, pp. 104-105 (citado por Moody 1953: 68)).

Las condiciones necesarias y suficientes de validez de este tipo de *consequentia* son la imposibilidad de que las cosas se acomoden a lo significado por el antecedente sin que, asimismo, se acomoden a lo significado por el consecuente.

División: Las consecuencias son divididas en formales y materiales; las formales, a su vez, en las que tienen por antecedente proposiciones categóricas (simples) y las que tienen por antecedente una proposición hipotética (compleja); las materiales, por su parte, lo hacen entre las simples (*bona simpliciter*) y las "para ahora" (*bona tu nunc*).

Consecuencia formal: Una consecuencia es llamada formal cuando se conserva en todos los términos de igual disposición y forma. Esto es, una consecuencia es formal cuando es válida en virtud de su forma lógica (*secundum complexionem*); en términos medievales, solo por la ubicación de los términos sincategoremáticos, e indiferente a los términos categoremáticos que componen las oraciones.

Consecuencias formales con proposiciones categóricas como antecedente: aquí se incluyen las inferencias inmediatas; equivalencia de proposiciones, conversiones, etc. Consecuencias formales con proposiciones hipotéticas como antecedente: aquí se incluyen reglas como "De una proposición contradictoria se sigue cualquier otra".

Consecuencia material: Las consecuencias materiales son entimemas; esto es, argumentos que podrían gozar de validez formal con el solo agregado de una premisa inexpresada; p. ej. "Un hombre corre, por lo tanto, un animal corre", es un razonamiento imperfecto (recordando la terminología de Abelardo) o por hipérbole, que se vuelve perfecto por el agregado de la premisa "Todos los hombres son animales". Las consecuencias materiales son razonamientos imperfectos (entimemas), o la correspondiente proposición condicional verdadera en virtud del significado de los términos categoremáticos (*gratia terminorum*). Dependen de los significados, de la "materia" de la proposición. La reducción de un entimema (ya sea una consecuencia simple o una "para ahora") se realiza siempre por reducción a la forma silogística.

Consecuencias materiales simples: Son aquellas que son absolutamente válidas. Esto parece hacer referencia a una validez independiente de que las cosas sean de este o aquel modo. Nos recuerda a un condicional diodórico.

Consecuencias materiales "por ahora": Son aquellas que son válidas de modo contingente (aparentemente dependiendo de como sean las cosas). Nos recuerda a un condicional filónico.

Luego de la división de las *consequentiae* el Pseudo-Escoto presenta cinco reglas cuyo objeto es mostrar la aplicación que se hace de la noción de consecuencia, en el sentido de "se sigue de", es decir, un sentido inferencial[157].

1) *Ad quamlibet propositionem implicantem contradictionem sequitur quaelibet alia propositio in consequentia formali.*

2a) *Ad quamlibet propositionem impossibilem sequitur quaelibet alia propositionon consequentia formali sed consequentia materialis bona simpliciter.*

2b) *Ad quamlibet propositionem sequitur propositio necessaria bona consequentia simplici.*

3a) *Ad quamlibet propositionem falsam sequitur quaelibet alia propositio in bona consequentia materiali ut nunc.*

3b) *Omnis propositio vera sequitur ad quamcumque aliam propositionem in bona consequentia materiali ut nunc.*

6.13.3. Buridán

Buridán tal vez sea el mejor de los lógicos de la edad de oro. Es el representante por antonomasia de la denominada Escuela de París, cuya influencia es tal que continúa hasta el siglo XVI, dando forma a la lógica escolástica en universidades como la de Alcalá[158] y también, en menor medida, Salamanca. Su noción de consecuencia es tan interesante como compleja, por lo que deberemos apelar para su intelección correcta a términos como contextos y mundos posibles, que son propios de la lógica desde hace no mucho más de 50 años. Los manejaré de manera informal, con el solo fin de que la presentación sea más clara.

Buridán sí decide comenzar (en el capítulo 3 de su *Tractatus de consequentiis*) por una definición general de consecuencia, fiel a sus principios

---

[157] Citadas por Kneale, 1972: 261.
[158] Fuera de eso, los métodos de enseñanza, la colación de grados, el acoplamiento de facultades, los diferentes ejercicios, los actos necesarios para graduarse, las corrientes doctrinales y hasta los días de vacación se dispusieron al estilo de París. Innumerables veces repite Cisneros, dice el P. Urriza, que los estudios de Alcalá se han fundado según la imagen de la Universidad de París (Muñoz Delgado, 1968: 162).

de organización epistémica: "debe ser visto lo que debemos entender por "Consecuencia", qué por "consecuente" y qué por "antecedente". [P. 21] Porque, como en todas las disciplinas, es necesario primero saber qué es lo que los términos [significan]" (Buridán 2015: 66).

En principio, una consecuencia es una expresión compuesta, en el sentido de que está dada por un grupo de proposiciones unidas por los categoremáticos "si" o "por lo tanto" u otra expresión equivalente (Buridán 2015: 66). Luego definirá una primera vez, para luego criticar y descartar cada una de las definiciones criticadas. Da un total de tres definiciones (por eso las numeramos) dando conformidad a la última:

Definición 1: "Por lo tanto, muchos dicen de dos proposiciones que una es el antecedente de la otra si es imposible que la primera sea verdadera sin que lo sea la segunda y una proposición es el consecuente de otra si es imposible para ella no ser verdadera cuando lo es la otra, así, toda proposición es antecedente de toda otra proposición para la cual sea imposible ser verdadera sin que lo sea la primera" (Buridán 2015: 67).

Enseguida de expresar la definición que aceptan muchos, Buridán va a corregirla, según la idea de consecuencia propia de la escuela de París. Primero la critica diciendo: "Pero esta descripción es defectuosa o incompleta, ya que lo siguiente es una consecuencia válida: "Todo hombre corre; Por lo tanto, algún hombre corre"; ya que es posible que la primera proposición sea verdadera y que la segunda no lo sea, por no existir en absoluto" (Buridán 2015: 67).

La crítica es la siguiente: "Todo hombre corre; Por lo tanto, algún hombre corre" puede ser una mala consecuencia si es el caso que el antecedente y el consecuente están enunciados (y evaluados respecto de su valor de verdad) en contextos diferentes. Esto es, "Todo hombre corre" en un contexto donde es verdad y "algún hombre corre" en un contexto donde es falso, por ejemplo, un contexto donde ya la humanidad no exista. Como puede verse, la consecuencia en esta línea de pensamiento es entendida *como una relación sobre expresiones que se formulan en un mismo tiempo y bajo una misma interpretación*; es una consecuencia lógica en el marco de una semántica de *oraciones caso (Token-based semantic)*; como acertadamente la denominan Dutihl Novaes (2008: sec. 2) y Klima (2009: cap. 10). El defecto que Buridán ve en la primera definición "es claramente una consecuencia de la concepción de Buridán de las proposiciones como ocurrencias singulares, contingentes, de carácter temporal, ya sea que sean escritas, habladas, o mentales" (Klima 2009: 211). Expresa entonces una definición que pueda sortear este defecto.

Definición 2: "una proposición es antecedente de la otra proposición si es imposible que la segunda sea verdadera sin que lo sea la primera, cuando son formuladas juntas" (Buridán 2015: 67).

La definición anterior cubre la posibilidad que el consecuente y el antecedente sean formulados en distintos contextos. Pero esta definición puede avalar como buena la consecuencia "Ninguna proposición es negativa, por lo tanto, no hay asnos corriendo".

Estimo que, para el lector medio, este asunto requiere algunas aclaraciones. Digo esto porque remite a temas muy actuales en filosofía de la lógica y solo puede presentarse una explicación clara en términos de situaciones (mundos posibles) y contextos. Diremos solo algunas palabras al respecto, a fin de no perder el hilo argumental de la sección. (Quien desee una versión exhaustiva, puede remitirse a los trabajos de Dutilh Novaes (2008) y Klima (2009: cap. 10)). Buridán maneja –a lo largo de las definiciones– una noción ambivalente de consecuencia lógica; a veces la trata como (o avanza desde) una relación abstracta entre proposiciones y a veces las trata como (o llega a) *una relación entre proposiciones formuladas en un determinado contexto*, como consecuencia de su semántica de oraciones caso[159]. Las oraciones caso son siempre oraciones contextuales (las emisiones suceden, forzosamente, en un contexto determinado). Las oraciones contextuales –esto descubrió Kaplan– a veces son de un tipo tal que forman oraciones verdaderas en todo contexto, por ejemplo, "Yo estoy aquí ahora". Esto es así en virtud de que dicha oración está compuesta por términos denominados indexicales ("yo", "aquí", "ahora"). Este tipo de oraciones no puede ser proferida con falsedad por nadie que la enuncie. Ahora bien, si algo es siempre verdadero –según suele aceptarse– es necesario; sin embargo, no es necesario que yo esté aquí ahora (bien podría ser el caso que me encuentre en otra parte). Esto lleva a Kaplan a distinguir entre oraciones necesarias y oraciones siempre verdaderas (Kaplan 1989: 482 y ss.) y esta distinción es la que maneja de manera no explícita Buridán.

Cuando nuestro lógico propone como antecedente la oración "No existen proposiciones negativas", está formulando una oración que siempre será falsa, por lo tanto, imposible de verdad; pero además es una oración que si tiene como consecuencia una oración negativa, eliminará la posibilidad de cumplir con la Definición 2, ya que la verdad de la primera hace im-

---

[159] Es interesante apuntar que autores como (Harman 2002: sección 1.2) ven en esta distinción la diferencia entre consecuencia lógica e inferencia. La consecuencia es una relación entre entidades abstractas, las proposiciones, mientras que la inferencia es una relación entre dos proferencias u oraciones caso en un determinado contexto de uso.

posible la verdad de la segunda. Dicho de otro modo: "No existen proposiciones negativas, por lo tanto, no hay asnos corriendo" no es una buena consecuencia porque no hay contexto que haga verdaderas a ambas. Recién Kaplan va a formular esta distinción de manera clara hace no más de 40 años[160].

Pero la cuestión es aún más intrigante y Buridán se da cuenta de ello. Sucede que, si de A no se sigue B, entonces de no-B no se sigue no-A, (regla para la consecuencia que los medievales derivaron de la ley de contraposición). Pero esto no se cumple en el caso anterior ya que, en "Hay asnos corriendo, por lo tanto, existen proposiciones negativas", no es imposible que la primera sea verdadera y la segunda también. La opción es entonces o abdicar de la la contraposición o formular una nueva definición de consecuencia lógica; Buridán opta por lo segundo:

Definición 3: "Por lo tanto, algunos dan una definición diferente, diciendo que una proposición es antecedente de otra, si esta es de tal modo que es imposible que las cosas sean por completo diferentes a lo que ellas significan juntas, sea lo que esto fuere, a menos que ellas tengan otro significado cuando se proponen conjuntamente, sea lo que esto fuere" (Buridán 2015: 67).

La reconstrucción que de ella hace Dutilh Novaes (2005: 292) dice que: Dado un conjunto de contextos C={w_1.....w_n} y dos oraciones φ y ψ, decimos que:

Definición 3': ψ es inferible de φ en w_i, sii φ y ψ se forman simultáneamente en algún contexto w_i, y es imposible que las cosas sean de cualquier manera φ en w_i significando esto lo que sea y que sea de cualquier otra manera en w_i, significando lo que sea.

Señalemos por último esta diferencia entre los lógicos medievales y los de la primera mitad siglo XX: los segundos dan a los objetos de la lógica un grado de abstracción que hubiese resultado extraño a fines del XIV (y que hubieran rechazado de plano autores como Buridán). Tal vez el origen histórico-epistémico del asunto sea que la lógica del siglo XX es una lógica de matemáticos, mientras que la del XIV es una lógica de gramáticos. Con el

---

[160] Frege señaló que en toda expresión podía distinguirse su referencia y su sentido. La solución de Kaplan implica dividir el sentido fregeano en carácter y contenido (véase Kaplan "Demonstratives").

transcurso del tiempo las cosas están más cerca del lugar de donde Buridán las pensaba:

> Las proposiciones abstractas parecen aptas para hacer frente a temas técnicos tales como las matemáticas. Pero yo creo que es nuestro razonamiento común el que marcha primero y que las pruebas matemáticas, para ser convincentes, deben mostrar que se conforman a su esencia. El confinamiento de la lógica para solo el estudio de las "verdades atemporales y eternas" de las matemáticas y tal vez la ciencia, me parece que no solo es demasiado restrictiva, sino un revés al correcto desarrollo de la lógica (Epstein 1990: 6).

División de la consecuencia

Formal: "Una consecuencia es llamada formal si es válida en todos los términos que retienen una forma similar. O, si se desea ponerlo explícitamente, [p. 23] una consecuencia formal es una donde cada proposición similar en forma que pudiera ser formada sería una buena consecuencia, por ejemplo, 'Lo que es A es B, por lo que es B es A.'" (Buridán 2015: 68).

Material: Una consecuencia material, sin embargo, es una en que no toda proposición similar en forma generará buena consecuencia, o, como comúnmente se dijo, la que no se sostiene como buena consecuencia aun si se respetan todos los términos que retienen la misma forma; por ejemplo, "Un humano está corriendo, por lo tanto, un animal está corriendo" porque lo anterior no es válido con estos términos: "Un caballo camina, por lo tanto, la madera camina" (Buridán 2015: 68).

Nos encontramos ahora con la última de las tres concepciones de la lógica que dominaron el siglo XIV. Posiblemente sea la menos estudiada de las tres. Procede de los lógicos ingleses del Merton College de Oxford, conocidos también como *los calculistas*, o mertonianos, reconocidos por dedicarse fundamentalmente a problemas de índole matemática. Luego pasan a Italia donde perduran hasta el siglo XVI, por lo menos.

Definición: Una *cosecuentiae* es la adecuada derivación (*illatio*) de un consecuente desde un antecedente. Las condiciones necesarias y suficientes de validez para estas es que el opuesto del consecuente sea *repugnante* al antecedente (Pablo de Venecia 1984: 167).

"Repugnante", tal como es presentado en el párrafo anterior, expresa una modalidad. El antecedente más próximo que he podido rastrear, nos remite a la terminología de Escoto, donde indica la imposibilidad de componer dos nociones mediante el intelecto en una proposición (King 2001: 182). Para dar una idea al lector en términos contemporáneos, digamos que algo es repugnante si no puede ser el caso en ningún mundo posible. Así, una oración es consecuencia lógica de otra si no es el caso en ningún mundo posible, que la primera sea verdadera sin que lo sea la segunda.

División: Los lógicos mertonianos recortan la división de las consecuencias respecto de las tradiciones anteriores: dividen en consecuencias formales y consecuencias materiales (como se ve, desaparecen las materiales "para ahora" (*ut nunc*) de la clasificación).

Consecuencia formal: Este tipo de consecuencia comporta todo lo anterior, pero, además, una conexión de sentido o comprensión (*intellectio*) entre antecedente y consecuente; "Si eres hombre, eres animal", es un ejemplo. Para estos autores, la consecuencia formal hace alusión, no a una "forma lógica", sino a una categoría epistémica como la "comprensión"; una conclusión formal se da entre dos oraciones si el consecuente se deriva de la comprensión formal del antecedente.

Consecuencia material: Las consecuencias materiales, cuando son válidas autorizan la inferencia (*illatio*) del consecuente a partir del antecedente. Como ejemplo de estas están las 10 y 11 de la lista de Ockham. De estas definiciones se extrae la interesante conclusión de que toda *consequentia* formal es material, pero no viceversa (Kneale 1966: 270). En otras palabras, el paradigma de lo que denominamos consecuencia lógica es lo que a comienzos del siglo XX fue denominado "consecuencia analítica", aunque no se trata solo de ella. Autores como Ferrybridge intentan conciliar, en algunos aspectos, las tres concepciones que hemos presentado, y podemos decir que, en esta línea un tanto ecléctica, debemos colocar como autor destacado a Pablo de Venecia, que logra, siguiendo esa vía, un enfoque original.

7. SEMÁNTICA

7.1. Semántica

La semántica, al menos desde los desarrollos sistemáticos de Carnap y Tarski, consiste no solo en el estudio de la relación entre los signos y las cosas a las que refieren, sino que es más bien la disciplina que se ocupa de los conceptos semánticos: verdadero/falso aplicado a las oraciones, analítico, contradictorio, etc. Se trata de un análisis de la función significativa del lenguaje, o, dicho de otro modo, una teoría del significado y la interpretación (Carnap, 1948: v). Los enfoques medievales de la lógica son, desde esta perspectiva, semánticos, como fue percibido casi desde los primeros enfoques sobre el asunto:

> Es en estas áreas (problemas semánticos referidos al significado, la referencia y la verdad), más que en la lógica formal pura, que los trabajos de los medievales no solo anticipan, sino que en algunos aspectos sobrepasan el interés que los lógicos del siglo veinte tuvieron hacia ellos (Moody 1975: 387).

Pero podemos ir más lejos aún; avancemos hacia la noción de sistema semántico:

> Por un sistema semántico podemos entender un conjunto de reglas formuladas en el metalenguaje y refiriendo a un lenguaje objeto, de tal tipo que las reglas determinan las condiciones-de-verdad para todas las sentencias del lenguaje objeto, i.e., son condición necesaria y suficiente para su verdad. De esta manera, las sentencias son *interpretadas* por las reglas, i.e. se vuelven comprensibles mediante estas, porque para entender una sentencia debo saber lo que esta afirma, que es lo mismo que saber bajo qué condiciones es verdadera (Carnap 1948: 22).

En este sentido podemos decir que los lógicos de la edad de oro tuvieron un sistema semántico. Para quienes piensen que la afirmación es exagerada, mostraremos en esta sección cómo en uno de sus desarrollos propios –los *Exponibilia*– los manuales de lógica medieval nos presentan una interpretación de las sentencias del lenguaje de la lógica basada en las condiciones de verdad de las oraciones más básicas del sistema, esto es, las oraciones a las que pueden ser reducidas las demás en busca de su propio valor de verdad. Antes, mostramos cómo interaccionan conceptos presentados en los capítulos anteriores para estructurar la semántica de la lógica de la edad de oro.

7.2. Elementos del enfoque semántico

Hemos presentado en el capítulo 4 la estructura sintáctica del lenguaje de la lógica medieval. Como observamos arriba, en términos de la semántica, el interés se desplaza a hacia la verdad de las proposiciones. Para ello debemos volver a mencionar algunos de los elementos del lenguaje, pero esta vez refiriendo a su naturaleza semántica; esto es, refiriéndonos a cómo podemos acordar sobre la validez y la verdad lógica fundados en consideraciones acerca de los elementos básicos sobre los que construimos las oraciones (Epstein 2012: 64). Analizar el lenguaje semánticamente implica actuar acorde con el principio fregeano: el valor de verdad de una oración compleja está determinado por su forma y las propiedades de sus constituyentes.

Como la teoría medieval de la verdad de las oraciones está directamente vinculada, está bajo el ejido de la teoría de la suposición, las respuestas a nuestras cuestiones semánticas estarán enmarcadas por la teoría de la suposición, ya que es ella la que se ocupa del funcionamiento de los términos *en* la oración. Aclarado esto, podemos preguntar: ¿Qué constituyentes fundamentales del lenguaje lógico medieval son importantes para proceder al tratamiento semántico de las oraciones? La respuesta es: los términos, los pronombres y la cópula.

Los términos cuando son anexados a izquierda y derecha de la cópula constituyen —merced a la acción de la cópula— una oración (5.6.2); el valor de verdad de esa oración —como veremos— se obtiene por la reducción de la categórica con dos términos a la conjunción de dos categóricas más básicas, donde el sujeto es siempre un pronombre y cada uno de los términos de la categórica analizada se transforman en predicados. Semánticamente, esto implica dos puntos fundamentales:

a) Que sujeto y predicado no son categorías semánticas; desde la perspectiva semántica se consideran términos (frases nominales). La prueba más clara de esto es que son tratados simétricamente. El predicado no habla del sujeto; el predicado (al igual que el sujeto) habla del pronombre, que señala uno y solo un objeto.

Hay, pues, que suponer alguna equivalencia –respecto de las categorías de *sujeto* y *predicado*– que permita a ambos ser tratados como predicados de las categóricas básicas. Esto de hecho es así y la equivalencia es –según Moody– producto de entender solo a la cópula como un verbo. Producto de considerar conversiones donde sujeto y predicado eran intercambiados, los lógicos los consideraron constituyentes similares de la sentencia. Ambos, lógicamente hablando, son nombres (Moody 1953: 33).

b) Que sujeto y predicado, tratados como nombres, se transforman en predicados cuando una oración categórica es analizada en términos de sus constituyentes. Si en propuestas como las de Russell (1905) o Quine (1968) existe una eliminación de los nombres a manos de las variables, en la lógica medieval de la edad de oro se procedió de manera análoga respecto de los sujetos de las oraciones categóricas en favor de otro sujeto más básico: los pronombres. Así, *Sócrates es sabio* fue analizada en términos de *Esto es sabio* y *Esto es Sócrates*. Los pronombres operan –para los medievales– como sujetos de oraciones singulares, que son las oraciones que señalan uno y solo un individuo. Los pronombres son, dentro de las tres maneras de mencionar un individuo que estima Buridán (nombres, descripciones y pronombres) la única manera unívoca de identificarlo (Klima 2009: 85).

Para quien se sienta extrañado, tenemos ejemplos contemporáneos de esta manera de mirar las cosas: Quine cuando propone la reducción de los términos singulares a predicados y solo mantiene a las variables como términos singulares; nos dice:

> Este hecho de que no queden mas términos singulares que las variables puede parecer una prueba de la primacía del pronombre, y recuerda el dicho de Peirce sobre "el nombre, que puede definirse como la parte de la oración que sustituye al pronombre" (Quine 2010: 195).

c) Que la cópula *es*, como categoría semántica, es equívoca: funciona como signo de predicación en las categóricas básicas y como signo de identidad en las categóricas no-básicas.

Desarrollaremos con detalle varios de estos puntos en las secciones que siguen.

7.3. Verdad y suposición

La unidad semántica fundamental de la Edad Media es la oración. Enfocada semánticamente, "Una proposición es una oración indicativa significando algo que es verdadero o falso" (Pablo de Venecia 1984: 123). En el capítulo 1 del *Tratado sobre las consecuencias*, Buridán comienza hablando de las causas de la verdad y la falsedad de las proposiciones como muestra de que la verdad es uno de los conceptos centrales para entender la semántica del lenguaje lógico. El otro concepto fundamental es el de suposición[161]. Como sabemos, la suposición es una categoría semántica propia de —o solo aplicable en— los términos que componen una oración. Así, el tratamiento de la verdad de las oraciones implicó el desarrollo de la teoría de la suposición: el punto en el que confluyen la verdad y la oración es la suposición. (Ambos conceptos fueron desarrollados con detalle en el capítulo 5. Aquí nos dedicaremos a presentar su articulación en la teoría semántica que fundan).

Sabemos que el concepto semántico de satisfacción acuñado por Tarski es el pilar de la semántica lógica contemporánea, en el sentido de que se trata de un concepto más general que el de verdad, aplicable tanto a oraciones como a cuasi-oraciones y a partir del cual se define la verdad (Moretti 1996: 38). De manera análoga, en la edad media el concepto semántico que ayuda a definir la verdad es el de suposición.

Tenemos que estar atentos, ya que, como vimos, existen dos tipos de oraciones categóricas: las demostrativas y las categóricas comunes. En ambos casos, al menos uno de los términos que conforman la oración supone, pero la función de la cópula no es la misma, como vimos en 5.6.3.1 y 5.6.3.2. Comencemos por las categóricas básicas: ¿Cómo opera la suposición en las oraciones demostrativas? Responde Buridán:

> Suposición es tomar un término en una proposición por alguna cosa o cosas, tales que, cuando esa cosa o esas cosas son señaladas por el pronombre "esto" o "estos" o su equivalente, entonces ese término es verdaderamente afirmado de ese pronombre con la mediación de la cópula (Buridán 1977: 50[162]).

---

[161] Notará el lector que entre los conceptos semánticos fundamentales no aparece la significación. Esto es solo la consecuencia de tomar la oración como unidad semántica: recordemos que la significación es una propiedad de los términos fuera de la oración (véase sección 5.3).
[162] Citado por Broadie de la edición de los *Sophismata* de T. K. Scott.

Si tenemos en cuenta que la finalidad del pronombre es señalar un objeto (4.2.2.3), el parecido con nuestro concepto de satisfacción es más que importante: "Decimos que un objeto satisface la fórmula bien formada atómica Cubo(x) si y solo si el objeto es un cubo" (Barwise y Etchemendy 1992: 116). De esta manera, en las categóricas básicas, que la oración *Esto es un cubo* sea verdadera depende de que la cosa (o cosas) señalada por el pronombre esto, tenga(n) la propiedad por la que supone el predicado, en este caso, la de ser un cubo. Utilizando un poco el lenguaje simbólico diríamos:

$x \approx a$ es verdadera sii el objeto por el que está suponiendo x en la fórmula A(x) tiene la propiedad A (o, en nuestra propia jerigonza, que A(x) es satisfecha por un objeto del dominio del discurso)[163]

En las categóricas habituales, como *Sócrates es blanco*, lo que decimos es que son verdaderas si ambos términos –a y b– suponen por lo mismo, esto es, si co-refieren al mismo individuo señalado por el pronombre (ya que la cópula opera como un signo de identidad). Esto es,

$a \approx b$ es verdadera sii el objeto x por el que suponen ambas tiene la propiedad B y la propiedad A (o podemos decir que a y b co-refieren al mismo conjunto del dominio.

7.4. Dominio del discurso

Siempre que un término supone está en el lugar del objeto por el que está suponiendo. En el caso, por ejemplo, de la suposición personal, los términos están por cosas y lo que se describe es una suerte de función referencial, que asigna a cada expresión nominal que conforma la categórica un elemento (y solo uno) de la realidad de la que se está hablando. La idea de que se está hablando de algo existente viene conferida por la naturaleza misma de la oración categórica que "tiene por misión primaria el enunciar que algo existe o no existe (*aliquod esse vel non esse*) (Muñoz Delgado 1964: 329). La categórica desarrolla esta función a través de una de las funciones semánticas de la cópula, que es tomar los valores semánticos de los términos categoremáticos como sus argumentos y conceder un valor semántico a esa

---

[163] Utilizo la mayúscula "A" con el fin de dejar claro que la frase nominal, representada por "a" en "a $\approx$ b" se ha transformado en un predicado o término general, según lo explicamos en 5.6.3.2.

combinación (Klima 2008: 404). Si bien esto varía según la oración de que se trate, siempre se trata de considerar si existe un objeto con la/s propiedad/es que se le adjudica/n.

En otras palabras, necesitamos para asignarle suposición a los términos de una oración dominio del discurso, esto es, la realidad –o un sector de la realidad temporalmente determinado– y de qué estamos hablando, para que los términos que componen la categórica tomen su significado a través de la asignación que les confiere la suposición.

Las oraciones verdaderas de la lógica medieval son oraciones acerca de un dominio: el dominio de la realidad actual, o el dominio de las cosas que existen actualmente. La realidad es una y, si agregamos a esto la presunción epistémica (seguramente heredada de Aristóteles) de que a nadie le es desconocida la realidad, entonces el dominio de la realidad actual es el dominio conformado por todas las cosas que existen en la actualidad y que todos podemos conocer. Para evitar confusiones, apelemos a un ejemplo que citan una y otra vez todos los lógicos de esa época como paradigma de la falsedad: la oración *Una quimera corre*, que fue considerada falsa por cualquier lógico de la Edad Media (perteneciese a la corriente filosófica que perteneciese). La explicación de su falsedad es que una oración verdadera definida como *aquella en la cual sujeto y predicado (en suposición personal) suponen por lo mismo*, hace falsos todos los casos donde el objeto mencionado (representado lingüísticamente por el pronombre) no pueden suponer por algo, esto es, los casos donde el dominio no posee entre sus elementos un individuo con las propiedades que de él se predican o donde el dominio es directamente vacío. La idea –más bien intuitiva entre los lógicos– era expresada por Russell en 1919:

> De hecho, las proposiciones de la forma "el tal-y-tal es el tal-y-tal" no son siempre verdaderas: es necesario que el tal-y-tal exista (un término que se expresará en breve). Es falso que el actual Rey de Francia es el actual Rey de Francia, o que el cuadrado redondo es el cuadrado redondo. Cuando substituimos un nombre por una descripción, las funciones proposicionales que son "siempre verdaderas" pueden convertirse en falsas, si la descripción no describe nada." (Russell 2000: 56).

7.5. Oraciones bien formadas y recursividad

Vimos que para los medievales hay oraciones categóricas, pero pueden distinguirse diferentes tipos de categóricas. La división tiene una función semántica: dar distintas condiciones de verdad a distintas oraciones categóricas. Dice Buridán:

> Y lo que es claro, es que es necesario asignar causas de verdad diferentes a diferentes tipos de proposición y los lectores atentos ahora pueden entender de lo que se ha dicho cómo estas deben ser [p.18] asignadas a las proposiciones afirmativas (Buridán 2015: 63).

Así, y como es natural, no serán las mismas condiciones de verdad para *Sócrates es un hombre*, que para *Todos los hombres son mortales*; tampoco para *Sócrates corre*, que para *Sócrates no corre* o *Una quimera corre*. Todas ellas serán presentadas en términos recursivos en un capítulo de las nuevas *Sumas* de lógica titulado *Exponibilibus* (sección 3.6). Sabemos:

i) que existen símbolos primitivos que se refieren a los individuos, a saber, expresiones nominales (que intuitivamente corresponden a expresiones del tipo de los nombres propios, pero de una categoría más amplia) y que también contamos con pronombres (que corresponde aproximadamente a nuestras variables) y señalan uno y solo un individuo; la cópula *es* completa el conjunto de estos símbolos, junto con la negación.

ii) que todas las expresiones complejas se construyen a partir de estos símbolos primitivos por medio de un conjunto explícito de reglas que determinan efectivamente cuáles de estas cadenas de símbolos se han de considerar como bien formadas (Klima 2009: 131).

iii) que existe una enumeración exhaustiva de las oraciones bien formadas.

iv) que sobre estas estructuras se agregarán consideraciones semánticas, dotando a cada una de las expresiones complejas de un significado que depende del significado de las partes que la componen.

Las cuestiones sintácticas han sido desarrolladas en el capítulo 4. Repasaremos algunas de ellas en favor de la explicación que tiene como finalidad las cuestiones semánticas. No olvidemos que la lógica medieval constituye –como dijimos al comienzo– una aproximación semántica a la lógica; tal vez la primera y, por qué no, tal vez la más compleja.

7.6. Distintos tipos de oración categórica

Recordemos que las oraciones categóricas que pueden considerarse fórmulas bien formadas son, según Pablo de Venecia (1984: 124-25):

A) *Afirmativas* y *negativas*;
B) *Verdaderas* y *falsas*;
C) *Posibles* e *imposibles*;
D) *Contingentes* y *necesarias*;

Luego se propone la división a la que prestaremos mayor atención en este capítulo: es entre cuantificadas y no-cuantificadas. En favor de la claridad, solo trabajaremos con las primeras[164]. Entre las proposiciones cuantificadas se agrupan:

E1) Universales: son aquellas proposiciones que tienen por sujeto a un término común el cual es sometido a un signo universal; p. ej., "Todos los hombres corren".

E2) Particulares: son aquellas proposiciones en que un término común es sometido por un término particular; p. ej., "Algunos hombres corren".

E3) Indefinidas: son aquellas proposiciones en que el sujeto es un término común sin signo alguno; p. ej., "Los hombres corren".

E4) Singulares: son aquellas proposiciones que tienen como sujeto a un término discreto o a un término común con un pronombre demostrativo (*este*, *esta*) singular; e.g, "Sócrates corre" y "Este hombre disputa", respectivamente.

La clasificación es sintáctica y tiene por objeto presentar las fórmulas bien formadas de la lógica de la edad de oro. Enfocadas semánticamente, no todas están en el mismo nivel. Las oraciones singulares (E4), específicamente aquellas que tienen como sujeto un pronombre demostrativo, son,

---

[164] Las oraciones *no-cuantificadas* son aquellas que no son universales, particulares, indefinidas o singulares. Fuera de estas categorías solo quedan dos tipos de proposición: las que exceptúan ("Todos los hombres, excepto Sócrates corren") y las exclusivas ("Solamente el hombre corre"). Por supuesto que merecen interés de parte del lógico, pero desarrollar este punto debilitaría el hilo argumental que venimos desarrollando.

como veremos, las oraciones a las que pueden reducirse las demás a fin de obtener su valor de verdad.

7.6.1. Las oraciones singulares

En lógica, las oraciones atómicas de un lenguaje son primitivas. Son estructuralmente simples; en el caso que nos ocupa, son lo que los medievales designaron con el nombre de *oraciones singulares*. Pablo de Venecia distingue entre *términos inmediatos* y *términos mediatos*; la diferencia entre ellos se corresponde con la diferencia que existe entre *términos singulares* y *términos no-singulares*. Una *proposición inmediata* contiene en la posición del sujeto solo términos singulares; una *proposición mediata* es una proposición que requiere de una reducción de sus términos no-singulares a una concatenación de términos singulares, en pro de establecer su verdad (o falsedad). Las oraciones inmediatas (singulares) son las oraciones primitivas de la lógica de la edad de oro.

Desde el punto de vista semántico, las singulares cuyo sujeto es un nombre propio, i.e. *Sócrates es blanco* o un pronombre personal, i.e. *Esto es blanco*, son básicas por cuestiones ontológicas: hablan de los individuos. Pero desde el punto de vista semántico solo aquellas que tienen como sujeto un pronombre son básicas, ya que todas las demás –incluyendo las singulares con un nombre propio como sujeto– pueden descomponerse en oraciones de este tipo. ¿Cuál es la función lógica del pronombre, ya que este representa el sujeto de las categóricas básicas? El asunto lo tratamos extensamente en 4.2.2.2 y 4.2.2.3; ahora solo digamos que la función lógica de los pronombres demostrativos

> es la misma que los lógicos contemporáneos le otorgamos a nuestras variables ligadas; el que le otorga nuestra lógica contemporánea cuando hace su reconstrucción racional de este aspecto del lenguaje natural (Haack 1978: 59).

Así, según nuestros filósofos, la manera más natural de contemplar la función de un pronombre –desde un punto de vista lógico– es ejerciendo como una variable ligada. Evans observa la relación de los pronombres con los objetos de un dominio del discurso:

> A grandes rasgos, el pronombre denota aquellos objetos que verifican (o aquel objeto que verifica) la sentencia que contiene el antecedente cuantificado (Evans 1977: 499).

Desde esta perspectiva, la función de los nombres propios es menos básica que la de los pronombres. Dijimos que el predicado de la oración categórica probada se transforma en el predicado de la primera categórica básica (que forma el primer conjunto). El sujeto de la oración categórica probada, se transforma en el predicado. Ducrot explica este tipo de procedimiento en la teoría lógica de Ockham

> Si el adjetivo "blanco" se define como "algo que tiene la blancura", solo puede interpretarse a condición de saber de antemano qué es, o qué no es "algo". Ockham se nos presenta aquí como a mitad de camino de las concepciones subyacentes a la actual lógica de predicados. Habiendo anulado la distinción entre sustantivo y adjetivo, los lógicos actuales interpretan "los hombres son blancos" como: todos los seres que tienen la propiedad "hombre" tienen la propiedad "blanco", lo cual presupone un universo de discurso, un universo de objetos, que es necesario a su vez para comprender el sujeto y el predicado (Ducrot 1994: 136).

Todo lo que se manifiesta aquí en relación a Ockham es aplicable a los lógicos de la edad de oro. Es más, si Ockham se encuentra "a mitad de camino" es solo porque Ockham mantiene en algún sentido la oposición entre sustantivo y adjetivo. En autores como Pablo de Venecia esta oposición sustantivo-adjetivo ha desaparecido y se procede del mismo modo con proposiciones singulares que tienen como sujeto (de la proposición probada) un nombre: *Sócrates es hombre* se resuelve en *Esto es hombre* y *Esto es Sócrates*, de donde se puede inferir que, al menos en su método para establecer las condiciones de verdad de las categóricas, interpretan los nombres propios como predicaciones. Este modo de proceder –nuevamente apelando a Haack– es llamativamente parecido al que propone Burge. Este propone considerar las oraciones del tipo de "Jack es alto" como una especie de oración abierta, con "Jack" como predicado gobernado por un demostrativo "este Jack es alto" (como "ese libro es verde") la referencia del cual está fijada por el contexto. Considerando, pues, como un predicado, "Jack" es, según Burge, verdadero de un objeto en el caso que el objeto *sea un Jack*, en el caso de que al objeto se le haya dado ese nombre de una forma adecuada (Haack 1978: 85). Esta es la manera de entenderlo de los medievales de la edad de oro.

Agreguemos a esto la idea de una predicación no-clásica, propuesta por Tomás de Aquino, una predicación de clases a individuos y la idea –

señalada por Buridán– de que los pronombres señalan uno y solo un individuo y tendremos en las oraciones singulares demostrativas una oración análoga a lo que Strawson denominó *oraciones existenciales indivilizuadoras*; que no son oraciones predicativas ordinarias, esto es, no son solo oraciones adscriptivas:

> Las expresiones que pueden aparecer como sujetos lógicos singulares son expresiones de la clase que he enumerado al comienzo (demostrativos, frases sustantivas, nombres propios, pronombres): decir esto es decir que esas son las expresiones que, junto con el contexto (en el sentido más amplio), usamos para hacer referencias indivilizuadoras (Strawson 1983: 74).

Creo que se trata de una buena analogía con las oraciones categóricas demostrativas de la lógica de fines de la Edad Media.

7.7. Semántica de la lógica de la edad de oro: El capítulo sobre las pruebas

En el capítulo cuarto de la *Logica Parva* de Pablo de Venecia –para dar un ejemplo concreto– se establecen las condiciones de verdad para las proposiciones categóricas. Estos capítulos de los manuales fueron denominados *Exponibilibus* y lo que plantean no es otra cosa que un procedimiento recursivo para dar cuenta de la verdad de oraciones complejas a partir de las condiciones de verdad de otras más básicas. Así, uno de los puntos claves de este procedimiento consiste en reducir las proposiciones categóricas de cualquier tipo a una conjunción entre categóricas de un tipo determinado, lo que indica que entendieron que algunas categóricas (las no-singulares) son (a los fines de obtener las condiciones de verdad) reducibles a otras (las singulares).

El método está en relación directa con los tipos de oración señalados en la sección anterior, los medievales propusieron cuatro tipos de métodos que brindan las condiciones de verdad de las distintas proposiciones categóricas (que por supuesto varían según el tipo de proposición categórica de la que se quiera dar las condiciones de verdad). Son estos:

La Resolución: este método está destinado a brindar las condiciones de verdad de tres tipos de proposiciones (categóricas):

Indefinidas: "El hombre corre"; *Particulares:* "Algunos hombres corren"; *Singulares cuyo sujeto sea un nombre propio:* "Sócrates corre"; *Modales de sentido dividido:* "Sócrates necesariamente corre".

La Exposición: brinda las condiciones de verdad de las proposiciones (categóricas) Universales afirmativas: "Todos los hombres corren";

La Oficialización: se dedica a dar las condiciones de verdad de las proposiciones (categóricas) que poseen un término modal que afecta a toda la oración o *Modales de sentido compuesto:* "Necesariamente: el hombre corre".

La Descripción: brinda las condiciones de verdad para las *Proposiciones mentales*; aquellas categóricas que van precedidas por términos como "creo" "dudo" o "sé": "Yo sé: tú estás en Roma".

El más importante de estos métodos es, sin duda, el de la Resolución. En primer lugar, porque las proposiciones de las que se ocupa –las singulares y singulares demostrativas– son básicas en la lógica medieval; las proposiciones cuantificadas, por caso las universales, de las que se ocupa la Exposición, son reducibles a las singulares.

> La teoría medieval de la verificación requiere que la verdad o falsedad de cualquier oración sea establecida por inspección de la verdad o falsedad de sus proposiciones elementales o primitivas, las cuales son singulares respecto de su forma (Perreiah 1984: 70).

Los otros dos métodos trabajan con proposiciones formuladas para contextos especiales, y su verdad se predica de la oración a la que afectan, no de las cosas que menciona la oración. Tal vez por lo mismo es que fueron menos utilizadas en una lógica que tiene por objeto el dominio de las cosas que existen. Veamos entonces cómo procede la Resolución.

7.7.1. Distintos tipos de oraciones categóricas según sus condiciones de verdad

Las oraciones categóricas son las oraciones atómicas de la lógica medieval. Sin embargo, es un error –por cierto muy común– no dar la importancia necesaria a la distinción entre *distintos tipos de oraciones categóricas según los términos categoremáticos y sincategoremáticos que las componen, de donde deriva el método utilizado para establecer sus condiciones de verdad*. En correspondencia con lo expuesto en el apartado anterior, los medievales establecieron una clasificación de distintos tipos de oraciones categóricas según el método utilizado par dar sus condiciones de verdad, siendo algunas más básicas que otras desde la perspectiva veritativo funcional. La tesis es la siguiente: *En la lógica de la edad de oro se da cuenta de las condiciones de verdad de algunas categóricas en términos de las condiciones de verdad de otras categóricas, que son consideradas básicas, lo que implica un proceso recursivo e involucra la idea de composicionalidad, que es la que guía todo este proceso semántico.*

En esta sección nos interesa dejar establecida la clasificación de las oraciones, fundada en categorías semánticas. Pablo de Vencia (1984: 181-190) las divide en:

1) *Resolubles*: son aquellas cuyas condiciones de verdad se establecen mediante el método denominado Resolución. Desde la perspectiva de la teoría de los términos y sus propiedades las identificamos con las siguientes: *Indefinidas*: "El hombre corre"; *Particulares*: "Algunos hombres corren"; *Singulares cuyo sujeto sea un nombre propio*: "Sócrates corre"; *Modales de sentido dividido*: "Sócrates necesariamente corre";

2) *Exponibles*: son aquellas cuyas condiciones de verdad se establecen mediante el método denominado Exposición: se dedica a dar las condiciones de verdad de las proposiciones categóricas universales afirmativas: "Todos los hombres corren";

3) *Oficiales*: son aquellas proposiciones cuya construcción está signada por un término modal que afecta a toda la oración: Modales de sentido compuesto: "Necesariamente el hombre corre".

4) *Descriptibles*: son son aquellas proposiciones cuya construcción está signada por un término mental que afecta una expresión no-compleja: "Conozco a Sócrates". La Descripción es el método que brinda las condiciones de verdad para las proposiciones mentales; aquellas categóricas que van precedidas por términos como "creo" "dudo" o "sé": "Yo sé: tú estás en Roma".

Como puede comprobar el lector, las categóricas cuyo término pronombre demostrativo singular (*este, esta*) no están listadas aquí, carecen de condiciones de verdad. Pero se corresponden, por la clasificación sintáctica, a las singulares. Esto indica que son oraciones singulares con las que se dan las condiciones de verdad de todas las demás categóricas; son oraciones –desde la perspectiva semántica– atómicas.

7.8. Condiciones de verdad de las oraciones categóricas que trata la Resolución

El método de la Resolución es el más importante de todos. Los tratados sobre las condiciones de verdad comienzan con él. Pablo de Venecia lo describe así (diciendo que "la doctrina es bien conocida"):

> Primero uno comienza con la resolución mediante la cual uno infiere de una proposición indefinida o particular, proposiciones singulares las cuales no puede tener por término sujeto ninguna otra cosa que no sea un pronombre demostrativo. Cada uno de estos tres tipos de proposición serán inferidos de la siguiente manera: Dos proposiciones demostrativas serán tomadas como el antecedente; en la primera de ellas el predicado de la proposición resoluta es predicado y en la segunda el sujeto de la proposición resoluta es predicado, p. ej. "El hombre corre" es resuelta en, "Esto corre y esto es hombre; por lo tanto, el hombre corre" (Pablo de Vencia 1984: 181).

El método se aplica además a otras oraciones como las singulares o modales de sentido dividido, y con un verbo ampliado (dónde la cópula es de pasado o futuro). Siempre se procede transformando el predicado y el sujeto (en ese orden), en predicados de otras dos oraciones categóricas cuyo sujeto es el pronombre *esto*. Hay una transformación de los nombres en términos generales en el mismo sentido en que lo planteaba Quine:

> «Socrates» es ahora un término general que se considera empíricamente verdadero de un solo objeto; «Pegaso» es ahora un término general que, como «centauro», no es verdadero de ningun objeto. La posición de «Pegaso» y de «Sócrates» en «($\exists$x) (es Pegaso)» y «($\exists$x) (x es Socrates)» es ahora ciertamente inaccesible a variables y, desde luego, no es una posición puramente referencial; pero esto es muy natural, porque ha dejado de ser una posición para términos singulares; «x es Pegaso» y «x es Sócrates» tienen ahora la forma de «x es redondo» (Quine 2010: 189).

Estas dos oraciones son unidas por el sincategoremático *y*; lo que las transforma en una oración hipotética conjuntiva. Ejemplo: *Sócrates es filósofo*, se transforma (se resuelve) en *Esto es filosofo* y *Esto es Sócrates*, que es verdadera si es verdadera la conjunción formada por las dos proposiciones en la que fue descompuesta.

La verdad de cada una de las nuevas categóricas (que integran la conjunción) se da si el objeto del dominio señalado por el pronombre "esto" satisface ambas propiedades.

Las condiciones de verdad de una oración categórica se reducen así a la verdad de la conjunción de las categóricas básicas en la que es transformada, poniendo como sujeto el pronombre "esto" y como predicados el predicado y el sujeto de la oración original.

7.9. Simbolización

En 1953, Ernest Moody, en su excelente trabajo sobre lógica medieval, recorría casi el mismo camino que hemos desandado y proponía simbolizar la definición de la verdad de una categórica de la siguiente manera:

Definición 1:   T: Algún A es un B . ⊃ . $\exists x\,(\text{``}A\text{''}_S x \wedge \text{``}B\text{''}_S x)$

En la definición T está por *Es verdadero que* y las comillas sobre A y B del segundo miembro del condicional indican que estamos en presencia de los nombres de los términos A y B; la S indica el *Está por* propio de la suposición; x es el enlace pronominal necesario para identificar la cosa por la que están "A" y "B"; . ⊃ . es un condicional.

La definición dice que si una categórica es verdadera, entonces existe al menos un objeto que satisface las condiciones de tener las propiedades A y B.

Acordaríamos con la simbolización de Moody si fuera el caso que la proposición que se busca formalizar es una proposición I (dentro de la nomenclatura del cuadrado de la oposición). Esto es, si el cuantificador que se busca formaliza es el de oraciones como *Algunos hombres son pecadores*. En este caso el cuantificador existencial –que puede parafrasearse como: "existe al menos uno", "existe al menos un objeto que", "existe por lo menos una cosa", etc.– es el adecuado.

Pero el uso anterior no funciona para oraciones como *Sócrates es griego* o *El agua es H₂O*. La de Moody no es una buena formalización de las oraciones singulares, que son las oraciones básicas, semánticamente hablando. El asunto de fondo es que el cuantificador existencial no es del todo consistente o no encaja de manera precisa con la utilización del pronombre. El pronombre (que, como bien dice Moody, sirve para identificar el objeto del que se habla) indica una identificación personalísima, el señalamiento de uno y solo un objeto del dominio, ya que, de lo contrario, no se trataría de una identificación. Al decir *Al menos uno de ustedes me traicionará*, no identifico a una persona en particular. Si lo hago cuando utilizo un nombre o un pronombre demostrativo: *Judas me traicionará* o *Este me traicionará*. Necesitamos pues un tipo de cuantificador que diga que existe uno y solo un x tal que ese x esta por F y por G. Tal cuantificador es familiar para los lógicos contemporáneos: es el que se utiliza para formalizar la propuesta de Russell (1905) referida a la eliminación de los nombres propios. Se escribe $\exists!$. La definición siguiente está basada en la de Moody, pero está adaptada para dar cuenta de las oraciones singulares:

Definición 2:   T A es B $. \supset . \ \exists!x\ (\text{``A''}_Sx \wedge \text{``B''}_Sx)$[165]

En una notación que también traslada al lenguaje de símbolos A es B es reemplazada de la siguiente manera: A y B por a y b; es por $\approx$ y T por V, tenemos:

Definición 2) $a \approx b = V$ sii $\exists!x(Ax \wedge Bx)$

Prefiero 2) a 1) porque indica claramente la eliminación de los nombres en favor de los pronombres, llevada adelante por los medievales. Pero además 2) permite dar cuenta de manera correcta de las oraciones singulares, que son las oraciones más importantes de esta lógica[166], y no son bien formalizadas por 1), en el sentido que, cuando digo *Sócrates es griego* no quiero decir, *existe al menos un objeto con estas características*; más bien estoy expresando que (si la oración es verdadera) *existe solo un objeto con la propiedad de ser Sócrates y ser griego*. En el sentido de que lo afirmo de uno y solo de uno, sin la imposibilidad de que existan otros.

---

[165] En el texto de Moody se utilizan las letras F y G en lugar de A y B, por la que las sustituimos en pro de la coherencia terminológica: Definición 1:   T: Algún F es un G $. \supset . \ \exists x\ (\text{``F''}_Sx \wedge \text{``G''}_Sx)$ (Moody, 1953: 35)

[166] Las condiciones de verdad de las oraciones no-singulares se construyen en base a las singulares, por lo que no puede exagerarse ni la importancia ni la prioridad de una simbolización correcta de ellas.

Por último digamos que existen dos esquemas alternativos a la notación $\exists!x(Ax \wedge Bx)$ presentada arriba y utilizados en la formalización de la propuesta de Russell:

a) $\exists x \, (\forall y \, (A(y) \leftrightarrow y=x) \wedge B(x))$

b) $\exists!x \, A(x) \wedge \forall x \, (A(x) \rightarrow B(x))$

a) Tiene el mérito de quedarse con el cuantificador clásico, pero traduce la oración a un bicondicional e introduce el signo de identidad, siendo ambas cosas ajenas a la presentación medieval que dice que *A es B* es verdadera, cuando es el caso que *esto es B y esto es A*.

b) No respeta la simetría entre sujeto y predicado, propia de la teoría de la verdad basada en la suposición, por lo que optaré por la definición 2).

7.10. Condiciones de verdad de las proposiciones categóricas cuantificadas

Una proposición expositiva como "todo hombre corre" se descompone en estas dos proposiciones: *El hombre corre* y *Ningún no-hombre corre*. Las condiciones de verdad para este tipo de proposiciones son reducibles a las condiciones de verdad dadas para las proposiciones resolutivas, pues lo único que agrega es el cuantificador universal. La primera oración debe entenderse afirmando (como en el caso de las resolutivas) que hay objetos en el dominio que tienen la propiedad A y la propiedad B. La segunda oración agrega que todos y cada uno de los objetos que tienen la propiedad A, no pueden dejar de tener la propiedad B, como verdadero para al menos un estado de cosas (el actual). Si el modo está dado por el tiempo de la cópula, es decir por una cópula de pasado o de futuro (ver sección 5.4.3), el método utilizado para obtener las condiciones de verdad será también la Resolución. Por ejemplo: la oración "el niño será adulto" se transforma en "esto es o será adulto y esto es niño". Donde como se ve, el primer conyunto se transforma en una disyunción.

Estoy convencido de que el tratado sobre las pruebas aún no ha sido explotado en todas sus posibilidades por los estudiosos de la lógica medieval. Se trata de un método recursivo de construcción semántica basado en una interpretación planeada de las unidades semánticas. Es la prehistoria misma de la semántica formal.

7.11. Tipos de negación y oraciones negativas

Desde el punto de vista semántico no existe un solo tipo de negación en la lógica medieval. Si sintácticamente podíamos distinguir dos (la infinita y la negativa 4.2.3.2, 4.2.3.2.1 y 4.2.3.2.2), desde la perspectiva semántica contemporánea podemos señalar que las categóricas negativas, las categóricas infinitas y las hipotéticas poseen distinto significado. Así que existen –aunque no se ha escrito demasiado hasta hoy– tres negaciones en la lógica de la Edad Media. Veamos las dos primeras.

Consideremos las oraciones *Un hombre no es un asno* y *Un hombre es un no-asno*. La primera corresponde –según su sintaxis– a lo que denominaron categórica con negación negativa; la segunda es una categórica con negación infinita. Semánticamente difieren en cuanto a sus condiciones de verdad.

La primera –*Un hombre no es un asno*– afirma que la fuerza de la identidad de la cópula se ha roto: dice que los términos que componen la categórica no suponen por lo mismo; por esto, puede ser verdadera en caso de que no existan hombres. La segunda –*Un hombre es un no-asno*– es, en el fondo, una afirmación, por lo que necesita de la existencia de humanos para su verdad. El término *hombre* y *no-asno* deben suponer por el mismo objeto: *Esto es un no-asno y esto es un hombre* es la conjunción que debe ser verdadera para que sea verdadera la categórica.

Como estará pensando el lector, todas las negaciones infinitas pueden colapsar en afirmaciones. Esto hace que la diferencia de fondo entre una categórica infinita y una afirmación sea más bien sintáctica.

7.12. Negación negativa de las categóricas y negación de las hipotéticas

También hay diferencias entre la negación negativa de las categóricas y la negación de las hipotéticas. La negación negativa, es lo que hoy identificamos como negación por cancelación, que se aplica sobre las oraciones categóricas, mientras que la negación como contradicción es la que se aplica u opera sobre las oraciones hipotéticas. Ambos son maneras alternativas (desde la perspectiva lógica actual) de caracterizar la negación como operador unario (Horn 2016: sec. 2.4). La negación por cancelación –que es la negación negativa– es un tipo de negación cuya característica básica consiste en que, cuando opera sobre la oración a≈b, *cancela la fuerza del contenido* de a≈b. Es la negación que históricamente se identifica con los trabajos de Aristóteles, Boecio y Abelardo, y es la interpretación de la negación que propone la lógica tradicional (Sylvan, 1999: 316).

Por su parte, la negación por contradicción, que vemos reflejada en el tratamiento de las oraciones hipotéticas y el cuadrado de la oposición, es una negación que se caracteriza por entender a $\neg P$ como la contradictoria de P. Valida las leyes de Tercero excluido y No-contradicción. En las proposiciones hipotéticas la función del adverbio "no" es destruir la fuerza del signo sincategoremático que une las proposiciones categóricas que la conforman ("y", "o" y "si... entonces") (Moody 1953: 38).

Existen diferencias entre ambas desde la perspectiva semántica; por ejemplo, para la negación negativa (la negación clásica) leyes como

$$(a≈b) \land \neg(a≈b) \to (a≈b)$$

no son válidas, ya que de la anulación de la fuerza de a≈b que propone $\neg(a≈b)$ no puede seguirse la misma oración a≈b; un ejemplo: *Si el hombre es racional y el hombre no es racional, entonces el hombre es racional* no es una buena inferencia. Esta regla, sin embargo, es válida en la negación por contradicción.

7.13. Semántica de las oraciones hipotéticas

Las oraciones hipotéticas fueron analizadas sintácticamente en 4.2.4.3. Pueden definirse como dos categóricas unidas por algún signo de conjunción. Presentamos a continuación el análisis semántico de las mismas.

7.13.1. Conjunción y Disyunción

El significado veritativo funcional de la conjunción fue dado por la regla:

para la verdad de la conjuntiva se requiere que ambas partes sean verdaderas. Por lo tanto, si alguna de las partes de una conjunción es falsa, ella misma es falsa (Ockham 1998: 187).

Como puede verse, no reviste diferencia alguna con la caracterización contemporánea: "A∧B es verdadera cuando, y solamente cuando, tanto A como B son verdaderas" (Mendelson 2015: 1).

La disyunción: El signo "o" significó de dos modos diferentes durante la Edad Media. En principio fue interpretado como una disyunción exclusiva. A fines del XIII y durante el XIV, la interpretación de "o" es —casi de manera unívoca— en términos de disyunción inclusiva. La interpretación veritativo funcional de la disyunción se expresó así: para la verdad de una disyunción afirmativa es suficiente que una de sus partes sea verdadera.

7.13.2. La implicación

Aquí nos encontramos con discrepancias de interpretación de la que los lógicos medievales fueron conscientes. No hubo acuerdo total a la hora de formular las condiciones de verdad de los enunciados condicionales. Sin embargo, la mayoría de los lógicos coincidieron respecto a que un condicional verdadero es una *proposición necesaria*; Un condicional falso es una *proposición imposible*; Y que, si un condicional es verdadero, *es imposible que su antecedente sea verdadero y su consecuente falso*. La pluralidad de significados que mencionamos arriba parece inherente a la significación de esta partícula lógica. Pero, a diferencia de los estoicos, para quienes si uno suscribía una manera de entender el condicional se oponía a la otra, los medievales adoptan la idea (probablemente a partir de a lectura de Boecio) de que existe más de un significado para los condicionales, esto es, más que un condicional, parecen considerar una familia de ellos (Sanford 1989: 30). Una distinción común vinculada con lo anterior es la que presentaron entre los condicionales formales (o perfectos) y los condicionales materiales. Los prineros son condicionales verdaderos en virtud de su forma como "Si ningún B es A, entonces ningún A es B" y los segundos condicionales verdaderos en virtud de su materia o verdaderos por el sentido o significado de los términos que lo componen: "Si Sócrates es un hombre, entonces es mortal".

Sea como fuere, existe en las consideraciones generales la idea de que la modalidad tiene un rol en el significado del condicional[167]:

Para la verdad de un condicional afirmativo es requerido y suficiente que el opuesto del consecuente sea repugnante al antecedente; p.

---

[167] Esta manera de pensar, eclipsada por el dominio del condicional material, solo afectado ocasionalmente por planteos como los de C. I. Lewis, a comienzos del siglo XX, no es, sin embargo, extraña a la lógica contemporánea. Un trabajo clásico desarrollado a partir de conectores que trabajan con *piezas de información* en vez de hacerlo sobre oraciones es *Entailment, The Logic of Relevance and Necessity*, de Anderson, Belnap y Dunn, de 1992, especialmente en el capítulo IX. Estos enfoques están fundados sobre conceptos modales.

ej. "Si tú eres un hombre, tú eres un animal" (Pablo de Venecia 1984: 131).

En la definición anterior, *repugnante* es una partícula modal (secciones 6.10.1 y 6.13.3), que puede ser analogada con "no pueda ser el caso que". El condicional es verdadero si es imposible que la negación del consecuente se implicada por el antecedente. En la misma dirección: dice Guillermo de Sherwood:

> Para que un condicional sea verdadero no es requerida la verdad de sus partes, sino solo que siempre que el antecedente sea [verdadero], el consecuente sea [verdadero] también (Sherwood 1966: 34-35, citado por Kreztmann 1968: 120, nota 18).

Siglos después Hughes y Cresswell utilizan casi las mismas palabras para describir el condicional estricto de Lewis: interpretan el condicional estricto, *p implica estrictamente a q* "como significando que es imposible que p pueda ser verdadero sin que q sea verdadero también" (Hughes-Cresswell 1996: 195). Así, el condicional de la lógica de la edad de oro, fue lo que hoy denominamos un condicional estricto y que señala los orígenes de la lógica modal contemporánea.

7.14. Lógica formal

A nosotros los lógicos nos interesa el lenguaje como medio para dar cuenta de la bondad (o no-bondad) de las inferencias que en él se practican. Este es el sentido de la lógica. Hablamos en nuestros días de *lógica formal* y, en muchas ocasiones, de manera ambigua. Busquemos entonces una definición y veamos si puede ser calificada de formal como la lógica de la edad de oro.

> *Lógica formal:* La lógica formal es el análisis de inferencias según la validez en términos de la estructura de las proposiciones que aparecen en la inferencia, así como el análisis de la verdad de las proposiciones en términos de su estructura (Epstein 2016: 5).

Si nos apegamos a esta definición y tenemos en cuenta la noción de argumento (y consecuencia), además de la semántica presentada en el capítulo, los medievales tuvieron una lógica formal.

8. UNA RECONSTRUCCIÓN RACIONAL DE LA LÓGICA DE LA EDAD DE ORO 1: SINTAXIS Y SEMÁNTICA

8.1. Introducción

En este capítulo vamos a dar una presentación simbólica de la lógica que vimos en los capítulos anteriores. Apelaremos, siempre que no estemos obligados a una notación alternativa, al simbolismo de la lógica contemporánea. La idea de fondo es presentar esta lógica de modo tal que sea fácilmente accesible a los lógicos actuales y así poder facilitar, por ejemplo, el estudio de sus propiedades metalógicas, así como compararla con otras lógicas.

Presentar la lógica de la Edad Media apelando a la simbología matemática no es nuevo. Este tipo de propuesta comienza cuanto menos con Moody (1953), donde se brinda una presentación formal del conjunto de reglas para la consecuencia recolectada de varios manuales del siglo XIV. La formalización está basada en la simbología de los *Principia* y los sistemas de Lewis y Langford y en aquel momento sentó un precedente, poniendo en el lenguaje formal y simbólico de la lógica contemporánea las reglas formales formuladas en el latín regimentado (formal) de los lógicos medievales. Como dije, esta manera de proceder nos parece de gran provecho para la lectura que de este manual puedan hacer quienes se dedican a la lógica contemporánea y pretendan abordar asuntos de su filosofía o realizar comparaciones. Se trata de una reconstrucción racional en los términos que la planteamos en la sección 1.2, que pretende representar la lógica que desarrollamos en el capítulo 6 a la manera en que lo hacemos en nuestros manuales. Tanto así que sigo casi sin alteraciones en el orden de la presentación al propuesto por Badesa, Jané y Jansana (1998) para la exposición de la lógica de primer orden.

Recordemos que la lógica que vamos a presentar se corresponde con el período correspondiente a 1323-1399 y que denominamos *edad de oro* (sección 1.1.3). Denominaremos a esta lógica, a fin de evitar equívocos, *Lógica medieval de la edad de oro*, de aquí en más, LMEO.

8.2. Objeto y características de LMEO

El objeto central de LMEO es la relación de consecuencia, pero entendida en el contexto de las disputas, modelada por reglas y presentada en un lenguaje regimentado. La lógica medieval es *una lógica ordenada a la inferencia en el contexto de la disputa.* Como dice Green-Pedersen:

> El instrumento esencial para las disputas fue la lógica. De hecho, en la Edad Media la lógica tendió a ser pensada con un solo propósito en mente: equipar a los litigantes (Green-Pedersen 1963: 10).

Como dijimos en 6.3, cada uno de los manuales que conforman la lógica de los modernos tiene por objeto la búsqueda de las condiciones de verdad de las oraciones en un contexto inferencial.

LMEO buscó dar cuenta de argumentos del tipo de:

i. *Los animales corren; los hombres son animales; por lo tanto, los hombres corren.*

ii. *Sócrates corre; por lo tanto, algún animal corre.*

iii. *El hombre es una criatura sagrada; por lo tanto, Sócrates es una criatura sagrada.*

iv. *Esta oración es falsa; por lo tanto, esta consecuencia es verdadera.*

v. *Dios existe. Por lo tanto, esta consecuencia es inválida.*

vi. *Tú niegas: Soy obispo y tú niegas: estoy en Roma; por lo tanto, tú niegas: Soy obispo y estoy en Roma.*

8.3. Oraciones categóricas

Al lenguaje de LMEO lo denominaremos L-LMEO. Es un lenguaje conformado básicamente por oraciones categóricas. La lógica medieval es una lógica de oraciones categóricas y un buen modelo de la misma debe reflejar el asunto.

La realidad está hecha de cosas y sobre esas cosas hablan las proposiciones categóricas. Las proposiciones, a diferencia de lo que pensamos hoy, son objetos lingüísticos acerca de los que cabe preguntarse si son verdaderos o falsos (Cesalli 2016: 245-246). En la definición de Pablo de Venecia, "Una oración es una expresión indicativa que es o bien verdadera o bien falsa" (1984: 123).

Los medievales de la edad de oro dividieron estos objetos, las oraciones, en tres tipos: categóricas, hipotéticas y modales.

La categórica es una oración que tiene como partes principales un sujeto, un predicado y una cópula (Pablo de Venecia 1984: 124).

Una hipotética es una oración conformada por varias categóricas unidas por un signo de condición, de conjunción o de disyunción (Pablo de Venecia 1984: 131).

Una oración modal es aquella oración donde figura un modo.

Como se sigue de lo anterior, las oraciones básicas son las categóricas y, como vimos arriba, se procuró muchas veces dar cuenta de argumentos cuya validez depende de la estructura interna de las oraciones ¿Pero, cuál es, desde la perspectiva lógica, la estructura interna de las oraciones categóricas de LMEO? Como mostramos, la comprensión medieval de los componentes internos de la oración categórica (sujeto-cópula-predicado) es original: no puede ser asimilada a la comprensión que de ella tuvo la antigüedad ni tampoco a la que de ella proponen los lógicos contemporáneos. Para su correcta interpretación debemos tener presente que:

1) Los medievales utilizaron nombres, pero en un sentido más amplio que en el que se utiliza la expresión en la lógica contemporánea. Para diferenciarlos los denominamos –utilizando la expresión de la lógica contemporánea que utiliza– Henry (1972), *expresiones nominales*. Las expresiones nominales pueden referir a un solo individuo existente, a un grupo de individuos existentes, a grupos de individuos no existentes y a un individuo particular que no existe. Bajo este criterio son nombres: *Borges*, *Augusto Bustos Domeq*, *Amazonas*, *Guaraníes*, *la última pareja en irse de la fiesta*, *Sirenas* (sección 4.2.2.1). Los simbolizaremos con las letras minúsculas

a, b, c,

con subíndices si fuera necesario.

2) Los medievales utilizaron pronombres demostrativos. Esos pronombres pueden ser sujetos de una oración categórica, y cuando los son, sirven para señalar uno y solo un objeto: *Esto es Cicerón*. Son análogas a nuestras variables; las simbolizamos como

x, y, z

3) La interpretación de la oración categórica como una oración donde *el predicado es aquello que dice algo del sujeto* fue abandonada (al menos) dentro del ámbito de la teoría de la suposición de fines del siglo XIV, donde ambas partes de la oración cumplen con suponer y esta es su característica básica en aras de conectar la oración con la verdad, uno de los objetivos básicos de la lógica[168]. La suposición –que atañe tanto a sujeto como a predicado– es la categoría semántica más importante en LMEO.

4) La partícula esencial para la constitución de la oración es la cópula *es* y esta debe ser interpretada como un signo de identidad en las categóricas no-básicas y como un signo de predicación en las básicas.

Por estas razones, la simbolización que juzgamos más adecuada para las oraciones categóricas está fundada en la propuesta por Henry (1972: 16-18) (tomando categorías de Lejewski 1960). Una oración categórica no-básica como *Sócrates es un unicornio*, la representaremos como

$s \approx u$

donde s y u son expresiones nominales y $\approx$ es la cópula *es*.

Las categóricas básicas como *Este es Sócrates* las representamos como,

$\exists!(x)\, Sx$

8.4. La estructura interna de las proposiciones

---

[168] Fredosso 1980: 6-10

Como señalamos, no todas las categóricas son iguales. Algunas sirven para dar cuenta de las condiciones de verdad de otras. Las categóricas más básicas son aquellas que tienen como sujeto un pronombre y como predicado una expresión nominal, siempre unidas por la cópula; por ejemplo: *Esto es un ángel.* Esta propuesta (como vimos en 7.5) forma parte del método recursivo de las pruebas (específicamente el denominado *Resolución*, 7.8), i.e. la manera en que se adjudican condiciones de verdad a las categóricas habituales (como *Los ángeles son incorpóreos*) a través de concederles valor de verdad a las categóricas básicas por las que está conformada:

> El método es bien conocido y comienza por la resolución, por la cual uno infiere de proposiciones indefinidas o particulares, proposiciones singulares las cuales tienen como sujeto solamente pronombres demostrativos. Cada uno de estos tres tipos de proposición son inferidas de la siguiente manera: dos proposiciones demostrativas son tomadas como el antecedente; en la primera el predicado de la proposición que se está resolviendo es predicado en el segundo el sujeto de la proposición que se está resolviendo es predicado. P. ej. "El hombre corre" es resuelto en "Esto es corre y esto es hombre; por lo tanto, el hombre corre" (Pablo de Venecia 1984: 181).

Seguiremos la denominación de Pablo de Venecia y llamaremos a las categóricas básicas *proposiciones categóricas demostrativas* (o simplemente *demostrativas*) y a las demás *categóricas*.

Como dijimos arriba (7.6) los pronombres demostrativos pueden ser sujetos de una oración categórica y operan, desde el punto de vista lógico, como variables; pero las variables no deben ser interpretadas como espacio vacío en espera de la saturación: el papel de la variable no es el de x en $P(x)$. El papel de la variable es señalar ese o aquel objeto (que varían contextualmente) y que supone en el contexto de una oración. Ese objeto es, además, uno y solo uno, por lo que una oración categórica demostrativa será representada como

$$\exists!(x)\, Sx$$

la estructura de una oración categórica, como *El Anticristo es humano* es representada como

$$(a \approx h)$$

y puede descomponerse en

$$\exists!(x)\,Hx \wedge \exists!(x)\,Ax$$

donde las frases nominales a y h, que están respectivamente por *Anticristo* y *hombre*, se transforman en los términos generales A y H, que están respectivamente por los predicados "ser un anticristo" y "ser un hombre"; como vimos en las secciones 7 y 7.8. La idea de fondo es que el significado de las oraciones depende del significado de sus términos, idea que, según Cesalli (2016: 249) comienza con Ockham, pasando por Buridán, y forma parte de las ideas lógicas nominalistas.

8.5. Sintaxis de LMEO

Las expresiones de interés lógico que aparecen en los enunciados de L-LMEO pueden clasificarse en las siguientes categorías:

1. ***Pronombres***: Como dijimos en 4.2.2.2, los pronombres son aquella parte del lenguaje que unida a un verbo conforma una oración categórica (Buridán, 2001: 17). Las categóricas que se obtienen son del tipo de *Esto es blanco* o *Este es Sócrates* se denominan demostrativas (también las denominamos básicas) y son las oraciones atómicas de L-LMEO. Los pronombres pueden ser identificados con nuestras variables. Es la única manera no ambigua de señalar uno y solo un objeto en la la lógica medieval.

2. ***Expresiones nominales***: Como dijimos en 4.2.2.1, tanto los nombres como los verbos, como los predicados, pueden incluirse en la categoría de las expresiones nominales. *Una expresión nominal es una expresión destinada a ocupar el lugar de un argumento* en una, otra o ambas de las siguientes formas proposicionales: a) Existe exactamente un objeto el cual es un/una; b) Existen al menos dos objetos cada uno de los cuales es un/una.

Así en *Judas es un apóstol, Medusa es un monstruo, Los asnos son mamíferos, Brunelus es un asno*, los términos *mundo, Judas, Medusa* y *Brunellus* son expresiones nominales, de la forma indicada por a); *Apóstol, monstruo, asnos, mamíferos*, son expresiones nominales de la forma indicada por b).

3. **La cópula *es***: Se trata de la única expresión relacional de este lenguaje. Nombra la relación de suposición cuando opera uniendo un pronombre

y una expresión nominal, o nombra la relación de co-suposición cuando opera uniendo dos expresiones nominales.

4. **La partícula *no* o *negación*:** Se trata de un sincategoremático que tiene por objeto negar la co-referencia de sujeto y predicado cuando va delante de una categórica y negar la verdad de la afirmación conjuntiva cuando va delante de una oración hipotética.

5. ***Conjunciones*:** son signos lógicos que unen dos oraciones categóricas para formar una hipotética. LMEO consta de las siguientes: *si...entonces*, *y*, *o*.

5. ***Todos* y *Algunos*:** Expresiones que usamos para hablar de la totalidad o de una parte de un dominio de objetos. Las denominamos –como es habitual– cuantificadores.

8.6. El lenguaje L-LMEO es un lenguaje de primer orden

La manera de identificar un lenguaje de primer orden es a través de los elementos que lo conforman. Para que un lenguaje sea un lenguaje de primer (según la clasificación de nuestra lógica contemporánea) debe constar con los siguientes símbolos:

1) Variables;
2) Conectivas;
3) Cuantificadores;
4) Símbolo de igualdad;
5) Paréntesis.

Estos signos son, entonces, los que identifican a los lenguajes de primer orden (Badesa, Jané, Jansana, 1988: 197). Las conectivas, los cuantificadores y el símbolo de igualdad son los símbolos lógicos de esta clase de lenguajes y los paréntesis son sus símbolos auxiliares.

Como vimos arriba (y en las secciones 4.2.2.1 a 4.2.3.4) L-LMEO consta de todos estos símbolos. Obviamente carece de signos auxiliares, pero cuenta con todos los elementos esenciales (los necesarios) para identificar un lenguaje de primer orden, por lo que podemos sin problemas incluirlo en esta categoría: L-LMEO es un lenguaje de primer orden.

Por otra parte –además de estos signos comunes a partir de los cuales se los identifica– los lenguajes de primer orden tienen símbolos propios que caracterizan el tipo específico de lenguaje que son. Esta especificidad está dada por la presencia (o ausencia) de símbolos relacionales, predicados y constantes. En el caso de L-LMEO tenemos un lenguaje que:

a) Carece de constantes;
b) Tiene solo un símbolo relacional (el signo de igualdad o co-suposición) y
c) Posee infinitas expresiones nominales.

Estos elementos nos dan su tipo específico.

Debemos agregar que tenemos un lenguaje para hablar del lenguaje de L-LMEO; los términos de segunda intención que conforman el lenguaje de segunda intención que sirve para referirse a términos del lenguaje (4.2.1.1). Son términos que hablan de objetos mentales en vez de los objetos que conforman la realidad extra-mental. Se trata de símbolos propios del lenguaje, pero como los utilizamos para hablar de los símbolos propios los denominaremos *símbolos propios**.

8.7. Fórmulas

Las fórmulas atómicas de un lenguaje de primer orden L-LMEO son todas las expresiones de la forma:

$\exists!(x)\, Bx$

donde x es una variable de L-LMEO, B es una expresión nominal de L-LMEO y $\exists!$ es el cuantificador que señala la unicidad de x.

Es nuestra representación simbólica de las oraciones categóricas más básicas que son, por lo mismo, estructuralmente más sencillas: las singulares cuyo sujeto es un pronombre, como *Esto es blanco*, *Esto es el Río Paraná*, *Esto es una quimera*, *Esto es un ángel* (Perreiah 1984: 70). Son los primitivos de este lenguaje y, como tales, los consideramos semánticamente simples: consideramos cada una de estas expresiones como verdadera o falsa.

A partir de sus fórmulas atómicas podemos obtener todas las fórmulas de un lenguaje L-LMEO. Una fórmula de L-LMEO o, simplemente, una fórmula es una expresión que se obtiene de acuerdo con las siguientes reglas:

1. Toda fórmula atómica de L-LMEO es una fórmula.
2. Si a y b son expresiones nominales y ≈ es el símbolo relacional que indica la co-suposición de las expresiones nominales, entonces a≈b es una fórmula.
3. Si φ es una fórmula, también lo es $\neg\varphi$.
4. Si φ y ψ son fórmulas, también lo son $(\varphi \rightarrow \psi)$, $(\varphi \wedge \psi)$, $(\varphi \vee \psi)$.
5. Si φ es una fórmula, entonces $\forall\varphi$ y $\exists\varphi$ también son fórmulas.

Como se puede ver, L-LMEO tiene características particulares:

a) Tiene variables, pero no posee variables libres; las variables –identificadas con los pronombres– solo ocurren conformando –en calidad de sujeto– una oración categórica; Si solo aparecen conformando oraciones y las oraciones son por definición expresiones de las cuales decimos que son verdaderas o falsas, la expresión *Esto es un hombre* no puede ser simbolizada por P(x), ya que, como sabemos, P(x) carece de valor de verdad. Así, la simbolización más adecuada para *Esto es hombre* parece ser $\exists!P(x)$.

b) No existe la distinción –dentro del marco de la teoría de la suposición– entre nombres y predicados, o, mejor dicho, la distinción está subsumida bajo la categoría –más general– de *expresión nominal* que las agrupa. De esto se sigue que:

c) Carece de constantes de individuo; y

d) Todas las expresiones nominales pueden entenderse referir al conjunto vacío o a elementos de un conjunto unitario o de una cardinalidad numerable.

8.8. Subfórmulas

Podríamos establecer –al igual que en la lógica actual– un árbol genealógico que describa cómo se genera una fórmula a partir de la aplicación de las reglas enunciadas arriba. Sus nudos últimos están constituidos por las fórmulas atómicas. Las subfórmulas de una fórmula son todas las fórmulas que aparecen en el árbol. Por ejemplo:

Sócrates es filósofo y *Sócrates es griego*. La formalizamos como

$(s{\approx}f) \wedge (s{\approx}g)$
y tenemos

$$(s{\approx}f) \wedge (s{\approx}g)$$
↙ ↘
$(\exists! F(x) \wedge \exists! S(x))$ $(\exists! F(x) \wedge \exists! S(x))$
↙ ↘ ↙ ↘
$\exists! F(x)$ $\exists! S(x)$ $\exists! F(x)$ $\exists! S(x)$

Todos los hombres son mortales y el Anticristo es un hombre, tiene el siguiente árbol:

$$(\forall(h{\approx}m) \quad \wedge \quad (a{\approx}h))$$
↓ ↙ ↘
$(h{\approx}m)$ $\exists! H(x) \wedge \exists! A(x)$
↙ ↘ ↙ ↘
$\exists! M(x) \wedge \exists! H(x)$ $\exists! H(x)$ $\exists! A(x)$
↙ ↘
$\exists! M(x)$ $\exists! H(x)$

8.9. Semántica de L-LMEO

Ahora debemos ocuparnos de las funciones semánticas de las oraciones de L-LMEO. Si estuviéramos en un sistema de lógica de primer orden contemporáneo, la cuestión se reduciría al significado, pero tratándose de lógica medieval es imprescindible incluir la suposición. La suposición, como vimos, llegó a ser incluso más importante que el significado desde un punto de vista lógico (habida cuenta de que lo más importante son las oraciones y de que la suposición es la encargada de dar cuenta de la función de los términos en la oración).

Para llevar adelante la reconstrucción adecuadamente debemos:

a) postular un conjunto no vacío R de objetos de la realidad (7.4);
b) interpretar cada uno de los símbolos propios de L-LMEO en ese dominio.

Esto último se lleva a cabo asignando a cada expresión nominal un subconjunto (que puede ser unitario o vacío) del conjunto R.

Así, una *interpretación* para un lenguaje de primer orden L-LMEO consiste en un par

R = (R, *FS*)

al que llamamos una estructura para L-LMEO, donde

1. R es un conjunto no vacío, llamado el dominio o el universo de la estructura,

2. *FS* es una **familia de funciones**, conformada (al menos) por:
2.1. Una **función de significación**, $f$sg, cuyo dominio es el conjunto de los símbolos propios de L-LMEO y tal que:
2.1.1. Si $\exists!(x)$ Bx es una oración categórica básica, $f$sg$(\exists!(x)Bx)$ es un valor de verdad.
2.1.2. Si *a* es una expresión nominal de L-LMEO, $f$sg(a) es un subconjunto (posiblemente unitario o vacío) de R.

2.2. Una **función de suposición personal**, $f$spP$(\exists!(x)Bx)$ cuyo dominio es el conjunto de los símbolos propios de L-LMEO y tal que: Si x=a_P $\exists!(x)$ Bx$_P$ es una oración categórica básica donde Bx$_P$ indica que x supone personalmente; $f$spP$(\exists!(x)Bx)$ es un subconjunto (posiblemente unitario o vacío) de R.

2.3. Una **función de suposición material**, $f\text{spM}(\exists!(x)Bx)$ cuyo dominio es el conjunto de los símbolos propios de L-LMEO y tal que: Si $\exists!(x) Bx_M$ es una oración categórica básica donde Bx_M indica que x supone materialmente; $f\text{spP}(\exists!(x)Bx)$ es un subconjunto (posiblemente unitario o vacío) de símbolos propios* $\subseteq$ símbolos propios, esto es, los símbolos del lenguaje de segunda intención.

2.4. Una función de suposición simple, $f\text{spS}(\exists!(x)Bx)$ cuyo dominio es el conjunto de los símbolos propios de L-LMEO y tal que: Si $\exists!(x)Bx_S$ es una oración categórica básica, Bx_S indica que x supone de manera simple; $f\text{spP}(\exists!(x)Bx)$ es un subconjunto (posiblemente unitario o vacío) de R, formado por todos y cada uno de los objetos $\{x1.....xn\}$ con la propiedad B.

Digamos finalmente que:

1. El universo de una estructura nunca es vacío. Como los lógicos contemporáneos, los medievales están interesados en hablar de cosas y asumen que cualquier parte de la realidad cuenta con (o está formada de) ellas. Si el universo estuviera vacío, esto es, si los pronombres no señalaran nada, las oraciones no serían falsas: carecerían de sentido (*incongrua*). Si los pronombres señalan algo que no tiene la propiedad que se predica, la oración es falsa. Como mencionamos antes, la oración *Una quimera corre* es para los medievales el arquetipo de la sentencia siempre falsa, pues no hay objeto en el dominio que posea la propiedad de correr y ser una quimera. Justamente de esto se trata pensar la interpretación en términos de un dominio.

2. Es posible que las interpretaciones de los símbolos de las expresiones nominales sean el conjunto vacío. La razón es que es posible hablar de propiedades que no posee ningún objeto del dominio de la estructura (por ejemplo, *Una quimera es contradictoria*) y de relaciones que no se dan entre objetos del mismo (por ejemplo, *Sócrates es un asno*).

8.10. Verdad y suposición

Como dijimos, la oración categórica habitual se descompone –respecto de su estructura interna– en dos oraciones básicas en cuanto a la gramática lógica, esto es, dos categóricas con un pronombre demostrativo como sujeto: *El hombre es mortal* se descompone en *Esto es mortal* y *Esto es hombre*.

Debemos presentar ahora las condiciones de verdad de estas oraciones básicas y de las complejas construidas a partir de ellas.

El signo $\models$ a la izquierda de una oración nos indica que la oración es verdadera. Deberemos tener en cuenta tres cosas:

1. La verdad se presenta dentro de una estructura en nuestra reconstrucción racional;

2. La verdad de las oraciones es el interés primero de LMEO y para definirla es menester dar cuenta de cómo funcionan los términos dentro de la oración.

3. Tanto la significación como la suposición son las categorías semánticas de que se dispone; de las dos, la categoría semántica básica –tratándose de la función de los términos en la oración– es la suposición.

Teniendo en cuenta lo anterior, presentamos la definición de oración verdadera en la estructura R:

1) $R \models \exists!B(x)$ sii   La fórmula $B(x)$ es satisfecha por uno y solo un objeto del dominio por el que x está suponiendo;

2) $R \models a \approx b$ sii   FSP(a) supone por el mismo conjunto del universo que FSP(b)

3) $R \models \neg\varphi$ sii   no se da que $R \models \varphi$

4) $R \models \varphi \wedge \psi$ sii $R \models \varphi$ y $R \models \psi$

5) $R \models \varphi \vee \psi$ sii $R \models \varphi$ o $R \models \psi$

6) $R \models \varphi \Rightarrow \psi$ sii   no es posible que $R \models \varphi$ y $R \models \neg\psi$

7) $R \models \forall(a \approx b)$ sii   La fórmula $(Bx \wedge Ax)$ es satisfecha por todos los objetos del dominio

8.11. Consecuencia lógica

La noción de consecuencia es la parte de LMEO que requiere mayor atención, a fin de dejar clara su diferencia con la actual, requisito imprescindible a la hora de formular una reconstrucción racional de la misma. Las presentaciones contemporáneas habituales de la consecuencia lógica están dadas para un sistema axiomático en términos modelo-teóricos. Se expresa simbólicamente como

$$\Gamma \models A$$

y se lee: A es consecuencia semántica de Γ sii todas las asignaciones que satisfacen a Γ satisfacen a A; alternativamente: No existe ninguna asignación que haga verdadero a todos los miembros de Γ y no hagan verdadero a A, o cosas por el estilo.

Esta noción se monta sobre la idea intuitiva que dice que una oración (conclusión) es consecuencia lógica de un grupo de oraciones (premisas) sii es imposible que las premisas sean verdaderas y la conclusión falsa. La noción medieval de consecuencia coincide con la idea intuitiva en la que se funda la noción de consecuencia actual. Por esta razón, montarla sobre el andamiaje de un modelo como el presentado arriba, no es, en principio, contradictorio.

En el capítulo 6 tratamos extensamente el concepto de consecuencia lógica. Recuerdo ahora algunas de las nociones generales allí presentadas:

1) "En toda buena inferencia simple, el antecedente no puede ser verdad, sin que lo sea el consecuente" (Burley 2000: 3).

2) "Una proposición es antecedente de otra, si esta es de tal modo que es imposible que las cosas sean por completo diferentes a lo que ellas significan juntas, sea lo que esto fuere, a menos que ellas tengan otro significado cuando se proponen conjuntamente, sea lo que esto fuere" (Buridán 2015: 67)

3) "Una inferencia es sólida cuando el opuesto del consecuente es repugnante al antecedente" (Pablo de Venecia 1984: 167)

El objeto de volverlas a mostrar es señalar la concordancia con la idea de consecuencia lógica intuitiva que refleja la versión semántica contemporánea. Pero como nos convoca la idea de una reconstrucción racional competente, no podemos obviar los rasgos típicos de la noción de consecuencia lógica medieval:

i) La noción de consecuencia medieval es inferencial: No hay una caracterización en términos modélicos, sino más bien en términos de reglas. La impronta inferencial más que deductiva de LMEO impulsa y concuerda con una caracterización mediante el uso de reglas. (secciones 6.6 y 9.4);

ii) La noción de consecuencia medieval es plural (secciones 6.11 a 6.13): Existe, más que una teoría de la consecuencia lógica, múltiples teorías dedicadas a dar cuenta de cuándo y cómo una conclusión puede resultar repugnante a su antecedente (Klima 2016: 339); Se pretendió dar cuenta de consecuencias formales, como aquellas donde existe un vínculo entre el sentido de las oraciones, hasta la mera probabilidad o la inducción;

iii) La noción de consecuencia medieval fue expresada a través de reglas (sección 6.8 y 9.4): LMEO es un sistema de reglas que "expresan de manera clara un sistema de deducción natural en el sentido de Jaskowski y Gentzen" (King 2001: 117).

Reflejar los tres puntos de manera clara no es tarea sencilla. Haremos dos cosas por el bien de la claridad argumental: i) dedicaremos al asunto el capítulo que sigue, para tratar solamente la consecuencia; ii) solo tomaremos como referencia un autor y un libro: *La Logica Parva* de Pablo de Venecia.

Resumen

- El objeto central de LMEO es la relación de consecuencia, pero entendida en el contexto de las disputas, modelada por reglas y presentada en un lenguaje regimentado.

- LMEO es una lógica de oraciones categóricas.

- Las expresiones de interés lógico que aparecen en los enunciados de L-LMEO pueden clasificarse en las siguientes categorías: pronombres, expresiones nominales, la cópula es, conjunciones, negación, cuantificadores.

- L-LMEO es un lenguaje de primer orden; su tipo específico está dado por ser un lenguaje que: a) Carece de constantes; b) Tiene solo un símbolo relacional (el signo de igualdad o co-suposición) y c) Posee infinitas expresiones nominales.

- Las fórmulas atómicas de un lenguaje de primer orden L-LMEO son todas las expresiones de la forma: $\exists!(x)\,Bx$

- Así, una *interpretación* para un lenguaje de primer orden L-LMEO consiste en un par

$R = (R, FS)$

al que llamamos una estructura para L-LMEO, donde 1) R es un conjunto no vacío, llamado el dominio o el universo de la estructura, 2) FS es una familia de funciones.

- $R \models \exists!B(x)$ sii La fórmula B(x) es satisfecha por uno y solo un objeto del dominio por el que x está suponiendo.

9. UNA RECONSTRUCCIÓN RACIONAL DE LA LÓGICA DE LA EDAD DE ORO 2: CONSECUENCIA LÓGICA EN LA *LOGICA PARVA* DE PABLO DE VENECIA

9.1.1. Noticia del autor

Pablo de Venecia, nacido en 1372 y conocido también como Paulus Nicoletus Venetus, Paolo Veneto, Paolo Nicoletti y Paolo Nicoletto de Udine, es una figura de la lógica de su época: la transición de la Edad Media al Renacimiento. Originario de Udine, se forma en Oxford, aunque también hay testimonios de su paso por París. En 1390 regresa a Italia; enseña en Padua, es temporalmente confinado en Rávena por desavenencias teológicas, viaja por diversas ciudades y muere en 1429. Agustiniano, de la Orden de los Ermitaños de San Agustín, fue Vicario de Provincia y Vicario General de su orden y embajador de La República de Venecia en Hungría, Austria y Polonia.

Dentro de las diversas corrientes lógicas que más arriba detallamos, es identificado como un defensor acérrimo de la *vía nominalis*. Se forma entre los pensadores mertonianos (como Swineshead y Heytesbury), y ejerce la docencia en Padua, formando parte de la escuela del mismo nombre; no es de extrañar, por lo mismo, sus preocupaciones por problemas de física y epistemología, materias respecto a las cuales también desarrolla trabajos. Fue conocido como *uno de los más prolíficos escritores del siglo*.

9.1.2. La obra

La *Logica Parva* es uno entre los cuatro trabajos de lógica que se atribuyen a Pablo de Venecia. Si bien algunos autores insisten en leerla como una exposición escolar de su *Logica Magna*, por las diferencias que existen entre una y otra, es discutible que la *Logica Magna* sea obra de Pablo (Perreiah 1984: 327-38 y cap. 4-5). El fin pedagógico de la obra la alinea con una tradición iniciada en el siglo XIII, cuyo motor es la demanda creciente de textos sobre la materia para los alumnos de la Facultad de Artes. Siguiendo este objetivo, llegaron muchas de las mejores páginas de la lógica medieval: Guillermo de Sherwood, Pedro Hispano, Ockham, Burleigh, Alberto de Sajonia y Buridán escriben con este fin, por solo mencionar los más conocidos. La *Logica Parva* está marcada –según Perreiah– por las obras de Roger Swyneshed, William de Heytesbury y Ralph Strode, pensadores identificados con el Merton College de Oxford, escuela que dedicó muchos de sus esfuerzos a desarrollos matemáticos. Otros autores –como Vicente Muñoz Delgado– no dejan de señalar las huellas de Ockham o Alberto de Sajonia, en esta misma obra; ambos tienen razón.

Si algo sobresale al leer la obra del veneciano es la marca de una inteligencia dotada especialmente para la síntesis, que de hecho confronta y reduce diferencias doctrinales. Una presentación de este estilo solo puede ser producto del conocimiento de la mayoría de las obras de su época. Es por esto que, si bien *Paulus Venetus* desarrolló su actividad en el siglo XIV tanto como en el siglo XV, hay que tener en cuenta dos cosas: por un lado, su formación escolar tiene lugar durante el primero; por otro, el encontrarse ubicado al final del siglo, le da la oportunidad de convivir con los textos más representativos de la época de oro de la lógica del medieval. La *Logica Parva* es una obra que, aunque impresa en el siglo XV, representa de modo fiel y genuino el espíritu lógico del siglo XIV.

Insoslayable, a la hora de hablar de la *Logica Parva*, es mencionar su influencia. En Italia la cantidad de ediciones es solo superada por las *Summulae Logicales* de Pedro Hispano, que es, sin dudas el texto de lógica más popular de la Edad Media. Es basándose en la *Logica Parva* que los discípulos de Pablo escriben el texto con el que se constituirá la primera cátedra de lógica en la República de Venecia.

9.1.3. Advertencia al lector

No debe perderse de vista al emprender la lectura de cualquier parte de la *Logica Parva* que Pablo de Venecia, si bien busca compatibilizar diferentes corrientes lógicas, se forma y predica, esencialmente, la formulada por lo que se ha denominado escuela inglesa (sección 6.12 y 6.13). Según Ashworth (2016: 168) la *Logica Parva* está estrechamente relacionada con la colección de textos sueltos entonces en uso en Oxford y Cambridge, y sabemos que esta línea de trabajo concede validez a lo que denominamos inferencias analíticas. Al decir de Prior:

> A veces se alega que hay inferencias cuya validez surge únicamente a partir de los significados de ciertas expresiones que ocurren en ellos. Los tecnicismos exactos empleados no son importantes, pero diga-

mos que tales inferencias, si las hay, son analíticamente válidas (Prior 1960: 38).

Si los términos que hacen válida a la inferencia son términos sincategoremáticos, entonces estamos en presencia de lo que los lógicos contemporáneos solemos llamar una inferencia formal. Si extendemos la validez por virtud del significado a los términos categoremáticos, estamos en presencia de lo que hoy solemos denominar validez material y se trata de una inferencia que requiere más que la estructura argumental para ser válida (Beall-Restall, 2016: secc. 2). Sucede –como vimos en 6.12– que los lógicos de Oxford denominaron inferencia formal a lo que hoy llamamos inferencia material. Así *Sócrates es un hombre, por lo tanto, Sócrates es un animal*, es una inferencia válida o buena para lógicos de esta escuela, a la que pertenece Pablo de Venecia.

Esta manera de considerar las consecuencias confiere a toda su obra una impronta epistémica, que se encuentra en su núcleo mismo y se extiende sobre casi la totalidad de sus desarrollos. Demos un ejemplo: Términos como composibilidad no tienen solamente una injerencia o desempeño puramente lógico (o lógico extensional) en la *Logica Parva*; "Sócrates es hombre" y "Sócrates no es hombre" son enunciados incomposibles para Veneto, ya que son contradictorios, pero también son incomposibles los enunciados "Sócrates corre" y "Sócrates no se mueve" ya que si algo tiene las propiedades de ser Sócrates y correr no puede tener las propiedades de ser Sócrates y no moverse, pues es evidente, en virtud de los significados de las proposiciones, o epistémicamente evidente, que si algo corre, no puede estar quieto (cf. con lo dicho acerca de la denominada *escuela inglesa*). Pensar esto resulta "repugnante"; este es el término utilizado por Veneto para señalar los casos que transgreden las restricciones lógicas que él asume (sección 6.13.4). Tomar una posición de este tipo depende, por supuesto, de compromisos metafísicos respecto de cuestiones vinculadas a la filosofía del lenguaje y la gnoseología. Los puntos más importantes referidos a ellos serán desarrollados en las secciones siguientes. Así y todo, la advertencia no es vana: servirá, sobre todo, para que los ejemplos que citemos de la *Logica Parva* no resulten desconcertantes.

9.2. Clasificación de las consecuencias

Como vimos en 3.5, 3.7 y 6.3, la noción de consecuencia lógica es central dentro de la teoría lógica de la edad de oro. Los lógicos más capaces notaron esto a lo largo de la historia de la disciplina, y los lógicos del siglo

XIV pueden reclamar un lugar entre ellos. Si nos proponemos encasillar la lógica medieval, en general, dentro de alguna de las tres concepciones históricamente conocidas: el enfoque semántico, el enfoque sintáctico y el enfoque abstracto (cf. Alchourrón 1995), seguramente deberíamos volcarnos por el primero. Las definiciones de consecuencia dadas por el Pseudo Escoto, Ockham, Burley, Strode, Buridán u Alberto de Sajonia, pueden verse como acabados ejemplos de un enfoque semántico. También es el caso con Pablo de Venecia; pero: ¿Qué características particulares tiene la consecuencia en nuestro *Paulus Venetus*? Tendremos que tener en cuenta aquí, al momento de responder, dos cosas: la primera, que, como hemos dicho, los mismos términos en boca de diferentes lógicos señalan, muchas veces, nociones muy diferentes. La segunda, que Pablo de Venecia es el heredero de diversas tradiciones que él busca unificar. Esto da un color especial y propio a su lógica y lo emparenta con los lógicos del siglo XV que buscarán esta unificación, como nos cuenta Klima:

> Varios autores del siglo XV, como Pablo de Pérgola (1961, 88-89), intentó combinar estas tradiciones en términos de distinciones adicionales, distinguiendo entre consecuencias "formales de forma" (*consequentia formalis de forma*) y "formales de materia" (*consequentia formalis de materia*)" (Klima 2016: 318).

Vamos a continuar esta sección volviendo nuevamente la mirada sobre la definición de consecuencia. Presentaremos un cuadro con las divisiones de esta, daremos y desarrollaremos las definiciones de cada una. Terminado esto podremos extraer algunas conclusiones.

Pablo de Venecia divide las inferencias (*consequentiae*) en:

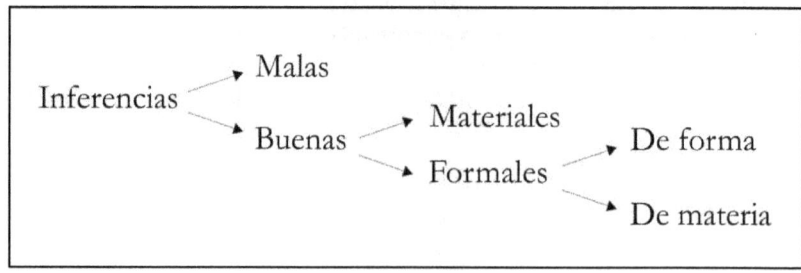

a) Consecuencia buena. Una consecuencia buena (válida), es aquella en la cual el opuesto del consecuente es repugnante al antecedente[169]. Esto indica que, en una inferencia válida, el opuesto del consecuente es imposible que se encuentre en conjunción con el antecedente. Con los ejemplos de Veneto: si "Tú eres un hombre, por lo tanto, estás sentado" es una buena inferencia, entonces "Tú eres un hombre y tú no estás sentado" es una mala inferencia. La buena consecuencia se divide en material y formal.

b) Consecuencia material. La consecuencia material autoriza la correcta derivación de un consecuente desde un antecedente, con la única condición de que se sigan las reglas 10 y 11 que dimos en la lista de Ockham (sección 6.13.1), esto es, las reglas de Duns Escoto, que Veneto recrea de esta manera: *De lo imposible se sigue cualquier cosa. De toda proposición imposible se sigue cualquier proposición y lo necesario es implicado por cualquier cosa. Toda proposición necesaria es implicada por cualquier proposición.*

c) Consecuencia formal. Esta es la noción fundamental de la clasificación y división de las consecuencias. Lo es por varias razones:

i) porque las materiales, según el propio Veneto, son reducibles a las formales;

ii) porque las reglas que enuncia para la consecuencia formal están dadas bajo el rótulo de *Reglas generales para la consecuencia formal*, lo que quiere decir que son válidas tanto para las formales de forma, como para las formales de materia;

iii) porque este tipo de consecuencia refleja y da cuenta del carácter epistémico, esencial a la lógica del veneciano.

La consecuencia formal es un intento por hacer más rigurosa la noción de consecuencia. Una consecuencia formal es *aquella en que el opuesto del consecuente es formalmente repugnante al antecedente*. El ejemplo dado es *Tú corres, entonces te mueves*. Luego agrega: *Formalmente repugnante significa que estas dos proposiciones no son imaginables juntas, sin una contradicción*.

---

[169] Veneto diferencia, como ya vimos, entre el deductor y la implicación. Así y todo, la estructura de las definiciones es la misma para ambos. Autores como Bottin (1976) ven en esto la muestra de que la distinción no era del todo clara, pero ya vimos en la sección 6.4 que recientes trabajos como los de Reed (2011) o Klima (2001) dejan claro lo contrario.

Hagamos una muy breve aclaración de los términos utilizados en la definición (formal, repugnante, inimaginable), por ser estos claves, por estar relacionados entre sí y por resultar, dos de ellos, extraños desde la perspectiva lógica contemporánea, a la cual debemos traducirlos.

Formal: indica, al igual que en Strode, una connotación epistémica; indica una conexión de sentido entre las proposiciones implicadas, una conexión que se asienta en el significado de las proposiciones que componen las premisas y la conclusión; dicho brevemente, una implicación de tipo intensional. (Se aleja, pues, de la noción de "formal" propia del Pseudo Escoto o Buridán, que entiende –en una interpretación más cercana a la lógica contemporánea clásica– que esta noción alude a la forma de la proposición, dada por los términos (lógicos) sincategoremáticos).

Repugnante: La palabra "repugnante" indica, en la tradición lógica del medioevo, la imposibilidad de que, dada una implicación se dé la conjunción entre el antecedente y el opuesto del consecuente. Esta es la interpretación que se le da, sin mediar explicación, por lo que asumimos que no es controvertida; Klima (2016: 339) la utiliza como el término general que indicaba cuando se había violado alguna de las cláusulas de alguno de los tipos de la consecuencia buena. King (2001a: sección 2) la presenta como sinónima de incompatibilidad lógica.

No-imaginable: Dentro de la línea modal inaugurada por Duns Escoto (sección 6.10.1), se inscribe el significado de este término. Lo que es lógicamente imposible es no-imaginable, inconcebible, no pensable. La posibilidad pues, está medida en estos términos: si algo es posible, puede imaginarse, y si puede imaginarse, es no contradictorio. Los límites de la imaginación coinciden con los límites de lo posible, y los límites de lo posible, coinciden con los límites de lo no-contradictorio. Imaginable y no-imaginable, son nociones modales: aluden a la posibilidad o imposibilidad lógicas (cf. Knuuttila: 138 y ss; King 2001: sección 4).

Dadas estas aclaraciones, creemos que el mejor modo de interpretar la definición de consecuencia formal es decir que una inferencia es formalmente válida cuando es *imposible* (lógica e intensional o epistémicamente) que el opuesto del consecuente esté en conjunción con el antecedente. La consecuencia formal se divide en formal de forma y formal de materia.

d) Consecuencia formal de materia. La consecuencia formal de materia describe el tipo de consecuencia que se debe al componente material de la proposición, es decir, a los términos categoremáticos de la proposición. Un ejemplo: De la regla para la consecuencia formal, *De una conjunción, a cada una de las partes que la conforman, hay una buena consecuencia*, Veneto agrega: "pero no a la inversa, excepto en virtud de los términos que componen la conjunción, como en el caso de *tú eres un hombre, entonces tú eres un hombre y tú eres un animal*".

e) Consecuencia formal de forma. Este tipo de consecuencia, también llamada *formalissima* o *plusquam formalis*, agrega a las consecuencias formales todas las consecuencias que son válidas debido a los (distintos) niveles lógicos de los términos que componen las proposiciones implicadas. Es decir, es la consecuencia lógica formal, con el aditamento de que los términos que la componen se siguen uno de otro a raíz de las reglas para la consecuencia entre términos altos y términos bajos.

9.3. Naturaleza de la relación de consecuencia

La teoría de la consecuencia no solo pretendía cubrir el ámbito de la lógica deductiva, dando cuenta de las inferencias deductivas que no lograba modelar la silogística de Aristóteles, sino dar cuenta de todo aquello vinculado con la argumentación práctica que estaba presentado de manera no formalizada en los *Tópicos*, o las falacias que señalaban las *Refutaciones sofísticas* (Klima 2016: sección 13.1). En la práctica, los tratados sobre las *consequentiae* se consideraban usualmente como suplementos de la tradición aristotélica (Kneale 1972: 272).

Así, la teoría de la consecuencia, en la práctica, nace y crece teniendo como fondo este terreno pragmático donde lo contextual y lo gnoseológico no son extraños: el terreno de las disputas. Pablo ordena en su *Logica Parva* esta práctica de su tiempo, a través del tratamiento de la consecuencia. Para las argumentaciones propias de los *Tópicos* (tan caras a la *Obligatio*) Veneto da reglas, que son ubicadas como reglas de inferencia en el capítulo 3, bajo el rótulo de *Reglas de inferencia especiales*; esto es ni más ni menos que las reglas que deben agregarse a las de la consecuencia formal para tener una consecuencia formal de forma. Las reglas derivadas de los *Tópicos* (que se basan en la división de los términos en superiores e inferiores) son pues incorporadas, en la *Logica Parva*, a la teoría de la consecuencia.

La *Logica Parva*, un manual con pretensiones pragmáticas, muestra, de hecho, y no solo en teoría, las *consequentiae* como fundamentales, y lo hace incorporando aspectos que en la práctica eran anteriores o fundantes, como una parte de la teoría de las consecuencias. La relación de consecuencia está marcada por rasgos lógicos y epistémicos, (formalizada debería expresarse con un símbolo de este tipo: $\vdash_E$), pero su naturaleza –y esto puede ser tanto por la definición de consecuencia como por las reglas que la caracterizan– no difiere esencialmente de la contemporánea. Al entender *formal* implicando conexión de sentido, no se debe pensar que se afecte demasiado nuestra interpretación en términos contemporáneos de la *Logica Parva*. Digo esto en el sentido de que, a partir de esta concepción, no se generan reglas que contradigan el cálculo proposicional. La definición de consecuencia formal, como aquella donde el opuesto del consecuente es imposible que este con el antecedente, se lee, formalizando como

$$P \vdash Q \text{ y se define como } \neg \Diamond (P \& \neg Q)^{170}.$$

Veneto agrega a esto la implicación de sentido, lo que –en términos lógicos– *debilita* muchas de las nociones de esta lógica, ya que lo que deba a ubicarse del lado izquierdo del signo de inferencia debe cumplir con el requisito lógico de la composibilidad (o no-derrotabilidad), respecto de lo que se ubique a la derecha del signo; formalizando nos quedaría:

$$P \vdash_E Q \text{ y se define como } \neg \Diamond_E (P \& \neg Q).$$

El sub-índice $_E$ indica que se trata de una implicación de sentido. Es una lógica pensada para agentes epistémicos ideales[171], pero si suprimimos o aceptamos esto, solo alteramos los ejemplos que vayamos a aceptar, no los *patterns* de las reglas de inferencia[172].

---

[170] Donde $\Diamond$ es el símbolo que indica posiblidad; la oración $\neg \Box$ (P & ¬Q), se lee como: no es posible que se dé P y no se dé Q.

[171] Incluso en un sentido más fuerte que el que le otorgan las actuales lógicas epistémicas. En las actuales lógicas epistémicas un agente ideal es lógicamente omnisciente, en el sentido que sabe todas las consecuencias de lo que sabe. En el planteo de Pablo, además, los agentes saben lo mismo y nadie ignora lo que el otro sabe. Estas propiedades son propiedades epistémicas de grupos de agentes, más que de agentes individuales; específicamente con lo que hoy se conoce como *Conocimiento común* (Cf. Fagin, et al., 1995).

[172] Para dejar solo dos ejemplos con los cuales ir contrastando lo dicho, citamos dos reglas que caracterizan la consecuencia formal, y que veremos más adelante: "De una conjunción a cualesquiera de sus partes hay buena inferencia"; esta regla es exactamente igual a su par contemporáneo. "Todo lo que está con el antecedente está con el consecuente"; aquí, todo lo que esta con el antecedente debe ser, indefectiblemente, composible con el antecedente y con el consecuente. La totalidad de las reglas las veremos más adelante.

9.4. Una lógica de reglas

Se acuerda en la literatura referida a la lógica medieval, que esta fue una lógica que tuvo dos indubitables características metodológicas desde el comienzo al fin de su historia:

a) Fue una lógica formulada en el fragmento regimentado de un lenguaje natural, y
b) Fue una lógica de reglas;

"Los medievales no se sirven –a diferencia de Aristóteles y los estoicos– de variables en orden de esquematizar las formas lógicas, sino que procedieron a la formulación de reglas mediante descripciones generales" (cf. Kneale 1972: 272). Esto es evidente con solo acceder a la lectura de cualesquiera de los textos de los lógicos del medioevo. El uso del lenguaje natural y de las reglas probablemente esté avalado y fundado en la misma concepción medieval de la lógica y en su finalidad: un instrumento rector de las disputas científicas, para ser utilizado por agentes racionales. Como sabemos, los sistemas de reglas se distinguen por su utilidad para modelar las prácticas inferenciales ordinarias (McKeon 2010: 114).

Hay aproximadamente cuatro docenas de reglas en la *Logica Parva*, que se presentan en diferentes capítulos y secciones. La reglas de inferencia, específicamente, son una especificación de uno u otro principio inferencial para sentencias en contextos definidos (Perreiah 1984: 53). Huelga aclarar que –por motivos de tiempo, espacio y en favor de la línea argumental– no podremos trasladar todas a nuestra reconstrucción. No queremos tampoco desnaturalizar la presentación de Pablo, por lo que nos centraremos en las que él considera más importantes y presenta en el capítulo 3, que es el capítulo dedicado a la consecuencia. En el capítulo 8 Pablo de Venecia vuelve a ellas bajo el rótulo de *Objeciones al capítulo 3*. Entre ambos capítulos constituyen un tercio de la obra, según nos informa Perreiah, lo que nos da una clara idea de su importancia.

9.5. Tipos de reglas: la ordenación de Veneto

La lógica medieval, al igual que cualquier otra disciplina humana, no se desarrolló primero como disciplina abstracta y luego se utilizó para solucionar este o aquel problema. La lógica medieval tiene como impronta haber evolucionado a partir, y dentro de, los problemas que pretendió solucionar[173]. Así, la noción de consecuencia se sistematiza dentro de los contextos mismos donde es utilizada como herramienta; Perreiah nos dice que cada regla de inferencia en la *Logica Parva* es la especificación de uno u otro principio inferencial para sentencias en contextos definidos (cf. Perreiah 1984: 53). La lógica medieval es –respecto de la consecuencia– plural. Pero ¿existe un núcleo básico entre los diversos contextos donde es presentada? Nosotros pretendemos que sí, pero además no hay que abandonar la *Logica Parva* a fin de descubrirla. En no pocos autores de la Edad Media esto no es posible; como decía Kneale:

> es significativo que los autores contemporáneos que tratan de ofrecernos una visión ordenada y de conjunto de la contribución medieval se hayan visto en la necesidad de acudir a una diversidad de fuentes para coleccionar las piezas de la misma (Kneale 1972).

Sin presentar un juicio definitivo, creo que el asunto ha mejorado con el correr del tiempo y los estudios. Como caso paradigmático pensemos en los trabajos sucesivos acerca de Buridán que hoy nos presentan un panorama completo de su teoría lógica.

Como sea, creo que en la *Logica Parva* existe una presentación ordenada, que va de lo general a lo particular, de los rasgos que caracterizan la consecuencia lógica. El modo de ordenar las reglas que nos ofrece Veneto es un punto acerca del cual, pienso, no se ha puesto debida atención. Es cierto que Pablo presenta las reglas de consecuencia, según el tipo de proposiciones entre las que se realiza la inferencia; por ejemplo, la sección número 4, del capítulo 3, "reglas de inferencia basadas en la cantidad" se ocupa de las inferencias inmediatas surgidas del análisis del cuadrado de la oposición (por lo tanto, son consecuencias válidas solo para las proposiciones del tipo A, E, O, I). Pero no es menos cierto que la primera sección sección se denomina *Reglas generales para la consecuencia formal* y allí se presentan las reglas bajo las cuales se garantiza que la consecuencia sea válida, independientemente del tipo de proposición, es decir para la inferencia *en general*.

Pablo caracteriza, a su modo, el significado de la consecuencia válida; nos da el conjunto de reglas, que garantizan la validez de una inferencia, más allá del tipo de proposición categórica que ocupen el lugar de antecedente y consecuente. Las reglas de la sección 1 (nótese que el mismo Veneto las ubica en primer lugar), no son solamente reglas *para* la inferencia. Reglas

---

[173] Recordemos que en la sección 6.7 vimos que la teoría de la consecuencia surge de los *Tópicos*, la parte de la obra aristotélica que consideraron más rica e inacabada, la obra que les generó más admiración y problemas.

como "en una consecuencia válida todo lo que está con el antecedente está con el consecuente" o "Todo lo que implica el antecedente implica el consecuente"; parecen ir más allá, parecen señalar una propiedad que caracteriza el significado de la palabra usada como signo de inferencia. En otras palabras, Veneto intenta dar, bajo el rótulo de *reglas generales*, reglas que están por sobre cualesquiera de los contextos que se traten, reglas que atañen a la inferencia como tal. Es un intento (por supuesto que no del todo acabado si lo contrastamos con sistemas de deducción natural contemporáneos) de caracterizar la noción de consecuencia para cualesquiera de los contextos donde se aplique la lógica. La ordenación del capítulo es la siguiente:

Capítulo 3: Inferencias.

   - *Sección 1*. Definiciones y divisiones.

   - *Sección 2*. Reglas generales de inferencia formal. (Pablo presenta aquí el conjunto de reglas que garantizan la validez formal de la inferencia).

   - *Sección 3*. Reglas particulares de inferencia formal. (Se ocupa aquí de proposiciones de diferentes "niveles lógicos"; con términos "altos" y "bajos").

   - *Sección 4*. Reglas de inferencia basadas en la cantidad. (Aquí se dan las inferencias inmediatas surgidas del cuadrado de la oposición).

   - *Sección 5*. Reglas de inferencia no basadas en la cantidad. (Proposiciones conteniendo términos exclusivos e inclusivos).

   - *Sección 6*. Reglas de inferencia que envuelven términos especiales. (Proposiciones que contienen los términos "pertinente" y "no-pertinente").

   - *Sección 7*. Reglas de inferencia adicionales. (Proposiciones que contienen términos que pueden ser probados; p. ej. explicables, determinantes y describibles).

   - *Sección 8*. Reglas de inferencia para proposiciones hipotéticas. (Se dan aquí las reglas que caracterizan la consecuencia de una oración compuesta, dado el operador –conjunción, disyunción, implicación– que la caracteriza).

Creemos que el mejor modo de confirmar o rechazar estas afirmaciones, será, para el lector, el poder analizar por su cuenta las reglas para la consecuencia que da Veneto, su ordenación y sus características. Un poco más abajo procedemos a esta presentación.

El intento de Veneto, como dijimos, no es del todo completo; hay pues, dentro de la *Logica Parva* –pero en otras secciones fuera de la 1 del capítulo 3– reglas de inferencia que deberían figurar allí. Nos tomaremos la libertad de aceptarlas a todas, por las razones que hemos dado, y teniendo en cuenta no solo que no hay contradicción entre ellas, sino que manifiestan una estrecha coherencia.

9.5.1. Las reglas

Pasaremos ahora a la presentación de las reglas. Las reglas que van de 1 a 8 son las pertenecientes al apartado denominado Reglas generales *de la consecuencia formal*; las reglas 9 y 10 están en la sección donde se define la consecuencia material; las reglas que van del número 11 al número 17, son las que componen el apartado titulado *Reglas de inferencia para proposiciones hipotéticas*; las últimas reglas (18, 19 y 20) –las únicas tomadas de un capítulo que no es el 3– están en el capítulo 5, dedicado a las obligaciones.

- Regla 1: Si dada una inferencia el contradictorio del antecedente se sigue del contradictorio del consecuente, la inferencia es sólida.

- Regla 2: Si dada una inferencia el antecedente es verdadero, el consecuente es verdadero también.

- Regla 2: Corolario 1: En una inferencia sólida, si el consecuente es falso, el antecedente también lo es.

- Regla 2: Corolario 2: Si dada una inferencia el antecedente es verdadero y el consecuente es falso, la inferencia es no-sólida.

- Regla 3: En una consecuencia sólida, si el antecedente es necesario, el consecuente es necesario también.

- Regla 4: En una consecuencia sólida, si el antecedente es posible, el consecuente es posible también.

- Regla 5: Dada una inferencia sólida donde algo se sigue del consecuente, entonces esa misma cosa se sigue del antecedente.

- Regla 5: Corolario 1: Cualesquier cosa que implica el antecedente, también implica el consecuente.

- Regla 5: Corolario 2: Dada una cadena de proposiciones, cuando todas las inferencias intermedias son sólidas y formales y no-variadas, una inferencia del primer antecedente al último consecuente es formalmente válida.

- Regla 6: En una inferencia sólida, donde algo está con el antecedente, lo mismo está con el consecuente.

- Regla 6: Corolario 1: Cualquier cosa repugnante al consecuente es repugnante al antecedente.

- Regla 7: Si una inferencia es sólida y es conocida por ti como sólida y su antecedente es concedido, entonces su consecuente es concedido.

- Regla 8: Si tú sabes que una inferencia es sólida y el sabes el antecedente, entonces también sabes el consecuente.

- Regla 9: De lo imposible se sigue cualquier cosa; i.e. de una proposición imposible se sigue cualquier otra proposición. Ejemplo: *El hombre no es; por lo tanto, un bastón está en la esquina.*

- Regla 10: Lo necesario se sigue de cualquier cosa; i.e. Toda proposición necesaria se sigue de cualquier otra proposición. Ejemplo: *tú no estás corriendo; por lo tanto, Dios es.*

- Regla 11: De cualquier conjunción afirmativa a cada una de sus partes principales hay una inferencia sólida, pero no conversamente, a menos que sea por causa de la materia de la proposición. Ejemplo: *Tú corres y tú disputas; por lo tanto, tú disputas.* Pero no se sigue: *Tú disputas; por lo tanto, tú disputas y tú corres.* Cuando sin embargo, es válido en virtud de los términos (cuando la conjuntiva está hecha de dos proposiciones una de las cuales antecede a la otra) entonces de la parte a la conjunción toda hay inferencia sólida; Ejemplo: *Tú eres un hombre; por lo tanto tú eres un hombre y tú eres un animal.*

- Regla 12: De la parte principal de una disyunción afirmativa a la totalidad de la disyunción hay una inferencia sólida, pero no la conversa. Ejemplo *Tú corres; por lo tanto tú corres o tú eres un hombre.* Pero lo siguiente no se sigue: *Tú corres o tú eres un hombre; por lo tanto, tú corres.*

- Regla 13: De una disyunción afirmativa con la destrucción de una de sus partes a su otra parte hay inferencia sólida. *Corres o estás sentado; pero no estás sentado; por lo tanto, corres.*

-Regla 14: De una conjunción negativa a una disyunción hecha de las partes contradictorias de una conjunción afirmativa hay inferencia sólida. *No es el caso que eres un hombre y eres un asno; por lo tanto, o no eres un hombre o no eres un asno* y la conversa.

- Regla 15: De una disyunción negativa a una conjunción afirmativa hecha de las partes contradictorias de la disyunción afirmativa hay inferencia sólida y la conversa. Ejemplo: *No: corres o te sientas; por lo tanto, no corres y no te sientes,* y la conversa.

- Regla 16: De un condicional afirmativo con su antecedente a su consecuente hay inferencia sólida. Ejemplo: *Si eres un hombre, eres un animal; y eres un hombre; por lo tanto, eres un animal.*

- Regla 17: De un condicional afirmativo con el contradictorio de su consecuente a la contradictoria del antecedente hay inferencia sólida. Ejemplo: *Si el Anticristo es blanco, el Anticristo es coloreado;* pero *el Anticristo no es coloreado; por lo tanto, el Anticristo no es blanco.*

- Regla 18: Cuando todas las partes de una conjunción son concedidas, la conjunción de la cual ellas o sentencias similares son partes es concedida. Y cuando una parte de una proposición disyuntiva es concedida, la disyunción de la cual esta es una parte principal es concedida.

- Regla 19: Todo lo que se sigue de suyo de lo que es puesto y admitido o de lo que es puesto junto con una o más sentencias concedidas y propuestas en el tiempo de la obligación es concedido.

- Regla 20: Todo lo que se sigue de lo que es puesto junto con el opuesto u opuestos de lo que ha sido propuesto y correctamente denegado bajo el tiempo de la obligación es condedido.

9.6. Tipos de reglas: nuestra ordenación

Actualmente se acuerda en que, la mejor manera de caracterizar una lógica es caracterizar su noción de consecuencia. Es este el punto donde haremos hincapié: una buena representación de la *Logica Parva* debe fundarse en una caracterización de la consecuencia. Como nosotros ya aclaramos y como refleja cualquier historia de la lógica, la medieval es una lógica formulada a través de reglas. La reconstrucción de la lógica del medioevo, como dice Moody (1953), apunta a que esta pueda ser mirada como algo más que una pieza de museo, y nosotros suscribimos a este propósito. Proponemos proceder a la reconstrucción guiados por dos consignas:

1) Leer las reglas para la consecuencia con el fin de encontrar en ellas, o a través de ellas, una caracterización de la noción de consecuencia ayudados por las consideraciones contemporáneas;

2) Que los aportes contemporáneos que sean utilizados para la reconstrucción no traicionen el espíritu de la lógica que estamos tratando. Esto se traduce principalmente en utilizar como parámetro una caracterización de la consecuencia a partir reglas. Este tipo de reconstrucción de la lógica medieval en términos de reglas (esto es, en sus propios términos) es, sin embargo, infrecuente en los trabajos dedicados al tema. Para mí es fundamental conservar esta perspectiva a fin de obtener una reconstrucción racional adecuada.

Cómo puede caracterizarse una lógica a partir de las reglas que la componen es largo de explicar y, por el bien de la línea argumental del texto, lo haremos en el apéndice 9.10. Digamos simplemente por ahora que una lógica puede revelar su particular noción de consecuencia según posea tales o cuales reglas de inferencia. A través de estas es posible caracterizar –de modo unívoco– tanto su relación como la operación de consecuencia lógica que le son propias.

Hemos optado, para cumplir del mejor modo con las condiciones 1) y 2), por un enfoque al estilo de los propuestos por Gentzen (que son una versión finitista, más acorde a nuestros fines que la versión de Tarski). Estos poseen, además, importantes características acordes con la *Logica Parva*, como las siguientes:

1 - Son sistemas que carecen de axiomas.

2 - Son sistemas que se basan en reglas.

3 - Las reglas de inferencia son más bien reglas de derivación que reglas de prueba.

4 - Existen dos grupos diferenciados de reglas: el que determina el valor del signo de inferencia, formado por las denominadas *Reglas estructurales*; el que determina el valor de las conectivas lógicas, integrado por las denominadas *Reglas operatorias*. (Sostengo que Veneto ordena las reglas con un criterio análogo. Las reglas que definen el significado del signo de inferencia están todas ubicadas en la primera sección del capítulo 3, bajo el rótulo de *Reglas generales de inferencia formal*); las reglas operatorias están todas (menos las que obtuvimos de las *obligatio*) en la sección "Reglas de inferencia para las proposiciones hipotéticas".

5 - El signo que indica la inferencia y el signo →, tienen, intuitivamente un significado análogo.

Procedamos entonces, en primer lugar, a recordar las reglas que conforman el cálculo de secuencias de Gentzen. Dejando en claro que: a) Una secuencia, es una expresión de la forma: $\Gamma \mid \Omega$, donde Γ, Ω son conjuntos de fórmulas cualesquiera (A1, ,Am; B1,....,Bn), que son sentencias del lenguaje objeto. b) El significado del signo $\dashv$ puede definirse intuitivamente diciendo que la secuencia A1,....,Am $\exists$ B1,....,Bn cuando n, m = 1, tiene el mismo significado que la fórmula (A1&,....,&Am)→ (B1 v,....,v Bn). Esto muestra una significativa analogía entre $\exists$ y → presente en la lógica de la edad de oro.

9.7. Reglas de un sistema gentzeniano

Reglas estructurales

Atenuación ($\vdash$A)

$$\dfrac{\Gamma \vdash \Omega}{\Gamma \vdash \Omega, A}$$

Atenuación (A$\vdash$)

$$\dfrac{\Gamma \vdash \Omega}{A, \Gamma \vdash \Omega}$$

Contracción ($\vdash$C)

$$\dfrac{\Gamma \vdash \Omega, A, A}{\Gamma \vdash \Omega, A}$$

Contracción (C$\vdash$)

$$\dfrac{\Gamma, A, A \vdash \Omega}{\Gamma, A \vdash \Omega}$$

Permutación ($\vdash$P)

$$\dfrac{\Gamma \vdash \Theta, A, B, \Omega}{\Gamma \vdash \Theta, B, A, \Omega}$$

Permutación (P$\vdash$)

$$\dfrac{\Gamma, A, B, \Theta \vdash \Omega}{\Gamma, B, A, \Theta \vdash \Omega}$$

Corte (Eliminación)

$$\dfrac{\Gamma \vdash \Theta, A \quad A, \Omega \vdash \Phi}{\Gamma, \Omega \vdash \Theta, \Phi}$$

Reglas operatorias

Condicional

($\vdash \to$)

$$\dfrac{A, \Gamma \vdash \Omega, B}{\Gamma \exists \vdash \Omega, A \to B}$$

($\to \vdash$)

$$\dfrac{\Gamma \vdash \Omega, A \quad B, \Theta \vdash \Phi}{A \to B, \Gamma \vdash \exists \Omega, \Theta}$$

Conjunción

$$(\vdash \&)\qquad\qquad (\& \vdash)$$

$$\frac{\Gamma \vdash \Omega, A \quad \vdash \Omega, B}{\Gamma, \Omega \vdash, A\&B} \qquad \frac{A, \Gamma \vdash \Omega}{A\&B, \Gamma \vdash \Omega} \qquad \frac{B, \Gamma \vdash \Omega}{A\&B, \Gamma \vdash \Omega}$$

Disyunción

$$(\vdash \varpi) \qquad\qquad (\vdash \varpi)$$

$$\frac{\Gamma \vdash \Omega, A \quad \vdash \Omega, B}{\Gamma \vdash \Omega, A\varpi B \quad \Gamma \vdash \Omega, A\varpi B} \qquad \frac{A, \Gamma \vdash \Omega \quad B, \Gamma \vdash \Omega}{A\varpi B, \Gamma \vdash \Omega}$$

Negación

$$(\vdash \neg) \qquad\qquad (\neg \vdash)$$

$$\frac{A, \Gamma \vdash \Omega}{\Gamma \vdash \Omega, \neg A} \qquad\qquad \frac{\Gamma \vdash \Omega, A}{\neg A, \Gamma \vdash \Omega,}$$

9.8. Las reglas de la *Logica Parva*

Procederemos ahora a formalizar las reglas de la *Logica Parva* y ver en qué medida estas se corresponden con los sistemas gentzenianos. No debemos olvidar:

a) Como vimos en la sección 9.5, Veneto nos brinda, bajo el rótulo "reglas generales para la inferencia", el grupo de reglas que definen la noción de misma de consecuencia de su lógica. Este grupo de aquí en más será denominado "reglas estructurales de la *Logica Parva*". En la lista de reglas (dada en 9.5.1) son las que van de la 1 a la 8.

Por otra parte, bajo el rótulo "Reglas de inferencia para las proposiciones hipotéticas" Veneto agrupa las reglas que dan el significado de las conectivas lógicas, grupo que de ahora en más denominaremos "Reglas operatorias de la *Logica Parva*". En la lista de reglas son las que van de la 11 a la 20.

b) Todos los ejemplos que da Pablo Veneto para ilustrar sus reglas están constituidos por proposiciones categóricas. Estas proposiciones son las básicas de la lógica de la edad de oro, pero las reglas de la consecuencia son reglas para una lógica de proposiciones.

c) Como vimos, Pablo Veneto distingue entre inferencia lógica y enunciado condicional;

d) Como la noción de consecuencia es contextual –en el sentido que pretende dar cuenta de diferentes contextos inferenciales, a diferencia de la contemporánea– utilizaremos los signos $\vdash$ y $\rightarrow$ para la consecuencia clásica y el condicional y utilizaremos el signo $\vdash_{LP}$ para indicar el paso de las premisas a la conclusión en la *Logica Parva*.

e) Si bien todos los ejemplos de inferencia dados por Veneto son de una premisa a otra, podemos suponer que esto se debió al peso de la tradición, pues hay sobradas razones para pensar que su intención es describir inferencias a partir de argumentos, esto es, entre un grupo de premisas y una conclusión. Por otra parte, Pablo distingue perfectamente entre inferencias inmediatas y mediatas, y las inmediatas son tratadas como un caso particular dentro de las consecuencias. Cuando se habla de consecuencia en general, es decir de las reglas generales para la consecuencia formal, Veneto está pensando en argumentos. Esto nos autoriza a formalizar la inferencia buena utilizando, a la izquierda del signo de inferencia, una letra que indique más de una proposición, de este modo: $\Gamma \vdash A$.

9.8.1. Grupo I: Reglas estructurales de la *Logica Parva*

$$\text{Atenuación (1-1)}$$

$$\frac{\Gamma \vdash_{LP} A}{\Sigma, \Gamma \vdash_{LP} \Sigma, A}$$

Esta es la formalización de la Regla 6 de la lista de Pablo; es formulada de este modo: "En una sólida inferencia, cuando algo está con el antecedente, lo mismo está con el consecuente". El ejemplo que da Veneto es: "Todos los hombres corren, por lo tanto, todo ser risible corre". Con el antecedente están "Todos los animales corren" y también "Ningún asno se mueve" y las que sean como estas". Esta regla, por otra parte, y esto es importante, también muestra una aplicación de la regla $\beta \, \exists \beta$, que suponíamos implícita. Nos muestra los casos de atenuación tanto a derecha como a izquierda, pero tiene, en la Logica Parva, menor alcance que en la lógica de secuentes, debido a la restricción epistémica que la debilita. Cuando Pablo de Venecia habla de *todo lo que está en el antecedente*, no se está refiriendo a cualquier sentencia que se ubique junto a él; la condición para que una sentencia esté con el antecedente, es que no sea repugnante (o incomposible) con este. Si el antecedente de la inferencia son las sentencias "tú corres" y "tú vas hacia Roma" con él están las proposiciones "tú te mueves" y "te diriges a Italia"; no están con el antecedente sentencias como "tú estás quieto". Podríamos decir (en términos contemporáneos) que opera una función de selección en el metalenguaje que relaciona las sentencias vinculadas epistémica o significativamente con el antecedente. Tenemos en la *Logica Parva* una regla de Atenuación debilitada epistémicamente.

$$\text{Corte (1-2)}$$

$$\frac{\Gamma \vdash_{LP} A \quad A \vdash_{LP} B}{\Gamma \vdash_{LP} B}$$

Esta es la formalización de la Regla 5 de nuestra lista. Se formula: "Si una inferencia es sólida y algo se sigue del consecuente, la misma cosa se sigue del consecuente". El ejemplo es: "Los hombres corren, por lo tanto, los animales corren"; del consecuente se sigue "los cuerpos corren" y esto también se sigue de el antecedente: "Los hombres corren, por lo tanto, los cuerpos corren". De Γ se sigue A, de A se sigue B, y por lo tanto, B puede inferirse directamente de Γ, logrando el corte en la secuencia de derivación, que es lo característico de esta regla. (Esta regla no precisa de aclaración respecto de restricción epistémica ninguna, ya que el signo $\vdash$, propio de la consecuencia formal, la presupone).

Permutación y Contracción (1-3) y (1-4)

Palau (1996) nos dice que las reglas estructurales de Gentzen de Permutación y Contracción, tal vez por obvias, no se dan generalmente como propiedades de la noción de deducibilidad. En particular, para las inferencias clásicas, ellas nos dicen que ni el orden de las premisas ni la reiteración de ellas afectan la validez de una derivación. Asumiremos que Veneto es uno más de los que no mencionan estas reglas dada su obviedad, ya que, por otra parte, nada en su lógica lo obligaría a rechazarlas.

Agreguemos otras reglas estructurales de la *Logica Parva*.

Reglas estructurales "redundantes"

Este grupo, podemos decir, es redundante respecto a las reglas que enumeramos arriba.

$$(1-5)$$

$$\frac{\Gamma \vdash_{LP} B \, (A \vdash_{LP} \Gamma) \vdash_{LP} B}{A \vdash_{LP} B}$$

Esta es la formalización de la Regla 5, Corolario 1, de nuestra lista. Puede verse como un caso particular de la Regla (1-1). Se enuncia del siguiente modo: "Cualquier cosa que implique el antecedente, también implica el consecuente". El ejemplo es: "el hombre corre; por lo tanto, un animal corre", y si la proposición "tú corres" implica las reglas propias del signo de inferencia. Por otro, diferencia perfectamente bien entre oraciones condicionales verdaderas y argumentos válidos. La proposición "el hombre corre", por lo tanto, también implica la proposición "un animal corre". Por esto se sigue que: "tú corres, por lo tanto, un animal corre".

(1-6)

$$\frac{A1 \vdash_{LP} A2}{A1 \vdash_{LP} An}$$
$$\vdots$$
$$\vdots$$
$$A1 \vdash_{LP} An$$

Esta regla es nuevamente la Regla 5 (Corolario 2): En una cadena de proposiciones cuando las inferencias intermedias son sólidas y formales y no variadas, una inferencia del primer antecedente al último consecuente es formalmente válida.

(1-7)

$$\frac{\Gamma \vdash_{LP} A \quad \neg \Diamond (A \& B)}{\neg \Diamond (\Gamma \& B)}$$

Este es el Corolario 1 de la Regla 6: Cualquier cosa repugnante al consecuente, es repugnante al antecedente.

Reglas estructurales con modos

Las siguientes reglas que enumero, llevan, explícitamente en sus formulaciones, los modos: verdadero, falso, posible y necesario.

(1-8)

$$\frac{(\Gamma) \vdash_{LP} A \; V(\Gamma)}{V(A)}$$

Es la formalización de la Regla 2 de nuestra lista: "Si la inferencia es buena, y el antecedente es verdadero, el consecuente es igualmente verdadero".

(1-9)

$$\frac{\Gamma \vdash_{LP} A \; F(\Gamma)}{F(A)}$$

Esta es la formalización de la Regla 2, Corolario 1: "En una buena inferencia, si el consecuente es falso, el antecedente es igualmente falso". Como será evidente para el lector, (1-8) y (1-9), juntas, son la representación de la noción de validez lógica.

(1-8) Regla 2, Corolario 2: "Si en una inferencia el antecedente es verdadero y el consecuente es falso, la inferencia no es buena". Estrictamente hablando, esto no es una regla, sino la enunciación de los criterios de invalidez, por eso obviamos su formalización.

(1-9)

$$\frac{\Gamma \vdash_{LP} A \; \Box(\Gamma)}{\Box(A)}$$

Esta es la formalización de la Regla 3: "En una inferencia buena, si el antecedente es necesario, el consecuente también lo es".

(1-10)

$$\frac{\Gamma \; \Box_{LP} \; A \; \Diamond(\Gamma)}{\Diamond(A)}$$

La Regla 4 dice que: "En una inferencia buena, si el antecedente es posible, el consecuente también lo es". Esta regla no es válida en nuestra lógica modal contemporánea. La formulación de ella por parte de Veneto depende de que el modo de la proposición es inherente al tipo de proposición, por estar estas ontológicamente vinculadas; "Dios existe" es una proposición necesaria. "Estás en Roma" posible o contingente.

Reglas estructurales con modos epistémicos

Este grupo de reglas tiene por objeto caracterizar la noción de consecuencia para el contexto argumentativo (y epistémico) propio de las *disputatio*. Veneto es conciente de la finalidad práctica de estas reglas. En este sentido, parece dejar de lado las formulaciones de reglas para creyentes ideales y pensar en seres humanos que discuten. Son, por este "salto contextual" las menos concordantes con el resto del grupo. K, indica el modo "sabes". C, indica el modo "concedes".

(1-11)

$$\frac{\Gamma \vdash_{LP} A \ (K(\Gamma \vdash_{LP} A) \ \& \ C(\Gamma))}{C(A)}$$

Esta es la formalización de la Regla 5: "Si una inferencia es buena, y tú sabes que es buena, y concedes el antecedente, entonces concedes el consecuente".

(1-12)

$$\frac{\Gamma \vdash_{LP} A \ (K(\Gamma \vdash_{LP} A) \ \& \ K(\Gamma))}{K(A)}$$

En la Regla 6 nos dice que: "Si una inferencia es buena, y tú sabes que es buena, y sabes el antecedente, también sabes el consecuente".

Resumiendo: en la *Logica Parva*, en contraste con las reglas estructurales formuladas por Gentzen, tenemos:

- Una regla de Atenuación debilitada;
- Una regla de Corte;
- Las reglas de Permutación y Contracción asumidas por obvias.

9.8.2. Grupo II: Reglas operatorias de la *Logica Parva*

Si bien, como ya veremos, no encontraremos todas y cada una de las reglas operatorias formuladas por Gentzen, las que sí lo están, guardan una perfecta analogía con respecto a estas.

Conjunción

$$\text{Regla de introducción (\&I), (2-1)}$$

$$\frac{B \quad A}{A\&B} \qquad \frac{A \quad B}{A\&B}$$

Esta es la formalización de la Regla 18, de las que presentamos arriba: Cuando todas las partes de una conjunción son concedidas la conjunción es concedida. El ejemplo es: si pongo "tú estás en Roma" y tú lo admites, y luego propongo "Tú eres un hombre", y tú la admites (por ser irrelevante); y finalmente propongo que "Tú estás en Roma y tú eres hombre", debe ser admitida, ya que sus partes son admitidas.

$$\text{Regla de Eliminación (\&I), (2-2)}$$

$$\frac{A\&B}{B} \qquad \frac{A\&B}{A}$$

Esta es la formalización de la Regla 11: De una conjunción afirmativa a cada una de sus partes, hay buena consecuencia. El ejemplo es: "Tú corres y tú disputas; por lo tanto, tú disputas".

Disyunción

Regla de introducción (v I), (2-3)

$$\frac{A}{A \vee B} \qquad \frac{B}{A \vee B}$$

Esta es la formalización de la Regla 12: De la principal parte de una disyuntiva, a la proposición disyuntiva en su totalidad, hay buena consecuencia. El ejemplo: "Tú corres; por lo tanto, tú corres o tú eres hombre".

Implicador

Regla de eliminación (E→) o (MP), (4-4)

$$\frac{A \rightarrow B, A}{B}$$

Esta es la formalización de la Regla 16: De un condicional afirmativo con su antecedente a su consecuente hay buena consecuencia. El ejemplo es: "Si tú eres un hombre, tú eres animal; pero tú eres hombre; por lo tanto, eres animal".

Negación

Las reglas referidas a la negación son las grandes ausentes de la *Logica Parva*, en el sentido que las que formula no alcanzan para caracterizar la negación clásica. Podría decirse que Veneto no las toma en cuenta; puede decirse que la lógica medieval, en general, no lo hace. Las causas exactas son difíciles de rastrear. Pueden tenerse como hipótesis factibles;

a) Que la negación es tomada por los medievales como un primitivo (cf. Moody 1953: 38);

b) Que la verdad de una proposición no se establece por tener, o no, el signo de negación precediéndola;

c) Que la verdad es un modo;

d) Que la lógica medieval es una lógica de proposiciones afirmativas. Las oraciones falsas y verdaderas son proposiciones afirmativas.

e) La que señalamos en 7.11 y 7.12: existieron entre los medievales dos negaciones: la que anula la fuerza de la categórica es la negación en la que están pensando con mayor frecuencia y no es compatible con las reglas de la negación clásica. Esto llevó a que se tomase una u otra en consideración sin tener clara idea de sus diferencias. Es por esto que a pesar de estar ausentes las más importantes (las necesarias para definir la negación clásica), la carencia de reglas relacionadas con la negación no es total. Encontramos las siguientes.

Reglas derivadas de la negación

ex contradictione quodlibet (ECQ) (2-5)

$$\frac{A \& \neg A}{B}$$

Esta Regla es la 9, y dice: De una proposición imposible se sigue cualquier otra proposición. Como podemos suponer, esta formalización atiende a las proposiciones que son imposibles por ser contradictorias.

Modus tollens (MT) (2-6)

$$\frac{A \to B, \neg B}{\neg A}$$

Esta es la Regla 17, formulada así: De un condicional afirmativo con el contradictorio del consecuente a la contradicción del antecedente, hay buena consecuencia. El ejemplo es: "Si el Anticristo es coloreado, el Anticristo es blanco; pero el Anticristo no es blanco; por lo tanto, El Anticristo no es coloreado".

Contraposición (Contrap.), (2-7)

$$\frac{A \vdash_{LP} B}{\neg B \vdash_{LP} \neg A}$$

Esta es la formalización de la Regla 1, que dice: Si en una inferencia el contradictorio del antecedente se sigue del contradictorio del consecuente, la inferencia es sólida. Dice el ejemplo: "el hombre corre, por lo tanto el animal corre" esto valida lo siguiente "Los animales no corren, por lo tanto el hombre no corre".

Silogismo disyuntivo (SD), (2-8)

$$\frac{A \vee B \quad \neg B}{A} \qquad \frac{A \vee B \quad \neg A}{B}$$

Esta es la formalización de la regla del silogismo disyuntivo, formulada en la Regla 3 de la sección 8.

Reglas de interdefinición

(De Morgan), (2-9)

$$\frac{\neg(A \vee B)}{\neg A \,\&\, \neg B}$$

Esta es la formalización de la primera de las leyes de De Morgan, formulada en la Regla 5, sección 8.

(De Morgan), (2-10)

$$\frac{\neg(A \& B)}{\neg A \vee \neg B}$$

Esta es la formalización de la segunda de las leyes de De Morgan formulada en la Regla 4, sección 8.

Como podemos ver, para completar el grupo de las reglas operatorias, nos falta la formulación explícita de las reglas (∨E), (I→), (RAA) y (DN). (∨E), es una regla con la que Veneto hubiese acordado plenamente. Incluso resulta curioso no encontrarla formulada en un ámbito tan propicio para ellas como lo es el de las disputas, regidas por las leyes de la *obligatio*. Puede decirse lo mismo de (RAA), destacando la importancia de su ausencia, ya que esta es fundamental, en el sentido que se encuentra presente de modo insustituible, en las derivaciones que podríamos lograr de (DN), en caso de poseerla. La negación aparece en reglas vinculadas con la contradicción, no con la verdad. Reglas como (DN), y en general todas las reglas vinculadas estrictamente con la negación, parecen no haber sido siquiera consideradas en la *Logica Parva*. Esto puede deberse a que la afirmación y la verdad son cosas diferentes; la falsedad y la negación también.

La regla (I→) no se da, probablemente por no tener Veneto, como explicamos más arriba, una clara noción de las relaciones (diferencias y similitudes) entre → y ⊢.

9.9. Caracterización de la noción de consecuencia de la *Logica Parva*: la L.P. Lógica

Formularemos, para resumir y aclarar lo anterior, un cuadro comparativo entre las reglas estructurales y operatorias propias de los sistemas de deducción natural y las que consideramos reglas análogas a estas, formuladas en la *Logica Parva*. El signo LP indicará el equivalente a la regla que se nombre, formulado en la *Logica Parva*. A la izquierda del signo ≡ LP indicaremos el nombre (contemporáneo) de la regla; a la derecha del signo ≡ LP escribiremos el número (correspondiente con esta última ordenación) de su análogo en la *Logica Parva*.

REGLAS ESTRUCTURALES

- (ATENUACIÓN) ≡ LP (1-1)
- (CORTE) ≡ LP (1-2)
- (PERMUTACIÓN) ≡ LP (1-3)

(asumida)

- (CONTRACCIÓN) ≡ LP (1-4)

(asumida)

REGLAS OPERATORIAS

- (&I) ≡ LP (2-1)
- (&E) ≡ LP (2-2)
- ($\vee$ I) ≡ LP (2-3)
- ($\vee$ E) ≡ LP (no está formulada)
- ($\rightarrow$I) ≡ LP (no está formulada)
- ($\rightarrow$E) ≡ LP (2-4)
- (D.N) ≡ LP (no está formulada)
- (RAA) ≡ LP (no está formulada)
- (E.C.Q) ≡ LP (2-5)
- (M.T) ≡ LP (2-6)
- (Contrap.) ≡ LP (2-7)
- (Sil. Disy.) ≡ LP (2-8)

Si designamos con Cn una operación de consecuencia, el conjunto Q de todas las reglas de inferencia consistentes con Cn constituye la relación de consecuencia correspondiente a la operación de consecuencia Cn. Podemos, a partir de evaluar las reglas de la *Logica Parva*, mantener que se trata de una relación de consecuencia de tipo tarskiano; además, es finitaria y estructural. Para quien desee observar en detalle este asunto dedicamos el apéndice siguiente con que finalizamos el libro.

9.10. Apéndice: La consecuencia lógica en una lógica de reglas

Tarski, con el fin de axiomatizar la función de consecuencia, utilizó una función de consecuencia perteneciente al metalenguaje de un lenguaje L; una función que, aplicada sobre el conjunto de enunciados α de un lenguaje

L, identifica a otro conjunto de enunciados Cn(α) de L, como el conjunto de todas las consecuencias de α. El modo tradicional de definir un cálculo, desde Frege, consistía en tomar un grupo de fórmulas como axiomas y luego en postular al sistema lógico obtenido como el más pequeño conjunto de fórmulas que contiene a los axiomas y es cerrado respecto de las reglas de inferencia seleccionadas.

Existe una formulación moderna de la operación de consecuencia lógica. Para formularla, seguiremos la presentación que de la obra Wojcicki (1984 y 1988) que nos brinda Palau (1996). La definición del cálculo en este planteo pasa por caracterizar las conectivas en términos de un conjunto de axiomas y un conjunto de reglas de inferencia, para luego postular la operación de consecuencia de dicho cálculo como la más débil de todas las operaciones de consecuencia consistentes con los axiomas y las reglas de inferencia. (Palau 1996). Este modo de caracterizar la operación de consecuencia se basa en una concepción los cálculos lógicos como conjunto de inferencias (y no como conjunto de fórmulas). Por otra parte, las de reglas de inferencia son tomadas con un sentido más amplio que en la tradición Frege-Hilbert. Serán consideradas reglas de inferencia las que permiten derivar fórmulas a partir de fórmulas, como inferencias a partir de inferencias (como en los sistemas de Gentzen).

Otro de los fundamentos teóricos de este planteo es que una lógica L no siempre está unívocamente determinada por el conjunto de sus teoremas. Lo está solo en el caso que el conjunto de las fórmulas de L, coincida con el conjunto de las fórmulas bien formadas del lenguaje proposicional S. La lógica de fórmulas sí nos permite determinar de manera unívoca una operación de consecuencia, que se determina a partir del conjunto de reglas de inferencia consistentes con ella. En lo que sigue procuraremos dejar en claro estas y otras afirmaciones, a partir de las definiciones y teoremas de la obra de Wojcicki que nos presenta Palau.

1. Un lenguaje proposicional S es un álgebra libre (S, f1, f2,....fn), donde S es el conjunto de todas las fórmulas bien formadas (fbf) y f1, f2,....fn las conectivas de S. Cada fi tiene $\geq$ 0 argumentos y el conjunto de las variables proposicionales a es denumerable. Si f1, f2,....fn son las conectivas proposicionales &, $\vee$, $\rightarrow$, $\neg$, entonces S es estándar.

2. Una operación Cn definida sobre S es una operación de consecuencia (equivalente a la de Tarski [1930a]), si para todo conjunto de fórmulas X, Y, S, se satisfacen las siguientes condiciones: [1988]

T1- $X \subseteq Cn(X)$ (Inclusión)
T2- $X \subseteq Y$ implica $Cn(X) \subseteq Cn(Y)$ (monotonía)
T3- $Cn(Cn(X)) \subseteq Cn(X)$ (idempotencia)

Si además se cumple:

T4- $Cn(X) = U\{Cn(Y)/Y$ es finito y $Y \subseteq X\}$ entonces Cn es finitaria (o compacta);
y si se cumple:

T5- $eCn(X) \subseteq Cn(eX)$ para toda sustitución e, entonces Cn es estructural (o lógica);

Si además Cn es compacta y estructural, Cn es estándar[174].

3. Si por Sb(X) se denota el conjunto de todas las instancias de sustitución de las fbf de X, entonces, si el conjunto X es cerrado bajo la operación de sustitución, i.e., Sb(X)=X, el conjunto X es llamado invariante.

4. Por cálculo proposicional C se entenderá una dupla (S,Cn), en la que S es un lenguaje proposicional cualquiera y Cn es una operación de consecuencia. Si S es un lenguaje proposicional y Cn una operación de consecuencia estructural sobre S, entonces (S, Cn) es un cálculo lógico (CL), o simplemente lógica (L)[175].

5. Dada una operación de consecuencia Cn, por teoría Cn, se entenderá al conjunto X de fórmulas de S, cerrado bajo Cn. Es decir Cn(X)=X.

6.a. Toda dupla (X,A), usualmente escrita como $A \vdash B$, donde X es un conjunto de sentencias y A una sentencia, es una inferencia (propia); y si $X=\varphi$, entonces la inferencia es axiomática.

---

[174] Para caracterizar la operación de consecuencia alcanza solo con las primeras tres. Respecto a la de Tarski, se elimina el requisito de la numerabilidad, ya que hay lenguajes no numerables.

[175] De esto se desprenden dos cosas: la primera es que bastan T1, T2 y T3 para definir un cálculo. Segundo, que pueden existir cálculos cuya operación de consecuencia no sea estructural, es decir, que no contengan las reglas de inferencia estructurales y que, sin embargo, sí tengan una operación de consecuencia.

6.b. R es una H-regla de inferencia si tiene la forma $X \vdash A$ y toda instancia α de R es consistente con Cn.

7.a. Dada una operación de consecuencia Cn en S y una H-regla R formulada en S, R es consistente con Cn o R es un regla de C sii todas las instancias de R son consistentes con Cn, o sea, $A \in Cn(X)$ para cualquier A deducida a partir de X por medio de R.

7.b. Si para un conjunto $X \subseteq S$ y un conjunto $Y \subseteq X$, y $A \in X$ siempre que A se haya inferido en Y por medio de R, entonces se dice que la regla R preserva al conjunto X y que x es cerrado bajo R.

7.c. Una H-regla es una regla de C, sii preserva la teoremicidad de C, (i.e. el conjunto de todos los teoremas).

Nos dice Palau: "A los efectos de demostrar que toda operación de consecuencia de un cálculo genera la relación de consecuencia respectiva (y viceversa), solo basta considerar a la relación de consecuencia de un cálculo como el conjunto de sus reglas de inferencia, es decir":

8. El conjunto Q de todas las reglas de inferencia consistentes con Cn constituye la relación de consecuencia correspondiente a la operación de consecuencia Cn.

Ahora retomamos el punto de la determinación unívoca de una lógica. Dijimos que una lógica no siempre se determina por el conjunto de sus teoremas (a no ser que el conjunto de sus teoremas sea igual al conjunto de sus fbf). En cambio, (y he aquí una de las ventajas de este enfoque) toda operación de consecuencia está unívocamente determinada por el conjunto de reglas de inferencia consistentes con ella.

12. Si Q es el conjunto de las reglas de inferencia consistentes con Cn, Q determina unívocamente a Cn[176].

13. $Cn1 \equiv Cn2$, sii Qcn1 coincide con Qcn2.

---

[176] La demostración: toda regla de inferencia consistente con Cn está en Q y si no es consistente no preserva Cn.

14. Si el conjunto de reglas de inferencia Q preserva las inferencias consistentes en L, se dice que L está determinado por Q y Q es llamado base inferencial de L. Y por lo tanto:

15. L1 ≡ L2 sii QL1 ≡ QL2

"Es decir, dos cálculos lógicos (o lógicas) son iguales sii sus bases inferenciales coinciden. Y puesto que las bases inferenciales determinan unívocamente las operaciones de consecuencia lógica correspondientes, entonces, también sus operaciones de consecuencia lógica coinciden".

16. Si Γ es un conjunto de fórmulas y Q un conjunto de reglas. Una operación de consecuencia Cn se dice que está determinada por (Γ, Q) sii Cn está determinada por Q∪{Γ}, donde toda fórmula A∈Γ debe entenderse como φ ⊢A. Y la base deductiva será llamada base axiomática[177].

17. Dada una consecuencia Cn y un conjunto de reglas Q distinto de las que determinan a Cn, se dice que Cn' es el refuerzo de Cn por el agregado de Q y Cn'está determinada por el conjunto de reglas de Cn con el agregado del conjunto Q.

18. Si el refuerzo de Cn es igual a Q∪Γ, donde Γ es un conjunto de axiomas, entonces el refuerzo es axiomático.

Siguiendo con esta misma modalidad de presentar definiciones, pasaremos a tratar la noción de consecuencia de la lógica proposicional.

La noción de consecuencia de la lógica proposicional clásica (K)

Una noción de consecuencia puede, en virtud de las definiciones anteriores, ser unívocamente determinada por su base inferencial (o sea el conjunto Q). La operación de consecuencia de la lógica proposicional clásica, no es una excepción. Las reglas de inferencia consistentes con ella, forman su base inferencial. Recordemos que las bases pueden ser puramente inferenciales o inferencial axiomática.

---

[177] Con esto se pretende contemplar no solo las bases deductivas con reglas de inferencia sino también las axiomáticas. Los axiomas que conforman el conjunto Γ deben leerse como inferencias a partir del conjunto vacío, lo que hace de las bases inferenciales axiomáticas un caso particular de base inferencial y son características de los H-cálculos.

Las bases inferenciales que se propongan para K pueden ser infinitas, siempre y cuando las operaciones de consecuencia que ellas determinan satisfagan determinadas condiciones, que se enumeran en el siguiente teorema:

19. Dada una operación de consecuencia Cn en una lógica L, Cn es la operación de consecuencia de K, sii satisface las siguientes condiciones (y entonces L es la lógica clásica K).

a) Cn satisface MPCn sii MP es una regla de L;

b) Cn satisface TDCn sii TD es una regla de L;

c) Cn satisface ($\rightarrow$)Cn sii MP y TD son ambas reglas de de L; (T)

d) Cn satisface (&)Cn sii AD y SP son reglas de L;

e) Cn satisface ($\vee$)Cn sii AT y SM son reglas de L;

f) Cn satisface (($\neg$))Cn sii CN y RAk son reglas de L. (T)

MP abrevia Modus Ponens.
TD abrevia Teorema de la Deducción.
AD abrevia Adjunción.
SP abrevia Simplificación.
AT abrevia Adición.
SM abrevia Summation (elim.$\vee$).
CN abrevia Contradicción (Duns Scoto).
RAk abrevia Reducción al absurdo.

Las condiciones indicadas con (T) son las dadas por Tarski (1930) como axiomas para la operación de consecuencia de la Lógica clásica. Sea cual fuere la base inferencial que quiera darse a K, si satisface las condiciones de 19, serán, por 15, bases inferenciales que definen la misma operación de consecuencia.

Para terminar este apartado, donde expusimos las herramientas contemporáneas básicas para una representación adecuada y que pretenda ser lógicamente útil, de la *Logica Parva*, señalamos que las reglas incluidas en 19 son operaciones de consecuencia del tipo tarskiano, pues cumplen con T1-

T3. Puede mostrarse también que toda base que cumple las condiciones de 19 cumple con T4 y T5 (o sea que es finitaria y estructural).

Referencias bibliográficas

Agustín (1995), *De Doctrina Christiana*, editado y traducido por P. H. Green, CLARENDON PRESS OXFORD

Aho T. y Yrjönsuuri M., (2009) "Late Medieval Logic" en *The Development of Modern Logic*, Edit. Leila Haaparanta, Oxford University Press, 11-76.

Aho T. "Consequences, Theory of" (2011) en *Encyclopedia of Medieval Philosophy Philosophy Between 500 and 1500*, Henrik Lagerlund (Ed.), Springer Dordrecht Heidelberg London New York, 229-233.

Alberto de Sajonia (1933-69), *Selections from the Summa Logica*, Trad. E. Moody.

Alchourrón, C. (1995) "Concepciones de la lógica", en *Enciclopedia Iberoamericana de Filosofía*, Tomo I, *Lógica*, Edit. Trotta, Madrid, 11-48.

Anderson, A., Belnap, N. Dunn, M. (1992) *Entailment: the Logic of relevance and necessity*, Princeton University Press, Vol II.

Angelelli, I. (1980) "The Techniques of Disputation in the History of Logic", *The Journal of Philosophy*, Volumen 67, 800-815.

Angelelli, I. (1980) "Traditional vs. Modern Logic: Predication Theory", *Crítica: Revista Hispanoamericana de Filosofía*, Vol. 12, No. 34 (Apr., 1980), 103-136

Aristóteles, (1970) *Metafísica*, Edición trilinglie por Valetin García Vebra. 2 vols. Madrid, cd. Gredos, Madrid.

Aristóteles (1995) *Sobre la interpretación*, Trad. M. Candel Sanmartín, Gredos, Madrid.

Aristóteles (1995) *Tópicos*, Trad. M. Candel Sanmartín, Gredos, Madrid.

Aristóteles (1995) *De interpretatione* 5 17a) Trad. M. Candel Sanmartín, Gredos, Madrid.

Aristóteles (1995) *Primeros Analíticos* Trad. M. Candel Sanmartín, Gredos, Madrid.

Ashworth, E. Jennifer, "Medieval Theories of Singular Terms", *The Stanford Encyclopedia of Philosophy*, (Winter 2015 Edition), Edward N. Zalta (ed.), URL = <https://plato.stanford.edu/archives/win2015/entries/singular-terms-medieval/>.

Ashworth, E. (1973) "The Doctrine of Exponibilia in the Fifteenth and Sixteenth Centuries", *Vivarium*, Vol. 11, No. 2, Brill Stable, 137-167. URL=: http://www.jstor.org/stable/41963550

Asmus C., Restall, G. (2012) "History of the Consequence Relation", en Handbook of history of Logic, Vol 11, *Logic: A History of its Central Concepts*, ELSEVIER, 11-62.

Badesa, C. Jané, I. Jansana, R. (1998) *Elementos de lógica formal*, Ariel, Barcelona.

Bar-Hillel, Y. (1973) "Expresiones indicadoras" en *Semántica filosófica, problemas y discusiones*, Moro Simpson, comp., Siglo XXI: 100-107.

Barwise, J. y Etchemendy, J. (1999) *Language, proof and logic*, CSLI Publication, Center for the Study of Language and Information, Leland Stanford Junior University.

Barwise, J. y Etchemendy, J. (1992) *El lenguaje de la lógica de primer orden*, Trad. H. Faas, Ed. Brujas, Córdoba.

Beall, J. y Restall, G. (2000), "Logical pluralism", *Australasian Journal of Philosophy*, 78, 475–493.

Beall, J. y Restall, G. (2016) "Logical Consequence", *The Stanford Encyclopedia of Philosophy* (Winter 2016 Edition), Edward N. Zalta (ed.), URL = <https://plato.stanford.edu/archives/win2016/entries/logical-consequence/>.

Beuchot, M. (1991) *La Filosofía del Lenguaje en la Edad Media*, U.N.A.M., México

Blackburn, P. (2000) "Representation, reasoning, and relational structures: a hybrid logic manifiesto, Logic Journal of the IGPL", Oxford,339-365

Bochenski, I. M. (1966) *Historia de la lógica formal*, Gredos, Madrid.

Boehner, P. (1944) "El Sistema de la Lógica Escolástica" en *Revista de la Universidad Nacional de Córdoba*, Año XXXI, 1159-1620.

Boehner, P. (1952) *Medieval Logic, An Outline of its Development from 1250 to c.1400*, The University of Chicago Press, Great Britain.

Boh, I. (1997) "Los desarrollos modales dentro del corpus lógico medieval", Universidad Estatal de Ohio, E.E.U.U.

Borg, E., y Lepore, E. (2006) "Symbolic Logic and Natural Language" en *A Companion to Philosophical Logic*, Editado por Dale Jacquette, Blackwell, UK, 86-102.

Bos, E. y Sundholm, B. (2006) "History of Logic: Medieval", en *A Companion to Philosophical Logic*, Editado por Dale Jacquette, Blackwell, UK, 24-34.

Bottin, F. (1976) "Proposizioni condizionali, 'cosequenttiae' e paradossi dell'implicazione in Paolo Veneto", *Medioevo*, II, 289-330.

Broadie, A. (2002) *Introduction to Medieval Logic*, Oxford, New York.

Buridán, J. (2015) *Treatise on consequences*, Traducido por y con introducción de Stephen Read; con introducción editorial de Hubert Hubien, Fordham University Press, Nueva York.

Buridán, J. (1985) *Jean Buridan's Logic, The Treatise on Supposition The Treatise on Consequences*, Traducción e introducción filosófica a cargo de Peter King, D. Reidel Publishing Company, Dordrecht, Holland.

Buridán, J. (2001) *Summulae de Dialectica*, Traducción anotada e introducción filosófica a cargo de Gyula Klima, Yale University Press, New Haven & London.

Burley, W. (2000) *On the Purity of the Art of Logic* Traducido por Paul Vincent Spade, Yale University Press, New Haven & London.

Burnett, Ch. (2004) "The Translation of Arabic Works on Logic into Latin in the Middle Ages and Renaissance" en *Hanbook of The History of Logic*, Vol 1, Greek, Indian and Arabic Logic, Elsiever, 597-606.

Campos Benítez, J. (2002) "Una teoría medieval del significado" en en *Enciclopedia Iberoamericana de Filosofía*, Tomo XXVI, *La Filosofía medieval*, F. Bertelloni y G. Burlando ed. Trotta, Madrid, 305-318.

Carnap, R (1948) *Introduction to Semantics*, Harvard University Press, Cambirdge, Massachusetts, USA.

Carnap, R. (1975) *Fundamentos de lógica y matemáticas*, Taller de ediciones Josefina Betancor, Madrid (1a de. 1939).

Carré, M. (1946) *Realists and Nominalists*, Oxford Clarendon Press, Londres.

Cesalli, L. (2016) "Propositions: Their Meaning and Truth" T*he Cambridge Companion to Medieval Logic* Edit. C. Dutilh Novaes y S. Read, Cambridge University Press. 245-264.

Coffa, A. (2005) La Tradición Semántica Vol 1. en *La Tradición Semántica de Kant a Carnap*, UAM, Mexico.

Dahlquist M. (1998) *Consecuencia y modalidad en la Lógica Parva de Pablo de Venecia*, Tesis de grado, Dir. Dra. Gladys Palau, UNC, Córdoba.

Dahlquist M. (2014) *"Tractatus Exponibilia*; Una propuesta novedosa (venida del S. XIV) sobre forma lógica, forma gramatical, condiciones de verdad y compromiso ontológico", SLALM XVI, *Satellite Colloquium of Philosophy of Logic*.

Dalla Chiara, M. (1976) *Lógica*, Labor, Barcelona.

De Rijk, L. (1976) "Some thirteenth century tracts on the game of obligation", *Vivarium* 14, 26-49

De Rijk, L. (1982), "The so-called Probationes literature" en *Some 14th Century Tracts on the Probationes terminorum* (Martin of Alnwick O.F.M., Richard Billingham, Edward Upton and others), Brepols:3-13

De Rijk, L. (2008) "The origins of the theory of the properties of terms" en *The Cambridge History of Later Medieval Philosophy From the Aristotle to the disintegration of scholasticism* 1100-1600, eds. Kretzman, Pingborg y Stump; Cambridge: 161-173.

De Libera, A. (2008) "The Oxford and Paris traditions in logic" en *The Cambridge History of Later Medieval Philosophy*, Cambridge University Press: 174-187.

Díez Martínez, A. (2005) *Introducción a la Filosofía de la Lógica*, Universidad Nacional de Educación a Distancia, Madrid.

Dod, B. (2008) "Aristoteles latinus" en *The Cambridge History of Later Medieval Philosophy*, Cambridge University Press: 45-80.

Ducrot, O. (1994) "Algunas implicaciones lingüísticas de la teoría medieval de la suposición", en *El decir y lo dicho*, EDICAL S.A, Bs. As.

Dutilh Novaes, C. (2005) "Buridan's Consequentia: Consequence and Inference Within a Token-Based Semantics", en *History and Philosophy of Logic*, 26, 4: 277-297

Dutilh Novaes, C. (2007a), *Formalizing Medieval Logical Theories Suppositio, Consequentiae and Obligationes*, Springer, Dordrecht, Leiden, The Netherlands.

Dutilh Novaes, C. (2007b), "Theory of Supposition vs. Theory of Fallacies in Ockham" en *The Many Roots of Medieval Logic: The Aristotelian and the Non-Aristotelian Traditions*, Special Offprint of Vivarium 45, 2-3 (2007), Edit. John Marenbon.

Dutilh Novaes, C. (2011), "Medieval Obligationes as a Theory of Discursive Commitment Management" *Vivarium*, 49: 240–257.

Dutilh Novaes, C. (2011), "Truth, Theories of" en *Encyclopedia of Medieval Philosophy Philosophy Between 500 and 1500*, Henrik Lagerlund (Ed.), 1340-1346.

Dutilh Novaes, C. (2008) "14th century logic after Ockham". In D. Gabbay and J. Woods (eds.), *The Handbook of the History of Logic*, vol 2. Amsterdam, Elsevier: 433-504.

Dutilh Novaes, C. (2012) "Medieval Theories of Consequence", *The Stanford Encyclopedia of Philosophy* (Summer 2012 Edition), Edward N. Zalta (ed.),

URL = <http://plato.stanford.edu/archives/sum2012/entries/consequence-medieval/>.

Ebbesen, S. (2007) "The Traditions of Ancient Logic-cum-Grammar in the Middle Ages—What's the Problem?"en *The Many Roots of Medieval Logic: The Aristotelian and the Non-Aristotelian Traditions*, Special Offprint of Vivarium 45, 2-3 (2007), Editado por John Marenbon: 136-152

Ebbesen, S. (1986) "The Chimera's Diary" en *The Logic of Being, Historical Studies*, Ed. J. Hintikka y S. Knuuttila, Reidel: 115-144.

Epstein, R. (2016) *An Introduction to Formal Logic*, Advanced Reasoning Forum, USA.

Epstein, R. (2015) "On translations" en *Reasoning and Formal Logic, Essay on Logic as The Art of Reasoning Well*, Advanced Reasoning Forum, USA.

Epstein, R. (2012) *The Semantic Foundations of Logic, Volume 2: Predicate Logics*, Advanced Reasoning Forum, ARF, N.M., USA.

Epstein, R. (1992) "A Theory of Truth Based on a Medieval Solution to the Liar Paradox" en *History and Philosophy of Logic*, 13: 149-177.

Epstein, R. (1990) T*he Semantic Foundations of Logic, Volume 1: Propositional Logics* con la colaboración y asistencia de W. Carnielli, I. D'Ottaviano, S. Krajewski, R. Maddux, Springer, Science + Business Media Dordrecht.

Etchemendy, J. (1999), *The concept of logical consequence*, CSLI Publications

Evans, G. (1977) "Pronouns, quantifiers, and relative clauses (I)", *Canadian Journal of Philosophy*, Volumen 7, Número 3: 467-536.

Fagin, R., Halpern, J., Moses, Y., Vardi, M., 1995, *Reasoning About Knowledge*, Cambridge, MA: MIT Press.

Fitting, M. y Mendelsohn, R. (1998) *First-Order Modal Logic*, Kluwer Academics Publishers

Fossier, R (1988) "Crisis de crecimiento en Europa" en *La Edad Media 3. El tiempo de la crisis 1250-1520*; Fossier, Verger; Mantran; Asdracha; de la Ronciere; Crítica, Barcelona: 105-157.

Frapolli, M. (2013) *The Nature of Truth, An updated approach to the meaning of truth ascription*, Springer Science+Business Media Dordrecht.

Fredosso, A. (1980) "Ockham´s Theory of Truth Conditions" en *Summa Logicae* Part II, St Agustine Press, Indiana: 1-76.

Frege, G. (1972) "Los fundamentos de la Artitmética", Trad. Hugo Padilla, Instituto de Investigaciones Filosóficas, UNAM, Mexico.

Frege, G., 1977. 'Thoughts', en *Logical Investigations*, Oxford, Blackwell.

GAMUT, L.T.F. (2002) *Introducción a la Lógica*, EUDEBA, Bs. As.

Glanzberg, M. (2001) "The Liar in context", Philosophical Studies, 103(3): 217–251.

Gómez Torrente, M. (2000) *Forma y Modalidad, Una introducción al concepto de consecuencia lógica*, Eudeba, Universidad de Buenos Aires

Guerizoli Rodrigo (2015) "Juan Buridán: la definición de definición" presentado en el Simposio Internacional, *La filosofía de los Magistri Artium. Lógica y Ética en los maestros de artes*, Universidad Nacional del Litoral, Santa Fe, Argentina, octubre 2015.

Gilson, E. (1989) *La Filosofía en la Edad Media*, Gredos, Madrid.

Guillermo de Ockham (1974) *Summa Logicae*, Parte 1, Ockham's Theory of the Terms; Trad. M. Loux, University of Notre Dame Press, Londres.

Guillermo de Ockham (1998) *Summa Logicae*, Parte 2, Ockham's Theory of the Propositions; Trad. A. Freddoso y H. Schuurman, St. Agustine Press, Indiana.

Guillermo de Sherwood (1968) *Treatise on Syncategorematic Words* trad., notas e introducción N. Kretzmann, University of Minnesota Press, Mineapolis.

Goble, L. (2001) "Introduction" para *The Blackwell Guide to Philosophical Logic*, Blackwell.

Gupta, A. y van Benthem, J. (2010) "Introduction", en *Logic and Philosophy Today*, Journal of Indian Council of Philosophical Research, Volumen XXVII, N 1: 1-8.

Haack, S. (1991) *Filosofía de las lógicas*, Ediciones Cátedra, S.A., Madrid.

Haaparanta, L. (2009) "The Relations between Logic and Philosophy, 1874–1931" en *The Development of Modern Logic*, Oxford University Press: 222-262.

Haaparanta, L. (1986) "On Frege's Concept of Being" en *The Logic of Being, Historical Studies*, Ed. J. Hintikka y S. Knuuttila, Reidel: 269-290

Hansson, S. (2007) "La formalización en la filosofía", *Astrolabio. Revista internacional de filosofía*, N° 4: 43-60.

Harman, G. (2002) "Internal Critique: A logig is not a theory of reasoning and a theory of reasoning is not a logic", en *Handbook of the Logic of Argument and Inference, The Turns Towards the Practical*, Edits. Gabbay, D., Johnson, R., Ohlbach, H. J. Woods, J., North-Holland: 171-186.

Hoenen, M. (2011) "Universities and Philosophy" en *Encyclopedia of Medieval Philosophy Philosophy Between 500 and 1500*, Henrik Lagerlund (Ed.): 1359-1363.

Henry, D. P. (1972) *Medieval Logic and Metaphysics*, Hutchinson & Co., London.

Hodges, W. (2007) "The scope and limits of logic" en *Handbook of the Philosophy of Science: Philosophy of Logic*, ed. Dale Jaquette, Elsiever, Amsterdam: 41-63

Hodges, W. y Read, S. (2010) "Western Logic" en *Logic and Philosophy Today*, Journal of Indian Council of Philosophical Research, Volumen XXVII, Número 1: 13-46.

Horn, L. y Wansing, H. (2016) "Negation", *The Stanford Encyclopedia of Philosophy* (Spring 2016 Edition), Edward N. Zalta (ed.).
URL = <http://plato.stanford.edu/archives/spr2016/entries/negation/>.

Hughes, G. - Cresswell, M. (1996) *A New Introduction to Modal Logic*, Routledge, London & New York.

Hunter, G. (1981) *Metalógica, Introducción a la metateoría de la lógica clásica de primer orden*, Paraninfo, Madrid.

Jacobi, K. (1986) "Peter Abelard's Investigations into the Meaning and Functions of the Speech Sign 'Est'" en *The Logic of Being, Historical Studies*, Ed. J. Hintikka y S. Knuuttila, Reidel: 145-180.

Khan, Ch. (1986) "Retrospect on the Verb 'To Be' and the Concept of Being" en *The Logic of Being, Historical Studies*, Ed. J. Hintikka y S. Knuuttila, Reidel: 181-200.

Kärkkäinen, P. (2011) "Mental Language" en *Encyclopedia of Medieval Philosophy Philosophy Between 500 and 1500*, Henrik Lagerlund (Ed.), Springer Dordrecht Heidelberg London New York: 753-756.

Kaplan, D. (1989) "Demonstratives," en Almog, Perry, and Wettstein: 481–563.

Kenny, A. (2005) "Logic and Language" en *Medieval Philosophy, A New History of Western Philosophy*, Volume II: 115-155.

King, P. (2001a) "Duns Scotus on Possibilities, Powers and the Possible" en Buchheim et al. (eds.): 175–199.

King, P. (2001b) "Consequence as Inference: Mediaeval Proof Theory 1300-1350" en *Medieval Fromal Logic, Obligations, Insolubles and Consequences*, Edit. Mikko Yrjönsuuri, University de Jyviiskylii, Finland: 117-146.

King, P. (1985) "Introduction. Buridan´s Philosophy of Logic" en *Jean Buridan's Logic, The Treatise on Supposition The Treatise on Consequences*, D. Reidel Publishing Company, Dordrecht, Holland: 3-80.

Kneale, W. & Kneale M. (1972) *El desarrollo de la Lógica*, Tecnos, Madrid.

Klima, G. (2013a) "Natural Logic, Medieval Logic and Formal Semantics" en *Three Myths of Intentionality Versus Some Medieval Philosophers*, International Journal of Philosophical Studies, Volume 21, Issue 3: 58-75

Klima, G. (2013b) "The Medieval Problem of Universals", en *The Stanford Encyclopedia of Philosophy* (Fall 2013 Edition), Edward N. Zalta (ed.), URL = <http://plato.stanford.edu/archives/fall2013/entries/universals-medieval/>.

Klima, G. (2009) *John Buridan*, Oxford University Press, New York.

Klima, G. (2008a) "Logic Without Truth" en *Unity, Truth and the Liar The Modern Relevance of Medieval Solutions to the Liar Paradox* Edit. Rahman, S., Tulenheimo, T., Genot, E., Springer: 87-112.

Klima, G. (2008b) "The Nominalist Semantics of Ockham and Buridan: A 'Rational Reconstruction" en en *Handbook of the History of Logic, Volume 2, Mediaeval and Renaissance Logic*, Editado por Dov M. Gabbay y John Woods, Nort-Holland: 389-432.

Klima, G. (2002) "John Buridan" en *A companion to philosophy in the middle ages*, edit. por J. E. Gracia y T. B. Noone, Blackwell companions to philosophy: 340-348.

Klima, G. (2001) "Introduction", en *Summulae de Dialectica*, Traducción anotada, con una introducción filosófica de Gyula Klima, Yale University Press, New Haven & London.

Knuuttila, S. (1993) *Modalities in Medieval Philosophy*, Routledge, London and New York.

Knuuttila, S. (2012) "A History of Modal Traditions" en *Hanbook of The History of Logic, Vol 11, Logic: An History of its Central Concepts*, Elsiever: 309-339

Kretzmann, N. (2008) "Syncategoremata, exponibilia, sophismata" en *The Cambridge History of Later Medieval Philosophy From the Aristotle to the disintegration of scholasticism 1100-1600*, Edit. Kretzmann, Pingborg y Stump; Cambridge: 211-245.

Lagerlund, H. (2008) "The Assimilation of Aristotelian and Arabic Logic up to the Later Thirteenth Century" en *Handbook of the History of Logic, Volume 2, Mediaeval and Renaissance Logic*, Editado por Dov M. Gabbay y John Woods, Nort-Holland: 281-346.

Lagerlund, H. (2011) "Logic, Arabic, in the Latin Middle Ages" en *Encyclopedia of Medieval Philosophy Philosophy Between 500 and 1500*, Henrik Lagerlund (Ed.): 692-694.

Lakatos, I. (1999) "El problema de la evaluación de teorías científicas: tres planteamientos", en *Escritos Filosóficos, 2, Matemáticas, Ciencia y Epistemología*, Alianza, Madrid: 147-164.

Lambertini, R. (2013) "Logic, Language and Medieval Political Thought" en *Logic and language in the middle ages : a volume in honour of Sten Ebbesen*, Edit. J. L. Fink, H. Hansen, A. M. Mora-Marquez, Brill, Leiden-Boston: 419-432.

Lohr, C. (2008) "The medieval interpretation of Aristotle" en *The Cambridge History of Later Medieval Philosophy From the Aristotle to the disintegration of scholasticism 1100-1600*, Edit. Kretzmann, Pingborg y Stump; Cambridge: 80-98.

Lungarzo, C. (1986) *Lógica y lenguajes formales /2, Sistemas de primer orden y deducción*, Centro Editor de América Latina, Buenos Aires.

Marenbon, J. (2007) "Introduction" en *The Many Roots of Medieval Logic: The Aristotelian and the Non-Aristotelian Traditions*, Special Offprint of Vivarium 45, 2-3, Edit. John Marenbon: 1-5.

Marenbon, J. (2008) "Logic before 1100: The Latin Tradition" en *Handbook of the History of Logic, Volume 2, Mediaeval and Renaissance Logic*, Edit. Dov M. Gabbay y John Woods, Nort-Holland: 1-64.

Martin, C. (2007) "Denying Conditionals: Abaelard and the Failure of Boethius' Account of the Hypothetical Syllogism" en *The Many Roots of Medieval Logic: The Aristotelian and the Non-Aristotelian Traditions*, Special Offprint of Vivarium 45, 2-3 (2007), Edit. John Marenbon: 153-168.

Martin, C. (2009) "The logical textbooks and their influence" en *The Cambridge companion to Boethius*, Edit. John Marenbon, Cambridge University Press: 56-84.

Marrone, S. (2003) "Medieval Philosophy in Context" en MCGRADE, A.S. *The Cambridge companion to medieval philosophy*. Cambridge, UK; New York: Cambridge University Press, xviii, 405 p: 10-43.

Mates, B. (1973) *Stoic Logic*, University of California Press, Classic Reprints, Advanced Reasoning Forum.

MacBride, F. (2016) "Truthmakers", *The Stanford Encyclopedia of Philosophy* , Edward N. Zalta (ed.), URL = <http://plato.stanford.edu/archives/fall2016/entries/truthmakers/>.

McKeon, M. (2010) *The Concept of Logical Consequence An Introduction to Philosophical Logic*, en American University Studies, Series V, Philosophy, Vol. 207, PETER LANG, Alemania.

Meier-Oeser, S. (2011), "Medieval Semiotics", *The Stanford Encyclopedia of Philosophy* (Summer 2011 Edition), Edward N. Zalta(ed.),
URL = <http://plato.stanford.edu/archives/sum2011/entries/semiotics-medieval/>.

Mendelson, E. (2015) *Introduction to Mathematical Logic*, Sixth Edition, CRC Press, USA

Moretti, A. (1996), *Concepciones tarskianas de la verdad*, Centro Publicaciones CBC, UBA, Buenos Aires.

Moro Simpson, T. (1975) *Formas lógicas realidad y significado*, EUDEBA, Argentina.

Moody, E. (1953) *Truth and Consequence in Medieval Logic*, North-Holland, Amsterdam.

Moody, E. (1967) "Medieval Logic", en *The Encyclopedia of Philosophy, V. IV*, The Macmillan Company y The Free Press, N. York, Edit. Paul Edwars.

Moody, E. (1975) "The medieval contribution to logic", en *E.A. Moody, Studies in medieval philosophy, science, and logic: collected papers 1933–1969*, Berkeley, University of California Press, 371-392.

Moreno, A. (1961) "Lógica Medieval", *Sapientia*, Año XVI, No 62: 246-263.

Muñoz Delgado, V. (1964) *La Lógica Nominalista en la Universidad de Salamanca, (1510-1530)* Publicaciones del Monasterio de Poyo, Revista "Estudios", Madrid.

Ockham, Guillermo de. (Ver *Guillermo de Ockham*).

Orayen, R. (1989) *Lógica, Significado y Ontología*, UNAM, Mexico.

Pablo de Venecia (1979) *Logica Magna, Prima Pars, Tractatus de Terminis*, editada y traducida por N. Kretzmann, The British Academy, Oxford University Press.

Pablo de Venecia (1984) *Logica Parva*, Traducción de la edición de 1472 con Introducción y notas de Alan R. Perreiah, Philosophia Verlag, Munchen-Wien.

Palau, G. (1996) *Consecuencia Lógica y Rivalidad de Sistemas lógicos*, Tesis Doctoral, UBA.FFyL, Universidad de Buenos Aires. Facultad de Filosofía y Letras.

Palau, G. (2002) *Introducción a las lógicas no clásicas*, UBA-Gedisa, Barcelona.

Palau, G (2005) "La noción de consecuencia abstracta", en http://logicae.usal.es/

Panaccio, C. (2006) "Semantics and Mental Language", en *The Cambridge Companion to Ockham*, Ed. V. Spade, Cambridge University Press.

Panofsky, E. (1959) *Arquitectura Gótica y Escolástica*, Ed. Infinito, Bs. As.

Parsons, T. (2014) *Articulating Medieval Logic*, Oxford University Press, U.K.

Peregrin, J. (2014) *Inferentialism: Why Rules Matter*, Palgrave Macmillan, Londres-Nueva York.

Perreiah, A. (1984) "Introduction" en *Lógica Parva*, Traducción de la edición de 1472 con Introducción y notas de Alan R. Perreiah, Philosophia Verlag, Munchen-Wien: 17-117.

Priest, G. (2006) "Identidad y Cambio" en *Una brevísima introducción a la lógica*, Océano, Mexico.

Prior, A. (1960) "The Runabout Inference-Ticket" en *Analysis*, Vol 21, N° 2, Oxford University Press: 38-39.

Quine, W. V. O. (1971) "Methodological reflections on current linguistic theory", en D. Davidson y G. Harman (eds.), *Semantics of Natural Language*. Boston, MA: Reidel: 442–54.

Quine, W. V. O. (2010) *Palabra y objeto*, Ed. Labor, Barcelona.

Rabossi, E. (1967) "Verdad y Redundancia", Crítica, UNAM, 1 (3): 82-96.

Rayo, A. (2004) "Formalización y lenguaje ordinario" en *Enciclopedia Iberoamericana de Filosofía*, Tomo 27, *Filosofía de la Lógica*, Edit. Trotta, Madrid: 17-42.

Read, S. (2012) "The medieval theory of consequence", *Synthese* (2012) 187: 899–912

Read, S. (2013) "Obligations, Sophisms and Insolubles" Working Paper WP6/2013/01 (Higher School of Economics, National Research University, Moscow). Russian translation in *Illegitimate Argumentation*, ed. J. Ivanova, Moscú: 102-127.

Read, S. (2015) "Medieval Theories: Properties of Terms", *The Stanford Encyclopedia of Philosophy* (Spring 2015 Edition), Edward N. Zalta (ed.)
URL = <http://plato.stanford.edu/archives/spr2015/entries/medieval-terms/>.

Read, S. (2016) "Logic in the Latin West in the Fourteenth Century" en *The Cambridge Companion to Medieval Logic* Edit. C. Dutilh Novaes y S. Read, Cambridge University Press: 142-165.

Russell, B. (1992) *El conocimiento humano, su alcance y sus límites*, traducción de Néstor Miguens, Planeta-De Agostini, Barcelona.

Russell, B. (2000) "Descripciones", en *La búsqueda del significado*, Comp. L. Valdés Villanueva, Tecnos, Madrid; 1a ed. 1919.

Sajonia, Alberto de (Ver *Alberto de Sajonia*).

Sanford, D. (1989) *If P, then Q: conditionals and the foundations of reasoning* en *The problems of philosophy*, Routledge, Nueva York.

Sennet, A., Fisher, T. (2014) "Quine on Paraphrase and Regimentation" *A Companion to W.V.O. Quine*, Edit. Harman, G y Lepore, E., Wiley – Blackwell: 89-113.

Shapiro, Stewart, "Classical Logic", *The Stanford Encyclopedia of Philosophy* (Winter 2017 Edition), Edward N. Zalta (ed.), URL = <https://plato.stanford.edu/archives/win2017/entries/logic-classical/>.

Spade, P. (2002) "Introduction" a *On the Purity of the Art of Logic* de Walter Burley, Yale University Press, New Haven & London: xix-xxiii.

Spade, P. (2002) *Thoughts, Words and Things: An Introduction to Late Mediaeval Logic and Semantic Theory*.
URL= pvspade.com/Logic/docs/thoughts1_1a.pdf

Spade, P. (2008) "Insolubilia" en *The Cambridge History of Later Medieval Philosophy From the Aristotle to the disintegration of scholasticism 1100-1600*, Edit. Kretzmann, Pingborg y Stump; Cambridge, 246-253.

Spade, P. y Read, S. (2013) "Insolubles", *The Stanford Encyclopedia of Philosophy* (Fall 2013 Edition), Edward N. Zalta (ed.),
URL = <http://plato.stanford.edu/archives/fall2013/entries/insolubles/>.

Spade, P. y Yrjönsuuri, M. (2014) "Medieval Theories of Obligationes", *The Stanford Encyclopedia of Philosophy* (Winter 2014 Edition), Edward N. Zalta (ed.),
URL = <http://plato.stanford.edu/archives/win2014/entries/obligationes/>.

Spade, P. y Panaccio, C. (2015) "William of Ockham", *The Stanford Encyclopedia of Philosophy* (Fall 2015 Edition), Edward N. Zalta (ed.),
URL=<http://plato.stanford.edu/archives/fall2015/entries/ockham/>.

Strawson, P. (1983) "Sobre el referir" en *Ensayos lógico-lingüísticos*, Tecnos, Madrid: 11-39.

Strawson, P. (1983) "La asimetría entre sujetos y predicados" en *Ensayos lógico-lingüísticos*, Tecnos, Madrid: 113-135.

Strawson, P. (1974) *Subject and Predicated in logic and grammar*, Ashgate Publishing Limited. London-USA.

Strawson, P. (1952) *Introduction to Logical Theory*, Methuen. N.Y.

Stump, E. (2008) "Obligations A. From the beginning to the early fourteenth century" en *The Cambridge History of Later Medieval Philosophy From the Aristotle to the dis-*

integration of scholasticism 1100-1600, Edit. Kretzmann, Pingborg y Stump; Cambridge, 1a Ed. 1982: 315-334.

Stump, E. (2008) "Topics: their development into consequences" en *The Cambridge History of Later Medieval Philosophy From the Aristotle to the disintegration of scholasticism 1100-1600*, Edit. Kretzmann, Pingborg y Stump; Cambridge, 1a Ed. 1982: 273-299.

Sundholm, G. (2012) "Inference versus consequence" revisited: inference, consequence, conditional, implication", *Synthese*: 943-956.

Suppes, P., Hill, S. (1988) *Primer Curso de Lógica Matemática*, Reverté, Colombia.

Sylvan, R. (1999) "What is that Item Designated Negation?" en *What is Negation?*, Gabbay and H. Wansing (eds.), Kluwer Academic Publishers: 299-324.

Tarski, A. *Verdad y Demostración*, Trad. Carlos Oller,U.B.A., Of. Public.C.B.C., Buenos Aires, 1996.

Teodoro de Andrés S. (1969) *El Nominalismo de Guillermo de Ockham, como Filosofía del Lenguaje*, Gredos, Madrid.

Uckelman, S. (2009) *Modalities in Medieval Logic*, ILLC Dissertation Series DS-2009-04, Amsterdam.

Uckelman, S. Lagerlund, H. (2016) "Logic in the Latin Thirteenth Century" en *The Cambridge Companion to Medieval Logic* Edit. C. Dutilh Novaes y S. Read, Cambridge University Press: 119-141.

van Benthem, J. (2010) *Modal Logic for Open Minds*, CSLI Publications.

van Ditmarsch, H. Kooi, V. Van der Hoek, W., 2008, *Dynamic epistemic Logic*. Springer, Synthese Library 337.

van Fraasen, B. (1987) *Semántica Formal y Lógica*, U.N.A.M., México.

von Wright (1970) *Ensayo de Lógica Modal*, Santiago Rueda Ed., Bs. As.

Weidemann, H. (1986) "The Logic of Being in Thomas Aquinas" en *The Logic of Being, Historical Studies*, Ed. J. Hintikka y S. Knuuttila, Reidel: 181-200.

Wittgenstein, L. (1997) *Tractatus Logico-Philosophicus*, Ed. bilingüe, Trad. Muñoz, J. y Reguera, I. Atalaya, Barcelona.

Woods, J., Johnson, R., Gabbay, D., Ohlbach, H. J. (2002) "Logic and The Practical Turn", en *Handbook of the Logic of Argument and Inference, The Turns Towards the Practical*, Edit. Gabbay, D., Johnson, R., Ohlbach, H. J. Woods, J., North-Holland: 1-40.

www.ingramcontent.com/pod-product-compliance
Lightning Source LLC
Chambersburg PA
CBHW050133170426
43197CB00011B/1814